人工智能科学应用——有原理、可解释的感知与博弈技术

彭 浩 著

科 学 出 版 社

北 京

内 容 简 介

本书聚焦人工智能科学应用中的感知与博弈技术，以结构熵为核心，深入探讨其在感知与博弈理论中的定义、应用任务及实例。书中详细阐述了结构熵基础，包括香农熵、图结构熵等概念，以及图结构方法、表示学习等基础模型与应用技术。通过对传统简单图和复杂图结构熵理论的研究，展现了结构熵在图数据分析中的重要作用。书中还介绍了基于结构熵的感知技术和博弈决策方法，涵盖无监督异常检测、半监督表示学习等多方面内容。

本书适合人工智能、机器学习、数据挖掘等领域的研究人员与开发者阅读，可为其提供理论指导和技术参考；也可作为相关专业学生的学习资料，助力其深入理解感知与博弈技术，提升专业素养。

图书在版编目（CIP）数据

人工智能科学应用：有原理、可解释的感知与博弈技术 / 彭浩著. -- 北京 : 科学出版社，2025. 8. --ISBN 978-7-03-082650-3

Ⅰ. TP18

中国国家版本馆 CIP 数据核字第 2025S9A469 号

责任编辑：孙力维　赵艳春 / 责任校对：魏　谨

责任印制：肖　兴 / 封面设计：蓝正设计

科学出版社 出版

北京东黄城根北街 16 号

邮政编码：100717

http://www.sciencep.com

北京中石油彩色印刷有限责任公司印刷

科学出版社发行　各地新华书店经销

*

2025 年 8 月第　一　版　开本：720×1000　1/16

2025 年 8 月第一次印刷　印张：15 3/4

字数：303 000

定价：128.00 元

（如有印装质量问题，我社负责调换）

前　言

在人工智能技术飞速发展的今天，感知与博弈技术已成为推动众多领域进步的核心驱动力。从智能交通系统的高效管控，到网络安全领域的风险防范；从社交网络的精准分析，到复杂工业系统的智能决策，感知与博弈技术无处不在，其重要性不言而喻。然而，随着应用场景日益复杂、数据规模呈爆炸式增长，传统研究方法逐渐暴露出诸多局限性，可解释性差、难以处理复杂结构等问题，已成为阻碍技术进一步发展的瓶颈。

本书正是在这样的背景下应运而生，本书聚焦“有原理、可解释的感知与博弈技术”，将结构熵这一创新概念引入其中，为解决上述难题提供了新的思路与方法。作为量化信息系统结构复杂性的有力工具，结构熵能够清晰地描述系统元素间的关联程度和组织结构，为感知与博弈问题的研究赋予了更高的透明度与可解释性。

本书从基础理论出发，详细阐述了结构熵的定义、计算方法及其在不同领域的应用任务。通过经济决策、社会网络分析、信息安全、博弈论等丰富实例，展示结构熵在实际应用中的强大优势。同时，深入探讨基于结构熵的各类技术，包括感知技术、博弈决策方法等，涵盖从无监督异常检测到有监督结构表征与预测的广泛领域。

对于深耕该领域的科研人员，本书提供了新的研究视角，助力其探索感知与博弈技术的创新应用，打破现有研究瓶颈，开拓新的研究方向；对于行业内的技术开发者，书中理论与实践相结合的内容，能为他们提供解决实际问题的有效方案，助力其开发更智能、高效的应用系统；而对于初涉此领域的学生，本书是系统学习感知与博弈技术的优质资料，能够帮助他们搭建扎实的知识框架，深入理解相关理论和方法，为未来的学术研究或职业发展奠定坚实基础。

衷心期望本书能够为推动人工智能科学应用的发展贡献一分力量，助力读者在感知与博弈技术的研究和实践中取得新的突破。同时，也期待本书能引发更多关于人工智能技术可解释性和有效性的讨论与探索，共同推动这一领域迈向新的高度。

目　录

第1章 绪 论

感知与博弈理论，作为现代信息科学与计算机科学领域的重要研究方向，为人工智能、机器学习、数据挖掘、网络安全等领域的问题解决，提供了重要的理论支撑与实践指导。感知与博弈理论聚焦信息系统内的感知过程与博弈行为研究，旨在揭示信息系统中个体间相互作用及决策行为的规律，推动人类社会和技术系统迈向智能化。

在这一研究过程中，为确保研究过程和结果的可解释性，遵循语法语义一致性准则，将结构信息视为一种重要的信息度量指标。结构熵(Structure Entropy，SE)作为量化信息系统结构复杂性的方法，能够清晰描述信息系统中元素间的关联程度和组织结构，为感知与博弈问题的研究，提供全新的、可解释的视角与方法。本书所探讨的人工智能科学应用——有原理、可解释的感知与博弈技术，通过对信息系统结构信息的深入分析与建模，借助清晰、逻辑连贯的步骤，揭示感知过程与博弈行为间的内在联系，推动感知与博弈问题的研究和解决，保证每一个环节在原理上可追溯，在语义上保持一致。

随着信息科学和计算机科学的迅猛发展，感知与博弈理论及方法已成为学术界和工业界的研究热点。在信息系统中，感知指个体对外界环境的感知与理解过程，是实现智能化决策和行为的基石；博弈则指个体间为追求自身利益而进行的相互作用与决策过程，广泛存在于社会、经济和技术系统中。

然而，传统的感知与博弈研究常局限于个体行为和决策分析，未能对信息系统的结构特征展开深入探究。实际上，信息系统的结构特征对感知与博弈的结果和成效有着重要影响。不同的结构特征会产生不同的感知效果，进而促使参与者制定不同的博弈策略，最终影响整个系统的性能和稳定性。基于可解释性的要求，本书提出的感知与博弈技术，能通过清晰的原理和一致的语义，阐释这些过程和影响，帮助研究人员、开发者以及相关从业者深入理解感知与博弈过程。

本书将介绍结构信息在感知与博弈理论中的任务、面临的挑战及相关应用。第 1 章将初步阐述人工智能科学应用——有原理、可解释的感知与博弈技术的研究背景及意义，厘清什么是有原理、可解释的感知与博弈理论，为什么开展这项研究，以及未来将面临哪些挑战。相信通过第 1 章的学习，读者能对这一领域形成清晰的初步认识。

1.1 结构熵在感知与博弈理论中的定义

在感知与博弈理论中，结构熵是一种用于度量信息系统结构复杂性的指标，它通过对系统中元素之间的关联程度、组织结构和拓扑特征进行分析，量化系统的结构复杂性和信息的组织方式，确保研究过程与结果的可解释性，遵循语法语义一致性准则。具体而言，结构熵可以用来描述信息系统中元素之间的关系网络。在感知过程中，信息系统中的元素可以是感知输入的特征、感知器的状态或感知结果等。而在博弈过程中，元素可以是博弈参与者、策略选择或博弈结果等。结构熵通过分析这些元素之间的关联关系，衡量系统中信息的复杂性和组织形式。

结构熵的计算方法通常基于信息论中的熵概念。熵是信息论中的一个重要概念，用于度量信息的不确定性和随机性。在感知与博弈理论中，结构熵可以看作对系统结构的熵的推广，用于描述信息系统中元素之间的关联程度和组织形式的复杂性。为满足可解释性要求，结构熵的具体计算方法可以根据具体问题和应用场景进行选择和设计。一种常见的计算结构熵的方法是基于图论和网络分析的方法。通过构建系统的关系网络，可以利用网络度量指标如度中心性、介数中心性、聚类系数等来描述网络的结构特征，并进一步计算结构熵。

结构熵在感知与博弈理论中的应用非常广泛。在感知过程中，结构熵可以用来评估感知输入的复杂性和关联程度，从而对感知结果的可靠性和准确性进行预测和优化。在博弈过程中，结构熵可以用来分析博弈参与者之间的关系网络，揭示博弈策略的复杂性和结果的不确定性。

1.2 结构熵在感知与博弈理论中的应用任务

结构熵源于信息论，在感知与博弈理论中应用广泛。感知与博弈理论致力于研究人类的感知和决策行为，结构熵作为度量信息复杂性的指标，在阐释感知和决策过程中的信息处理与决策复杂性时，遵循语法语义一致性准则，确保研究结论的可解释性。下面将详细介绍结构熵在感知与博弈理论中的应用任务。

1. 感知复杂性分析

结构熵可以用来分析感知过程中的信息复杂性。在感知过程中，人类依靠感知器官接收外界刺激，并将其转化为可理解的信息。结构熵能有效度量感知输入的复杂性，即刺激的多样性和不确定性。通过对结构熵的系统性分析，能理解感知系统对不同刺激的处理与适应机制，清晰揭示感知过程中信息筛选与加工的内在逻辑，让感知过程的信息处理过程具备可解释性。

2. 决策复杂性分析

结构熵可以用来分析决策过程中的信息复杂性。决策时，人们依据感知到的信息做出选择。结构熵可以量化决策的复杂性，即选择面临的多样性和不确定性。深入分析结构熵，有助于了解决策者在不同选择情境下的决策能力与潜在风险，全面展现决策过程中信息加工与评估的原理，使决策过程的信息处理步骤清晰可解。

3. 协作与竞争分析

结构熵可以用来分析协作与竞争的信息复杂性。协作时，个体间通过共享信息实现共同目标。结构熵能够度量协作中信息的复杂性，即共享信息的多样性和不确定性。分析结构熵，能评估协作者之间信息共享的效率以及协作的稳定性，阐释协作过程中信息传递与协调机制的运行原理。在竞争场景中，个体需评估对手信息并制定策略，结构熵可度量竞争信息的复杂性，即对手信息的多样性和不确定性。通过分析结构熵，能判断竞争者信息评估的准确性与竞争的稳定性，揭示竞争过程中信息对抗与决策优化的逻辑。

4. 信息处理效率分析

结构熵可以用来分析感知与决策的信息处理效率。信息处理过程中，个体将输入信息转化为有用的输出信息。结构熵可以度量信息处理的复杂性，即输入与输出信息的多样性和不确定性。基于结构熵的分析，能够判断信息处理的有效性和效率，梳理信息处理过程中信息提取与传递的机制，为信息处理过程提供清晰的解释。

1.3 结构熵的应用实例

1.3.1 经济决策中的结构熵分析

在经济决策中，结构熵的应用涵盖多个方面，为决策者提供重要的分析工具和洞察，且这些应用背后的原理遵循语法语义一致性准则，具备可解释性。

一方面，结构熵可以用于股票市场分析。在股票市场中，股票价格的波动和相关性对于投资决策具有重要影响。通过计算股票市场中不同股票价格的变动情况和相关性，可以得到市场的结构熵。由于结构熵的计算基于明确的数学逻辑，从市场价格变动和相关性数据出发得出，因此，结构熵的高低可以清晰、可解释地反映市场的复杂性和不确定性程度。当市场的结构熵较高时，表明股票价格的波动和关联程度较高，决策者可能需要更加谨慎地制定投资策略。相反，当市场的结构熵较低时，表明股票价格的波动和关联程度较低，决策者可以更加自信地进行投资决策。

另一方面，结构熵还可以应用于分析市场的竞争程度和市场结构的稳定性。市场的竞争程度和市场结构的稳定性对经济决策者和监管机构来说都是重要的关注点。通过计算市场参与者之间的连接和交易关系，可以揭示市场的结构特征。同样基于严谨的计算逻辑，结构熵的高低可以可解释地反映市场中参与者之间的多样性和关联程度。当市场的结构熵较高时，表明市场中存在多样的参与者和复杂的交易关系，市场竞争程度较高。对决策者来说，可能意味着更大的市场挑战和机会。相反，当市场的结构熵较低时，表明市场中参与者之间的多样性和关联程度较低，市场竞争程度较低。这可能意味着市场结构较为稳定，决策者可以更加准确地评估市场动态和制定战略。

通过应用结构熵，经济决策者可以更好地理解和评估市场的风险和机遇。结构熵提供了一种量化的、原理明晰的方式来衡量经济系统的复杂性、不确定性和相互关系。通过计算结构熵，决策者可以获得关于市场的重要信息，从而更明智地制定决策和策略。例如，在股票市场中，决策者可以根据结构熵的高低来调整投资组合的配置，以适应市场的波动和关联程度。在竞争激烈的市场中，决策者可以通过分析结构熵来发现市场中的机会和竞争优势，制定相应的市场营销策略和竞争策略，这一过程的逻辑与数据计算的可解释性保障了决策和策略制定的合理性。

1.3.2 社会网络分析中的结构熵应用

结构熵在社会网络分析中具有广泛应用，能够帮助研究者深入理解社会关系网络的复杂性、稳定性和演化规律。社会网络分析关注的是个体之间的关系和信息传递，应用结构熵，可以揭示社会网络中的关键特征和动态变化。

首先，结构熵可以用于分析社交网络的稳定性和弹性。社交网络中的个体之间存在复杂的关系，而这些关系的稳定性对于社会网络的持续运行和信息传递至关重要。通过计算社交网络中节点之间的连接和关系，可以得到网络的结构熵。由于其计算基于网络节点间的连接等可量化的信息，按照既定的数学逻辑进行，因此，结构熵的高低可以清晰、可解释地反映社交网络的复杂性和关系的多样性。社交网络的结构熵较高，表明网络中的关系较为复杂多样，网络的稳定性可能较低，容易受到外部因素的影响。相反，社交网络的结构熵较低，表明网络中的关系较为简单和稳定，网络弹性较高，能够更好地应对外部变化和干扰，此应用符合语法语义一致性准则，具有可解释性。

其次，结构熵对于社交网络中的信息传播和影响力分析也具有重要意义。社交网络是信息传播的重要平台,通过研究社交网络中的结构特征和信息传播路径,可以更好地理解信息在网络中的传播速度和影响力。结构熵可以用于衡量社交网络中信息流动的复杂程度和路径的多样性。基于其计算逻辑，这种衡量过程具备可解释性。社交网络的结构熵较高，表明信息传播路径较为复杂，信息的扩散可能较为迅速且影响力较大。相反，社交网络的结构熵较低，表明信息传播路径较为简单和集中，信息的扩散速度和影响力可能较弱。通过结构熵的分析，研究者可以识别关键节点和信息传播的瓶颈，从而更好地设计社交网络营销策略和社会干预措施。

此外，结构熵还可以应用于社会网络中的社团检测和社群发现。社团是社交网络中由紧密连接的节点组成的子图，对于理解社交网络中的群体行为和社会结构具有重要意义。通过计算社交网络中节点之间的连接和关系，可以利用结构熵的方法来发现社团结构。结构熵的变化依据其计算规则，能够可解释地揭示社交网络中的社团形成和演化过程，帮助研究者发现相似兴趣、相互依赖或有共同目标的群体，并探索他们之间的关系和互动模式。

1.3.3 信息安全中的结构熵模型

信息安全是当今数字化社会的重要议题之一，而结构熵模型在信息安全领域中的应用能够提供有效的风险评估和安全措施设计。结构熵模型基于可解释的数学原理，通过对信息系统的结构进行分析和量化，帮助识别潜在的安全漏洞和攻击风险。

首先，结构熵模型可以用于评估信息系统的复杂性和脆弱性。在信息系统中，各种组件和元素之间的连接和关系构成了系统的结构。通过计算信息系统的结构熵，可以量化系统的复杂性和不确定性。结构熵的高低可以反映系统中组件和关系的多样性和复杂程度。系统的结构熵较高，表明系统的复杂性较高，可能存在更多的潜在漏洞和攻击路径。相反，系统的结构熵较低，表明系统的结构相对简单和稳定，可能更容易被管理和防御。通过结构熵的评估，安全专家可以识别系统中的关键组件和脆弱环节，有针对性地加强安全防护和监控措施，整个评估过程具有清晰可解释的逻辑链条。

其次，结构熵模型对于网络攻击图分析和风险评估也具有重要意义。网络攻击图是描述攻击者与目标系统之间关系的图形化表示。结构熵模型可以应用于网络攻击图的分析，识别攻击路径的复杂性和攻击者的潜在行动空间。通过计算网络攻击图的结构熵，可以评估攻击图的复杂性和攻击路径的多样性。结构熵的高低可以反映攻击者的行动难度和系统的安全风险。攻击图的结构熵较高，表明攻击路径较为复杂，系统的安全风险较大。相反，攻击图的结构熵较低，表明攻击路径较为简单和有限，系统的安全风险较低。通过结构熵的分析，安全专家可以识别潜在的攻击路径和攻击者的行动策略，有针对性地部署安全措施和加固系统防御，其分析过程符合语法语义一致性，具有原理可解释性。

此外，结构熵模型还可以用于密码学中的密钥管理和密码强度评估。在密码学中，密钥的生成和管理对于信息安全至关重要。通过计算密钥空间的结构熵，可以评估密钥的复杂性和熵的分布情况。结构熵的高低可以反映密钥空间的均匀性和密码强度。密钥空间的结构熵较高，表明密钥的复杂性较高，密码强度较强。相反，密钥空间的结构熵较低，表明密钥的复杂性较低，密码强度较弱。通过结构熵的分析，密码学专家可以评估密码算法的安全性和密钥管理的可靠性，确保系统的抗攻击性能，其分析过程具备可解释的数学逻辑。

1.3.4 博弈论中的结构熵策略

结构熵在博弈论中被广泛应用，其背后的原理清晰可阐述，它能够帮助研究者分析博弈结构的复杂性、稳定性和演化规律，以及评估不同策略的效果和优劣。在博弈论的研究中，结构熵提供了一种量化和可视化的方法，用于描述博弈参与者之间的关系和策略选择，其原理符合语法语义一致性。

首先，结构熵可以用于分析博弈网络的复杂性和稳定性。博弈网络是指由博弈参与者之间的相互作用和关系构成的网络结构。通过计算博弈网络的结构熵，可以量化网络的复杂性和不确定性。结构熵的高低反映了博弈网络中参与者之间的关系的多样性和复杂程度。博弈网络的结构熵较高，表明网络中的关系较为复杂多样，网络的稳定性可能较低，容易受到外部因素的影响。相反，博弈网络的结构熵较低，表明网络中的关系较为简单和稳定，网络的稳定性较高。通过结构熵的分析，研究者可以识别关键节点和网络的脆弱环节，从而更好地预测博弈网络的动态演化和稳定性，整个分析过程逻辑清晰。

其次，结构熵对于博弈策略的评估和选择也具有重要意义。在博弈论中，参与者根据自身的利益和目标选择不同的策略。通过计算博弈网络中各个参与者的策略结构熵，可以评估不同策略的复杂性和信息内容。结构熵的高低可以反映策略的多样性和复杂程度。策略结构熵较高，表明策略的选择较为复杂和多样化，参与者的决策可能存在较大的不确定性。相反，策略结构熵较低，表明策略的选择较为简单和稳定，参与者的决策相对确定。通过结构熵的分析，研究者可以评估不同策略的优劣和潜在风险，为参与者提供决策依据和行动指导，这一评估过程具备明确可解释的逻辑。

此外，结构熵还可以应用于博弈网络中的合作与竞争分析。在博弈网络中，参与者之间既存在合作关系又存在竞争关系。通过计算博弈网络的结构熵，可以识别网络中的合作群体和竞争群体。结构熵的变化可以揭示博弈网络中的合作与竞争模式的演化过程，帮助研究者发现相互依赖或竞争关系密切的参与者，并探索他们之间的策略互动和影响力，其分析原理具有良好的可解释性。

1.4 目前的挑战与局限性

1.4.1 理论模型的普适性与局限性

尽管基于结构信息的智能感知与博弈理论和方法具有许多潜在的优势，但它也面临着一些挑战和局限性。首先，理论模型的普适性是一个重要问题。结构熵的应用通常依赖于特定的博弈模型和网络结构假设。然而，不同类型的博弈和网络可能存在巨大的差异，这使得现有的模型难以适用于所有情况。因此，需要进一步研究和开发更加普适和灵活的理论模型，以应对不同领域和问题的需求。其次，理论模型在描述现实世界中的复杂系统时可能存在局限性。现实世界中的博弈系统通常具有高度的复杂性和不确定性，涉及大量的参与者和变量。然而，目前的结构熵理论模型往往无法充分考虑这些复杂性因素，可能导致对系统行为的理解和预测的局限性。因此，需要进一步改进和扩展理论模型，以更好地反映现实世界中的复杂博弈系统。

1.4.2 实际应用中的数据处理难题

基于结构信息的智能感知与博弈理论和方法在实际应用中面临着数据处理的挑战。首先，获取和处理大规模、高维度的网络数据是一项具有挑战性的任务。博弈网络通常涉及大量的参与者和复杂的相互关系，因此，需要有效的数据获取和处理技术来提取有用的信息。此外，网络数据的质量和准确性也是一个重要问题，不准确或不完整的数据可能导致结果的偏差和误解。其次，数据的表示和建模也是一个关键问题。博弈网络中的参与者和相互关系可以通过不同的方式进行表示，如节点、边和权重等。选择合适的数据表示方法对于结构熵的计算和分析至关重要。然而，目前还缺乏统一的标准和方法来处理和表示复杂的网络数据，这限制了基于结构熵的感知与博弈方法的应用和推广。

1.4.3 结构熵计算的复杂性

计算结构熵本身也具有一定的复杂性。结构熵的计算涉及网络的拓扑结构和节点的状态信息，需要对网络进行建模和分析。然而，随着网络规模的增大，结构熵的计算复杂度也呈指数级增长。对于大规模复杂网络，计算结构熵可能变得非常耗时和困难。因此，需要开发高效的计算方法和算法来加速结构熵的计算，以应对大规模网络数据的挑战。此外，结构熵的计算还面临着数据稀疏性和噪声干扰的问题。在实际应用中，网络数据往往是不完整和存在噪声干扰的，这可能导致结构熵的计算结果不准确或不可靠。因此，需要采用合适的数据处理和预处理技术来减少数据的噪声和不确定性，提高结构熵的计算精度和可靠性。

1.5 本章小结

感知与博弈技术是现代信息科学与计算机科学领域中的重要研究方向，凭借其可解释性，对于解决人工智能、机器学习、数据挖掘、网络安全等问题具有重要的理论指导和实际应用价值。

在感知与博弈的研究中，结构熵作为一种重要的、具备可解释性的信息度量指标，能够依据语法语义一致性准则，清晰描述信息系统中元素之间的关联程度和组织结构。本章介绍了结构熵在感知与博弈技术中的定义和计算方法，以及其在感知复杂性分析、决策复杂性分析、协作与竞争分析，以及信息处理效率分析等方面的应用任务，且各应用的原理与操作均符合语法语义一致性，具备可解释性。

通过对信息系统的结构熵进行符合语法语义规范、可解释性的分析和建模，可以揭示感知过程和博弈行为之间的内在联系，推动感知与博弈问题的深入研究和解决。结构熵在感知与博弈技术中具有广泛的应用前景，对于评估感知输入的复杂性、分析决策过程的信息复杂性、揭示协作与竞争中的信息特征，以及分析信息处理效率等方面，基于语法语义一致性的可解释特性，发挥着重要意义。

在接下来的章节中，将进一步探讨基于结构熵的有原理、可解释的感知与博弈技术。介绍其在不同领域的具体应用，并解决在实际应用中面临的挑战和问题。通过深入研究和应用，可以更好地理解和应用结构熵概念，推动感知与博弈领域的发展，为人工智能和技术系统的智能化提供有力支持。

第 2 章　结构熵基础

本章的目标是为读者提供一系列关键概念和方法，以便理解和应用基于结构熵的感知与博弈理论。本章涵盖信息论中的两个重要概念：香农熵和结构熵，并介绍基础模型、分析与预测技术等关键内容。

本章首先深入探讨香农熵和结构熵的概念，以及它们在信息论中的应用。香农熵是衡量信息的不确定性和随机性的度量方式，而结构熵则是用于描述复杂系统结构的度量方式。这两个概念将为后续章节的内容奠定重要基础。接下来，将介绍基础模型，包括图神经网络方法、表示学习、聚类技术、强化学习以及多智能体强化学习等。这些模型有助于理解系统的复杂连接模式和节点关系，为后续的分析和预测技术提供基础。在分析与预测技术部分，将探讨图聚类技术、感知技术、异常检测技术、表示学习技术、时空流量预测技术、博弈决策方法以及图像分割技术。这些技术有助于从不同角度理解系统的行为和演化，并为实际应用提供重要的分析和决策支持。

通过本章的学习，读者将获得对香农熵和结构熵的深入理解，并掌握基本模型、分析技术和预测方法，为后续章节中更复杂的应用和实践打下坚实的基础。

2.1　香　农　熵

香农熵是信息论中的一个重要概念，它由克劳德·香农于 1948 年提出。香农熵是衡量信息的不确定性和随机性的度量方式，也可以理解为信息的平均编码长度。

要理解香农熵，首先需要了解一些基本概念。在信息论中，信息是一种用来消除不确定性的资源。获得一个消息时，它提供了关于某个事件发生的一些信息。而香农熵就是对这种信息量进行度量的方式。

假设有一个离散的随机变量 X，取值为 x_1，x_2，x_3，…，x_n，每个值发生的概率分别为 $p(x_1)$，$p(x_2)$，$p(x_3)$，…，$p(x_n)$。那么，香农熵 $H(X)$定义为

$$H(X) = -\sum\left[p(x_i) * \log_2\left(p(x_i)\right)\right] \tag{2.1}$$

香农熵的计算过程是将每个事件发生的概率与其对数相乘，然后将所有结果

相加并求负值。这样做的原因是概率的对数是负数，通过求负值可以得到正数的熵值。香农熵的单位是比特(bit)，表示信息的量。比特是信息论中常用的度量单位，它表示编码一个事件所需要的二进制位数。当概率分布越均匀、事件发生的概率越接近相等时，香农熵的值越大，表示信息的不确定性越高。相反，当概率分布越集中、某些事件发生的概率较高时，香农熵的值越小，表示信息的不确定性越低。

香农熵在信息论和通信领域有着广泛的应用。它可以用于衡量信源的信息量，评估数据的压缩效率，以及分析密码学中的安全性等。此外，香农熵还与热力学中熵的概念有着一定的联系，可以用于研究系统的无序程度和混乱程度。

总结一下，香农熵是用来度量信息的不确定性和随机性的指标，它能帮助人们理解和量化信息的特性。通过计算概率分布的熵值，可以获得信息的平均编码长度，从而更好地理解信息论中的各种概念和应用。

2.2 图 结 构 熵

结构熵是一种用于描述复杂系统结构的度量方式，它提供了关于系统组织和连接方式的信息。结构熵帮助人们理解系统的复杂性和多样性，并可以应用于多个学科领域，如网络科学、生物学、社会学等。

图结构熵是一个在图论和信息论中使用的概念，它用来衡量一个图的结构复杂度或随机性。图结构熵的概念借鉴了信息论中的熵概念，用于量化信息的不确定性或混乱程度。在图论中，图结构熵可以帮助人们了解图的拓扑结构是否倾向于随机或有序。

Li 等[1]定义了图的结构熵的概念，以度量图中嵌入的信息，并确定和解码图的基本结构。Li 等[2-4]首先提出一种通过网络结构熵的度量方法来寻找社区的算法。他们发现，社区检测算法可以准确识别几乎所有自然选择产生的网络社区。随后提出图的抵抗力的概念，使用一个伴随结构熵的概念来度量图抵抗策略性病毒攻击的级联失败的能力。进一步提出一种利用结构信息理论的快速且无归一化的算法来解码染色体域的方法。Liu 等[5]提出一种基于社区的结构熵，来表达由社区结构揭示的信息量。 通过利用用户账户的社区隶属关系，攻击者可以推断出敏感的用户属性。这就提出了社区结构欺骗的问题，并着重于在在线社交网络中披露社区结构的隐私风险。

在结构熵中，设图 $G=(V,E)$，根据图 G 的不同维度得到一维结构熵、二维结构熵和 K 维结构熵。将不同维度的结构熵的最小值定义为图在不同维度下的结构信息。接下来递推出一维结构熵和二维结构熵的公式。

假设 $G=(V,E)$ 是一个 n 个顶点 m 条边的无向连通图，对于每个顶点 $i\in\{1,2,\cdots,n\}$。用 d_i 表示 G 中顶点 i 的度，m 为图边的数量，设 $Q_i=d_i/2m$。然后，用概率向量 $Q=(Q_1,Q_2,\cdots,Q_n)$ 来描述图 G 中顶点的平稳分布。由此可定义图 G 的一维结构信息为

$$H^1(G)=H(Q)=H\left(\frac{d_1}{2m},\cdots,\frac{d_n}{2m}\right)=-\sum_{i=1}^{n}\frac{d_i}{2m}\log\frac{d_i}{2m} \tag{2.2}$$

给定一个无向连通图 $G=(V,E)$，假设 $P=(X_1,X_2,\cdots,X_L)$ 是 V 的一个分区，称 X_j 为一个模块或一个社区。通过 P 定义图 G 的二维结构信息如下：

$$\begin{aligned}H^P(G)&=\sum_{j=1}^{L}\frac{V_j}{2m}H\left(\frac{d_1^j}{V_j},\cdots,\frac{d_{n_j}^j}{V_j}\right)-\sum_{j=1}^{L}\frac{g_j}{2m}lb\frac{V_j}{2m}\\&=-\sum_{j=1}^{L}\frac{V_j}{2m}\sum_{i=1}^{n_j}\frac{d_i^j}{V_j}lb\frac{d_i^j}{V_j}-\sum_{j=1}^{L}\frac{g_j}{2m}lb\frac{V_j}{2m}\end{aligned} \tag{2.3}$$

其中，L 是分区 P 中的模块数；n_j 是模块 X_j 中的节点数；d_i^j 是 X_i 中第 i 个节点的度；V_j 是模块 X_j 的体积，也是模块 X_j 中所有节点的度之和；g_j 是模块中 X_j 只有一个端点的边的数量。

因此，可以定义图 G 的二维结构信息，也称为模块熵：

$$H^2(G)=\min_{P}\left\{H^P(G)\right\} \tag{2.4}$$

其中，P 是图 G 中所有可能划分出的分区模块。

图结构熵是衡量图拓扑结构复杂度和随机性的一个重要指标，其物理意义在于量化图中边的分布的不确定性。具体来说，如果一个图的边的分布非常随机，那么它的结构熵会很高，这表明无法预测图中任意两个顶点之间是否存在边。相反，在完全有序的图中，如完全图，任意两个顶点之间都有边，这时顶点对之间存在边的概率 p_{ij} 对于所有 i 和 j 都是 1，导致图结构熵很低，反映了边的分布非常确定。而在完全随机的图中，任意两个顶点之间是否连通是等概率的，这时 p_{ij} 对所有 i 和 j 都是一个常数，如 $\frac{1}{2}$，因此，图结构熵会很高，显示出边的分布非常不确定。此外，图结构熵还能捕捉到图的社区结构的影响。在具有社区结构的图中，同一社区内的顶点之间连接的概率高于不同社区之间的连接概率，这种局部聚集性会在图结构熵中体现出来，因为社区内部顶点对的 p_{ij} 值会相对较高。图结构熵也可以用来表征网络的特性，如小世界网络和无标度网络等，这些网络的图结构熵会表现出特定的特征，有助于理解网络的本质属性。在图的生成模型中，

图结构熵同样重要，它可以用来控制生成图的随机性，从而模拟不同的网络结构，为研究和设计提供灵活性。通过这些应用，图结构熵成为理解和分析图数据的一个强有力的工具。

2.3 基础模型

在基于结构熵的感知与博弈理论及方法的基础模型方面，将重点研究图结构方法、表示学习、聚类技术、强化学习以及多智能体强化学习。这些方法在不同领域的研究中展现出卓越的性能，尤其在基于结构熵的感知与博弈中具有重要的应用价值。图结构方法通过考虑节点和边之间的关系，能够更好地捕捉到复杂系统中的结构特征和拓扑信息。表示学习是一种重要的技术手段，通过表示学习，可以将复杂的结构化数据转化为低维向量表示，从而更好地进行特征提取、相似度计算和模式识别。聚类技术能够将数据集中的样本按照相似性进行分组，有助于发现隐藏在大规模数据中的模式和规律。强化学习可以帮助人们根据系统的反馈信号和奖励机制，优化决策和行动，实现系统的自动学习和优化。

2.3.1 图结构方法

图结构方法是一种在感知与博弈理论及方法中广泛应用的基础模型，它是基于图论和网络科学的理论框架，用于分析和描述复杂系统的结构和相互关系。该方法的核心思想是将系统中各个元素和它们之间的相互作用表示为一个图，通过图的节点和边的属性及拓扑结构进行分析和推理。在图结构方法中，系统中的元素被表示为图的节点，而元素之间的相互作用则通过图的边来表示。这种表示方式能够捕捉到元素之间的关联和依赖关系，从而揭示系统的整体特征和行为。图结构方法可以应用于各种领域，包括社交网络分析、生物网络分析、信息传播模型等。

在构建图结构模型时，首先需要确定系统中的元素和它们之间的关系。这可以通过实际数据的观察和收集来获取，或者是基于领域知识和假设进行建模。然后，这些元素被映射为图的节点，而它们之间的关系被映射为图的边。边的属性可以表示元素之间的相似度、连接强度、方向性等信息，而边的拓扑结构可以表示元素之间的邻近关系、传播路径等。一旦构建了图结构模型，就可以利用图论和网络科学的方法对其进行分析和推理。例如，可以计算节点的中心性指标来评估节点的重要性和影响力，或者进行图的聚类和社区检测来发现系统中的子结构和模式。此外，还可以使用图的路径算法来研究信息传播、博弈策略和最优化问题。

图结构方法的优势在于它能够捕捉到系统中的复杂关联和动态演化。通过图的结构和属性，可以揭示系统中的潜在规律和机制，进而提供有关感知和博弈的理论和方法。在感知领域，图结构方法可以用于分析和建模人类感知系统中的神经元连接和信息传递；在博弈理论中，图结构方法可以用于建立玩家之间的相互作用网络，研究博弈策略和均衡点的形成。

2020 年, Su 等提出一种基于不确定性图和卷积神经网络(CNN)的自动识别结构模态参数的新方法，通过构建不确定性图，可以清楚地区分虚假模态，由于虚假模态的不确定性明显大于真实模态，采用 CNN 自动分析不确定性图，可以高效地确定实际的结构模态[6]。2021 年，Fauzan 等提出一种基于语义和结构相似性的自动类图评估方法，该方法的作用是能够自动评估类图的相似性，与专家的评估结果有很好的一致性[7]。2022 年，Kou 等提出一种用于复杂装配的装配序列规划的智能序列规划方法，即构建装配混合 G 图模型，该模型根据装配关系语义构建,可将其转化为相应的装配连接矩阵和装配优先矩阵[8]。同年，Lujing 提出一种用于显示拓扑结构图的方法，该方法通过获取拓扑结构图的拓扑信息，根据拓扑结构图中的节点类型对拓扑信息进行分类，然后基于分类结果在显示界面上显示拓扑结构图，这种方法可以对显示内容进行有序组织，提高操作性和可用性，改善用户体验[9]。2023 年，Pang 等提出一种基于模糊语言的属性偏序结构图(FL-APOSD)的构建方法，以更好地处理模糊语言信息，采用语言真值格蕴涵代数作为模糊语言表示模型，可表达可比和不可比的评价性语言表达[10]。

总而言之，图结构方法是一种强大的工具，有助于理解和解决感知与博弈问题。通过将问题建模为图，并运用图论和网络科学的相关技术，可以揭示出节点之间的关系，发现隐藏的结构和模式，并利用这些信息来进行预测、优化和决策等任务。图结构方法在深入研究感知与博弈领域的基础模型时具有重要的应用价值。

2.3.2　表示学习

表示学习是一种机器学习领域的技术，旨在将原始数据转化为更具有表达能力和可解释性的特征表示。它通过学习数据中的内在结构和模式，将高维的输入数据转化为低维的特征向量，使得这些特征向量能够更好地描述数据的重要信息和特性。传统的机器学习方法通常需要手动设计和选择特征，这往往需要领域专家的知识和经验。然而，在现实世界的复杂问题中，往往很难准确地定义和提取最优的特征。这时，表示学习的出现提供了一种解决方案，它能够自动地从数据中学习到更具有判别性和泛化能力的特征表示。

表示学习可以分为有监督学习和无监督学习两种方式。在有监督学习中，使用带有标签的数据来训练模型。目标是学习一个映射函数，将输入数据映射到对应的标签。在这个过程中，表示学习的任务是学习到一个特征表示，使得同一类别的样本在特征空间中更加接近，而不同类别的样本在特征空间中更加分散。通过这种方式，可以得到具有区分性的特征表示，用于后续的分类、回归等任务。无监督学习则是在没有标签信息的情况下进行特征学习，它主要通过对数据的统计性质、分布特征进行建模和学习。常见的无监督学习方法包括自编码器、聚类和降维等。自编码器是一种常用的无监督学习方法，它通过将输入数据编码为低维的隐藏表示，并尽可能地重构原始数据来学习特征表示。聚类算法则是将数据集中的样本按照相似性进行分组，从而寻找数据中的潜在模式和结构。降维方法则是将高维数据映射到低维空间，以减少数据的复杂性和冗余性。

2022 年，Mo 等提出一种简单的无监督图表示学习方法，用于进行有效且高效的对比学习，该方法提出的多元组损失函数探索了结构信息和邻居信息之间的互补性，以增大类间差异，同时添加了上界损失来减小类内差异[11]。同年，Yang 等提出一种称为“Mutual Contrastive Learning (MCL)”的协作学习方法，此方法用于视觉表征学习，MCL 的核心思想是在一组网络之间执行相互交互和对比分布的传递[12]。同年，Chen 等提出 Structure-Aware Transformer —— 一种用于图表示学习的新型 Transformer 架构，模型指出了传统 Transformer 在捕捉节点结构相似性方面的局限性，并引入了一种新的自注意力机制，成功地结合了图神经网络和 Transformer 的优势[13]。2023 年，Zhou 等提出一种基于 Transformer 的多模态表示学习模型，用于临床诊断辅助，该模型使用嵌入层将图像、非结构化文本和结构化数据转换为视觉令牌(token)和文本令牌，然后利用双向 Transformer 块进行跨模态和模内注意力学习，从而学习到全面的多模态表示[14]。同年，Peng 等提出一种新的基于对比学习的无监督图表示学习(UGRL)框架，该框架可以最大化语义信息和结构信息之间的互信息，设计三个约束条件，同时考虑下游任务和表示学习，从而输出更加鲁棒的低维表示[15]。2024 年，Ren 等提出一个名为 RLMRec 的模型框架，旨在利用大语言模型(LLM)增强现有推荐系统的表示学习能力，模型通过集成表示学习与 LLM，捕捉用户行为和偏好的丰富语义信息[16]。同年，Fujimoto 等提出一种名为 SALE 的新方法，用于在强化学习环境中学习建模状态和动作之间复杂交互的表示，方法可以有效地学习到状态-动作表示，从而显著提升强化学习算法在低层状态环境中的性能[17]。同年，Chen 等提出一种新的自监督表征学习方法——上下文自编码器(Context AutoEncoder，CAE)，CAE 采用编码器-预测器-解码器的架构，通过两个预训练任务来学习特征表征，这种设计有利于分离表征学习和完成预训练任务，有助于学习更好的特征表征[18]。

表示学习的优点在于它能够从原始数据中学习到更具有抽象性和可解释性的特征表示，从而提高后续任务的性能和泛化能力。通过学习到的特征表示，可以更好地理解和分析数据的内在结构，发现数据中的模式和规律，并进行更有效的决策和预测。

表示学习(representation learning)技术是一种机器学习方法，旨在自动学习数据的有用表示或特征，以便更好地理解和利用数据。在“基于结构熵的感知与博弈理论及方法”这个主题中，表示学习技术可以被用来提取数据的结构性特征，从而支持感知和博弈理论的分析与预测。

在传统机器学习方法中，特征工程是一个关键的环节，需要手动设计和选择特征来表示数据。然而，对于复杂的数据或领域知识不充分的情况下，手动选择特征可能会非常困难且耗时。表示学习技术通过学习数据的紧凑、有信息的表示，可以从原始数据中自动发现有用的特征，减轻特征工程的负担。在熵的角度，表示学习可以通过最大化结构熵来提取数据中的关键信息，从而支持对感知和博弈过程的建模和预测。结构熵可以用于衡量数据表示的复杂程度和信息量，通过最大化结构熵，使学习到的表示更加丰富和有信息。

表示学习技术可以分为两大类：无监督表示学习和有监督表示学习。无监督表示学习方法旨在从无标签的数据中学习有用的表示。其中，一种常用的方法是自编码器(AutoEncoder)。自编码器由编码器和解码器组成，编码器将输入数据映射到低维表示，而解码器则将低维表示重构为原始数据。通过最小化重构误差，自编码器可以学习到数据的紧凑表示。有监督表示学习方法则利用标签信息来指导特征学习过程。深度学习中的卷积神经网络(Convolutional Neural Network，CNN)是一种常用的有监督表示学习方法。CNN 通过多层卷积和池化操作，可以自动学习到图像中的局部特征和抽象表示，这些表示可以用于图像分类、目标检测等任务。除了自编码器和卷积神经网络，还有其他一些表示学习方法，如生成对抗网络(Generative Adversarial Network，GAN)、变分自编码器(Variational AutoEncoder，VAE)等。它们通过不同的方式学习数据的表示，并在各自领域取得了巨大的成功。

2.3.3　图聚类技术

聚类技术是一种数据挖掘方法，用于将一组数据对象划分为相似的子集，称为簇。聚类技术可以被描述为一种无监督学习问题，其中没有预先定义的类别或标签。它的目标是通过计算数据对象之间的相似度或距离，将相似的对象分配到同一个簇中，同时将不相似的对象分配到不同的簇中。聚类技术的基本思想是将数据对象组织成具有相似性的簇，使得簇内的对象相似度较高，而不同簇之间的相似度较低。为了实现这一目标，聚类技术通常需要确定以下几个要素。

(1) 相似性度量：聚类算法需要定义一种相似性度量或距离度量来衡量数据对象之间的相似程度或距离。常用的度量方法包括欧氏距离、曼哈顿距离、余弦相似度等。

(2) 簇数目：在应用聚类技术之前，需要确定要划分的簇的数目。有些聚类算法需要提前指定簇的数目，而其他算法可以自动确定最优的簇数目。

(3) 聚类算法：聚类算法是用来执行实际的聚类过程的方法或算法。常见的聚类算法有 k 均值(k-means)聚类、层次聚类、DBSCAN 聚类等。不同的算法有不同的聚类策略和计算过程。

层次聚类是一种树形结构算法，它将数据对象划分为具有相似性子集的簇。该算法可以将数据对象之间的相似性转化为距离度量，并使用层次聚类算法构建一个层次结构，从而实现自底向上或自顶向下的聚类过程。k-means 聚类是一种迭代重分配的方法，它将数据对象分配到 k 个聚类中，每个聚类的中心点是与该聚类中所有数据对象相似度最高的点。该算法通过迭代更新聚类中心点和重新分配数据对象的过程来逐步优化聚类结果。DBSCAN 聚类是一种基于密度和可达性的方法，它将数据对象分为高密度、低密度和噪声三种类别。该算法通过定义一个半径和最小密度阈值来确定核心对象和可达对象，并将它们组织成簇。

2022 年，Abbasimehr 等提出一个基于 Recency、Frequency 和 Monetary 模型以及时间序列聚类技术的分析框架，该框架能够更好地捕捉客户行为的动态变化，并通过聚类算法将客户划分为不同的细分群体，证明了在杂货零售和家电零售领域中，采用不同的聚类算法和距离度量可以实现最佳的细分效果[19]。2023 年，Alghtani 等提出一种基于人工智能的能量感知聚类方案(AIEAWC-SWCS 技术)，旨在实现可持续无线通信系统，该方法通过使用镜头对立学习和鹿狩猎优化算法来选择簇首和构建聚类，以实现 WSN 的可持续能源管理[20]。同年，Vovan 提出一种基于模糊聚类技术的区间时间序列预测模型，通过改进每个阶段，该模型能够评估元素之间的相似性、确定模糊关系，并通过插值历史数据进行未来预测[21]。2024 年，Abdulzahra 等提出一种基于模糊优化的自然启发式能量意识聚类技术(FONIC)，用于物联网网络，该技术通过使用模糊逻辑计算适应值，并结合企鹅搜索优化算法选择最佳簇首，以实现网络的可持续性[22]。同年，Burgard 等提出一种混合整数二次优化(MIQP)模型和迭代聚类的技术，用于半监督支持向量机(SVM)，该方法通过引入迭代聚类方法来减小模型规模，以降低计算成本[23]。同年，Saeidlou 等提出一种基于多个不同基本聚类和元聚类聚合技术的混合聚类方法，该方法通过采用基本的 k-means 聚类方法和增加一致性的多样性来生成基本聚类，并通过元聚类技术进行聚合，以形成最终聚类[24]。

在基于结构熵的感知与博弈理论及方法中，聚类技术是一种重要的分析工具。聚类技术旨在将数据集中的对象或样本划分为具有相似特征的群组，从而揭示数据的内在结构和模式。聚类技术可以用于分析感知与博弈问题中的数据集。通过聚类分析，可以发现不同群组之间的相似性和差异性，揭示数据中的模式和结构。这有助于理解感知与博弈问题的本质特征，并为问题求解和决策制定提供支持和洞察力。应用聚类技术可以更好地利用数据，挖掘潜在的信息和洞见，从而推动感知与博弈领域的理论研究和实践应用。

当涉及处理图数据时，图聚类技术是一种非常有用的分析方法。它的目标是将图中的节点按照某种相似性度量进行划分，将相似的节点聚集到同一类别。这种技术在众多领域都得到广泛应用，包括社交网络分析、生物信息学、推荐系统等。

在图聚类技术中，图通常由节点集合和连接这些节点的边集合组成。每个节点代表一个实体，可以是人物、物品或概念等，而边则表示节点之间的关系或相似性。图聚类的目标是将节点划分为若干个聚类，使得同一聚类内的节点之间具有较高的相似性，而不同聚类之间的节点具有较低的相似性。图聚类技术的核心思想是通过定义相似性度量或距离度量来衡量节点之间的相似性或差异性。常用的相似性度量包括欧几里得距离、余弦相似度、Jaccard 相似系数等。通过这些度量方式，可以构建节点之间的相似性矩阵或距离矩阵，作为图聚类算法的输入。

在图聚类技术中，有多种常用的算法可供选择，包括谱聚类、基于密度的聚类和模块性优化等。谱聚类是一种基于图谱理论的方法，它将图聚类问题转化为特征向量分解问题，通过分析图的特征向量来实现聚类。而基于密度的聚类方法则通过识别高密度区域和低密度区域来进行聚类，常见的算法有 DBSCAN 和 OPTICS。模块性优化方法的目标是最大化图中的模块性度量，将节点划分为具有高内部连通性和低外部连通性的聚类。近年来，一些改进的图聚类技术结合了深度学习和图神经网络的方法。这些方法通过学习节点的表示向量来捕捉节点之间的复杂关系，并将这些向量应用于聚类任务。例如，图卷积网络(Graph Convolutional Network，GCN)将卷积操作扩展到图数据上，通过多层神经网络进行节点表示学习和聚类。然而，图聚类技术在实际应用中仍然面临许多挑战，包括处理大规模图数据、处理稀疏图、处理噪声和处理动态图等。为了应对这些挑战，研究者们不断提出新的算法和技术，以改进图聚类的性能和效果。

2022 年，Khan 等提出一种快速谱聚类技术，通过基于最小生成树的邻近图构建方法处理多样化的数据集，所提出的方法利用数据点的内在结构信息构建稀疏的邻近图，并应用多路谱聚类进行聚类分析[25]。同年，Dai 等提出一种基于嵌入的图聚类框架，通过联合策略处理复杂的非欧几里得空间问题，在图嵌入方面，采用基于 GCN 的变分图自编码器算法进行学习，考虑了联合学习对图嵌入的增强影响[26]。2023 年，Duroux 等提出一种名为 netANOVA 的图聚类技术，通过层次分析方差进行显著性评估，该方法能够从可靠的基于网络的统计数据中识别图的群组，并且具有灵活性以适应不同的上下文和网络类型[27]。同年，Zhang 等提出一种名为 GRACE 的通用图卷积框架，用于属性图聚类，该框架可以解决聚类等各种不同类型的属性图的问题，并通过构建适当的图拉普拉斯矩阵实现对节点属性的图卷积操作，以融合所有可用信息进行聚类[28]。2024 年，Yu 等提出一种名为 NpGC 的非参数图聚类框架，该框架通过摆脱超参数的限制，在无须额外调整的情况下，能够更实际地分割多视图数据，通过采用视图相关和视图无关的锚点，并通过一致性二分图将锚点信息汇集在一起，NpGC 能够提取互补和一致的多视图特征，从而获得卓越的聚类结果[29]。同年，Berahmand 等提出一种名为 WSNMF 的加权对称非负矩阵分解方法，该方法通过引入节点属性相似性来计算权重矩阵，有效地弥补了属性图聚类中的差距，通过结合图正则化和稀疏性约束，WSNMF 能够保持数据点的几何结构并区分不相关特征和数据异常值[30]。还是在 2024 年，Hajiveiseh 等提出一种名为 DAsNMF 的深度非对称非负矩阵分解模型，模型通过引入非对称 NMF，能够处理无向图和有向图，在伪层次聚类设置中，DAsNMF 通过分解输入图，提取低级到高级的节点表示和图表示，同时利用非对称余弦相似度和基于 PageRank 算法的相似度来保留局部和全局图结构[31]。

综上所述，图聚类技术是一种处理图数据的分析方法，旨在将节点按照相似性度量进行划分并形成聚类。它在多个领域中都具有广泛应用，并且得到持续的研究和改进。通过定义相似性度量和选择适当的聚类算法，图聚类技术可以揭示图数据中的潜在关系和结构，从而提供有关节点之间相互作用的深入理解。

2.3.4　强化学习

强化学习是一种机器学习方法，旨在使智能体能够从与环境的交互中学习并采取最优的行动。强化学习在试错过程中，通过观察环境的反馈来调整自身的行为，以最大化累积奖励或达到预设目标。强化学习不需要人为提供标记的数据，而是通过与环境的交互来获取信息，这使得强化学习在无监督学习和监督学习无法解决的问题上具有独特的优势。

在强化学习中，智能体通过学习一种策略来做出决策。策略是智能体在给定状态下选择行动的函数。强化学习的目标是找到最优策略，即能够最大化长期累积奖励的策略。为了实现这一目标，强化学习使用一种称为值函数的概念。值函数用于评估在给定状态下采取不同行动的价值。它指示了智能体在给定状态下能够获得多少累积奖励。通过使用值函数，强化学习算法可以比较不同行动的长期效果，并选择具有较高预期价值的行动。强化学习中最常用的算法之一是 Q 学习 (Q-learning)。Q-learning 是一种基于值函数的强化学习方法，用于在未知环境中学习最优策略。Q-learning 算法通过学习一个称为 Q 值的函数，来估计在给定状态和行动下的累积奖励。智能体通过在环境中不断试错和观察奖励信号来更新 Q 值，并根据最新的 Q 值选择行动。Q-learning 算法通过不断迭代和更新 Q 值，逐渐收敛到最优策略。除 Q-learning 之外，还有其他强化学习算法，如策略梯度和深度强化学习。策略梯度方法直接学习策略函数，通过梯度上升法来更新参数，以找到最优策略。深度强化学习结合深度学习和强化学习的技术，利用深度神经网络来近似值函数或策略函数，以处理高维状态空间和行动空间的问题。

2022 年，Le 等提出 CodeRL 框架，一种基于预训练语言模型和深度强化学习的程序合成框架，结合预训练语言模型和深度强化学习，充分利用问题规范中的额外信息，以提高程序合成任务的性能和泛化能力，旨在解决程序合成任务中存在的一些关键限制[32]。同年，Deng 等提出一种名为 RLPrompt 的离散提示优化方法，通过强化学习实现高效的离散提示优化，通过强化学习算法，该方法能够在给定任务中找到最佳的离散提示，从而提高模型的性能和效果[33]。同年，Palenicek 等提出一种名为 SAMBA 的新颖框架，通过一种支持条件风险值约束的多目标问题，利用新颖的采集函数实现对样本外高斯过程评估的主动探索，用于安全强化学习，结合概率建模、信息论和统计学的各个方面，通过使用新颖的采集函数实现对样本外高斯过程评估的主动探索，SAMBA 能够有效地解决安全强化学习中的挑战[34]。同年，Laskin 等提出一种名为 AD(Algorithm Distillation)的方法，通过使用因果序列模型对强化学习算法的训练历史进行建模，将其提炼到神经网络中，通过这种方式，AD 方法能够提高强化学习算法的效率和性能[35]。同年，Bai 等提出一种应用偏好建模和人类反馈的强化学习方法，将语言模型进行微调，使其成为有益且无害的助手，这种方法可以有效地利用人类反馈来改进强化学习算法的行为[36]。2023 年，Du 等提出一种名为 ELLM 的方法，通过利用文本语料库中的背景知识来塑造探索过程，以解决强化学习算法在缺乏密集、良好定义的奖励函数时的困难[37]。同年，Black 等提出一种名为 DDPO(Denoising Diffusion Policy Optimization)的方法，通过强化学习方法直接优化扩散模型以实现人类感知图像质量或药物效果等下游目标，此方法避免了传统方法中对模型进行重建的复杂步骤，提高了方法的效率和准确性[38]。

强化学习在许多领域都有广泛应用，包括机器人控制、自动驾驶、游戏智能和资源管理等。它可以帮助智能体在复杂和动态的环境中做出决策，并逐步改进其行为以获得更好的结果。强化学习的研究和应用为解决现实世界中的复杂问题提供了一种有效的方法。

2.3.5　多智能体强化学习

多智能体强化学习是一种涉及多个智能体相互作用和学习的强化学习方法。在传统的强化学习中，只有一个智能体与环境进行交互学习，而在多智能体强化学习中，多个智能体同时存在并相互影响，共同学习最优策略。多智能体强化学习的应用领域非常广泛，包括机器人协作、多智能体博弈、群体决策、分布式控制等。在这些问题中，智能体需要在与其他智能体的交互中学习合作或竞争策略，以达到个体或整体的最优目标。

在多智能体强化学习中，每个智能体都有自己的观察、动作和奖励信号。智能体通过观察环境状态，选择动作并与环境进行交互。在交互过程中，智能体的动作会影响环境状态的变化，并获得反馈奖励信号。这些奖励信号可以是全局性的，反映整个系统的性能，也可以是局部性的，仅与个体的行为有关。多智能体强化学习的核心挑战之一是解决智能体之间的相互影响和竞争合作问题。智能体的策略选择需要考虑其他智能体的行为和策略，以获得最佳的个体或整体性能。这种相互依赖关系导致学习过程的复杂性和不确定性。为了解决多智能体强化学习中的问题，研究者提出各种方法和算法。其中一种常用的方法是基于博弈论的方法，例如，博弈论中的纳什均衡概念。纳什均衡是一种策略配置，其中每个智能体的策略是对其他智能体的最佳应答。通过寻找纳什均衡，智能体可以实现相对稳定的策略选择。

此外，还有一些方法被应用于多智能体强化学习，如合作学习、集体智能、分布式优化等。合作学习方法旨在鼓励智能体之间的合作，共同学习并实现共同目标。集体智能方法通过模拟群体行为和群体智能的原理来解决多智能体问题。分布式优化方法将优化问题分解为多个子问题，并通过合作和信息交换来求解。多智能体强化学习还涉及合作与竞争的平衡问题。合作学习方法旨在鼓励智能体之间的合作，共同学习并达到共同目标。集体智能方法通过模拟群体行为和群体智能的原理来解决多智能体问题。分布式优化方法将优化问题分解为多个子问题，并通过合作和信息交换来求解。

2022 年，Mao 等提出一种改进分散式多智能体强化学习(MARL)的无模型算法，通过提出阶段式 V-learning 算法和独立策略梯度算法等方法，改进了学习一般和局势马尔可夫博弈中的(粗糙的)相关均衡，以及学习马尔可夫潜在博弈中的纳什均衡的效率[39]。同年，Milani 等提出一种名为 MAVIPER 的方法，用于从 MARL 训练的神经网络中提取可解释的决策树策略，通过将单智能体可解释强化学习方法 VIPER 扩展为多智能体环境的 IVIPER 算法，并引入集中式决策树训练算法 MAVIPER，实现更好的协调性能和可解释性[40]。2023 年，Zhang 等提出一种分布式零阶策略优化方法，用于解决多智能体强化学习中的局部观测问题，通过局部估计全局累积奖励，并使用基于残差反馈的分布式零阶策略梯度估计器，实现了智能体的局部策略更新[41]。同年，Zhou 等提出一种并行框架 MALib，用于解决基于群体的多智能体强化学习问题。通过引入无状态的中央任务调度器和有状态的工作节点，该框架能够利用并行性提高计算效率[42]。2024 年，Mason 等提出一种多智能体强化学习模型，用于协调通信和控制任务，该模型通过将目标导向的通信和网络控制联合优化，以一个单一的优化模型进行建模，在网络控制系统中取得了显著的性能改进[43]。同年，Xu 等提出一种名为 OMIGA 的离线多智能体强化学习算法，通过隐式的全局到局部值正则化解决方案，实现离线多智能体强化学习，OMIGA 提供了一个有原则的框架，将全局层面的值正则化转化为等效的隐式局部值正则化，并同时支持样本内学习[44]。

综上所述，多智能体强化学习是一种解决多个智能体相互作用和学习的强化学习方法。它在机器人协作、多智能体博弈和群体决策等领域具有广泛的应用。通过考虑智能体之间的相互影响和竞争合作问题，多智能体强化学习可以帮助智能体学习适应复杂和动态环境的最优策略，实现个体和整体的优化。

2.4　基础应用技术

2.4.1　图像分割技术

图像分割是图像处理和计算机视觉领域的一个基础问题，它指的是将数字图像划分为多个有意义的区域或对象的过程。这种技术在许多应用领域都有广泛的用途，如医学成像、自动驾驶、遥感影像分析、工业检测等。图像分割的基本思路是根据图像中不同区域的特征(如颜色、纹理、亮度等)将其划分成若干个互不重叠的区域。

图像分割技术主要有以下几种方法。

(1) 基于阈值的分割：这是最简单且最常用的方法之一，它通过设置一个或多个阈值，将图像中的像素分成不同的区域。这种方法对于具有明显灰度差异的图像效果很好，但对于复杂图像效果不佳。

(2) 基于边缘检测的分割：这种方法首先检测图像中的边缘，然后根据边缘信息将图像划分为不同的区域。常用的边缘检测算法有 Sobel、Canny、Prewitt 等。这种方法对于检测物体轮廓效果很好，但对于复杂背景中的目标分割效果不佳。

(3) 基于区域生长的分割：这种方法从一个或多个种子点开始，通过不断地合并与种子点相似的邻近像素，最终形成一个完整的区域。这种方法对于纹理特征明显的图像效果很好，但对于复杂图像的分割效果不太理想。

(4) 基于图像分割算法的分割：这种方法利用诸如 Mean shift、Normalized cut、Graph cut 等图像分割算法，可以得到较为精确的分割结果。这些算法通常需要一定的先验知识或人工交互，在复杂图像中效果较好。

(5) 基于机器学习的分割：这种方法利用深度学习等机器学习技术，如卷积神经网络(CNN)、U-Net 等，通过大量标注数据的训练，可以获得很好的分割效果。这种方法适用于复杂场景，但需要大量的训练数据。

上述方法中，基于结构熵的图像分割技术是一种较为先进的方法。它利用信息论中的结构熵概念，定义图像的结构信息熵，并以此作为优化目标函数，通过迭代优化的方式得到最优的分割结果。结构熵描述了图像中各个区域的复杂程度和关联性。形式化地，设图像 I 被划分为 N 个区域 $\{R_1, R_2, \cdots, R_N\}$，每个区域 R_i 的结构熵定义为

$$S(R_i) = -\sum p(x_i)\log p(x_i) \tag{2.5}$$

其中，x_i 为区域 R_i 内的像素值；$p(x_i)$ 为 x_i 出现的概率密度函数。

整个图像的结构熵则定义为各个区域结构熵的加权和，即

$$S(I) = \sum w_i S(R_i) \tag{2.6}$$

其中，w_i 为各区域的权重，可以根据区域大小或其他因素设定。在图像分割过程中，希望最小化图像的总结构熵 $S(I)$，从而得到具有最佳区域划分的分割结果。这可以通过迭代优化的方式实现，如使用梯度下降法或遗传算法等。

2022 年，Ma 等提出一种基于注意机制和 ENet 的图像分割技术，用于医学图像的自动分割，通过膨胀卷积和注意机制的结合，以及设计的特征融合模块，该方法在牙齿 CT 图像分割中取得较高的准确性[45]。2023 年，He 等提出一种基于 Transformer 的医学决策系统中的图像分割技术，通过超分辨重建和引入门控轴向注意力模型，该方法在医学图像分割任务中具有较高的准确性和性能[46]。同年，He 等提出一种基于云计算的医学图像分割方法，该方法利用云计算处理大量医学图像，克服了本地计算能力的限制，通过结合 Transformer 和 CNN，该方法能够提取全局和局部特征，并引入交互融合注意力模块以提高分割准确性[47]。2024 年，Dan 等提出一种增强医学图像分割的多 Transformer U-Net 方法，通过结合 Swin Transformer 和可变形 Transformer，提高模型性能[48]。同年，Fan 等提出一种卷积和自注意力并行网络(CSAP-UNet)模型，用于医学图像分割，模型通过在编码器中并行使用 CNN 和 Transformer，同时考虑全局依赖性和局部信息，有效地融合了局部特征和全局特征，通过注意力融合模块和边界增强模块的设计，CSAP-UNet 在多个公共数据集上表现出色，并具有强大的泛化能力[49]。

将这些图像分割技术应用到基于结构熵的感知与博弈理论及方法中，可以更好地理解和分析复杂的图像数据，为后续的感知、决策和行为优化提供支持。例如，可以利用图像分割技术对相关场景的图像进行预处理和特征提取，为基于结构熵的感知算法提供更加丰富的输入数据。同时，分割结果也可以为博弈论模型的构建提供依据，有助于更好地理解各参与方的行为模式和利益诉求。总的来说，图像分割技术是基于结构熵的感知与博弈理论及方法中不可或缺的一环。

2.4.2　异常检测技术

异常检测技术，也被称为异常分析或异常检测，是一种在数据中寻找、识别和分析异常模式或异常行为的方法。它在许多领域都有广泛的应用，包括网络安

全、金融欺诈检测、工业监控、医学诊断等。在基于结构熵的感知与博弈理论及方法中，异常检测技术被用于分析和预测系统中的异常情况，以便更准确地进行感知和决策。

异常检测的目标是从大量数据中找出与正常模式或行为规律不符的样本或实例。这些异常可能表示系统中的故障、攻击、异常事件或其他潜在问题。异常检测算法通过学习正常模式的特征和行为规律，能够识别出与之不符的样本，从而提供一种监测和预测系统异常的手段。

下面有几种常见的异常检测技术。

(1) 基于统计方法的异常检测：统计方法是最常用的异常检测技术之一。它假设正常数据遵循某种已知的概率分布，例如高斯分布。通过计算样本与概率分布之间的偏差，可以确定是否存在异常。常用的统计方法包括均值-方差方法、箱线图、概率密度估计等。

(2) 基于机器学习的异常检测：机器学习技术在异常检测领域也得到了广泛应用。监督学习方法可以通过使用标记的异常样本进行训练，从而建立异常检测模型。无监督学习方法则在没有标记异常样本的情况下，通过学习正常数据的特征来发现异常。常用的机器学习算法包括聚类、离群点检测、支持向量机等。

(3) 基于规则的异常检测：规则方法依赖于领域专家对异常模式的定义和规则的制定。通过定义一组规则，可以识别和检测与规则不符的数据。这种方法通常适用于具有已知异常模式的领域，例如，网络安全中的特定攻击类型。

(4) 基于时间序列的异常检测：时间序列异常检测适用于具有时间相关性的数据。它通过分析数据点在时间上的变化模式，检测异常的出现。常用的技术包括 ARIMA 模型、指数平滑、离群点检测等。

在基于结构熵的感知与博弈理论及方法中，异常检测技术可以结合结构熵的概念，提高对系统异常的感知和理解能力。结构熵是一种用于描述系统结构和组织的度量方法，可以通过分析系统中的关系和交互来评估其复杂性。将异常检测与结构熵相结合，可以从结构上对系统中的异常进行建模和分析，更好地理解异常的发生机制和演化规律。通过采用异常检测技术，基于结构熵的感知与博弈理论及方法，可以实现对系统中潜在异常的早期预警和快速识别。这有助于提高系统的健壮性、鲁棒性和安全性，同时为决策者提供更准确的信息和决策支持。

2022 年，Yang 等提出一种基于集成和无监督学习的高效网络异常检测方法，该方法通过训练自编码器，仅使用正常网络流量数据，构建了模型，通过集成自编码器的重构损失和马氏距离，得到检测目标数据的异常分数，并通过应用阈值，可以高效地检测网络异常流量[50]。2023 年，Niu 等提出一种基于集成半监督主动学习的新颖异常检测方法(ADESSA)，用于工业基础设施中的网络安全和可靠性，该方法通过平衡采样策略构建平衡的训练集，包括手动标记和自动标记的样本，以在有限的预算下有效训练检测模型[51]。同年，Duan 等提出一种基于多尺度残差分类器(MSRC)的网络流量异常检测方法，该方法通过使用滑动窗口划分网络流量子序列，并利用小波变换获取时频信息，设计了堆叠自编码器来学习输入数据的分布，通过重构误差向量和多路径残差组，学习不同尺度的特征信息，最终通过轻量级分类器完成流量异常检测[52]。2024 年，Jeffrey 等提出一种混合方法来检测网络化控制系统(CPS)中的安全威胁异常，该方法通过将基于签名和阈值的入侵检测系统与专为检测行为异常而设计的机器学习模型相结合，实现对已知威胁的更快速检测和对未知威胁的更精确检测[53]。同年，Mishra 等提出一种基于深度卷积生成对抗网络和双向长短期记忆网络的加权堆叠集成模型，用于物联网中的异常检测，该模型通过正则化和超参数调优实现了更好的分类性能，并通过 L2 正则化技术解决了过拟合问题[54]。

总之，异常检测技术在基于结构熵的感知与博弈理论及方法中扮演着重要的角色。利用该技术能够从大量的数据中提取有价值的信息，识别和理解系统中的异常行为，为决策提供准确的支持。通过结合结构熵的概念，可以更深入地分析和预测系统的复杂性和异常性质，提高对系统的感知能力和决策效果。这为构建更安全、可靠和智能的系统提供了一种有力的方法和理论基础。

2.4.3 时空流量预测技术

时空流量预测技术是一种综合考虑时间和空间两个维度的建模和预测方法。相比于单纯的时间序列预测，这种方法能更好地捕捉系统中的空间相关性，从而提高预测的精度和可靠性。

首先，在数据收集方面，时空流量预测需要收集目标区域或网络中各个位置的历史流量数据。这些数据可能来自交通检测设备、网络监控系统等，包括时间序列上的流量变化趋势，以及空间上各个区域或节点之间的相互影响。例如，在交通领域中，可以收集各个路段或交叉口的车流量数据；在网络领域中，可以收集各个路由器或交换机的流量数据。其次，在时空建模方面，时空流量预测技术通常采用以下步骤。

(1) 时间序列建模：使用 ARIMA、指数平滑等时间序列分析方法，建立描述各个区域或节点流量时间变化趋势的模型。这些模型能够刻画流量的季节性、周期性等特征。

(2) 空间相关性建模：使用马尔可夫随机场、空间自回归等空间分析方法，建立描述区域或节点之间相互影响的模型。这些模型能够刻画流量在空间维度上的传播特征。

(3) 时空耦合建模：将时间序列模型和空间相关性模型进行耦合，形成一个综合的时空流量预测模型。这种模型不仅能捕捉流量在时间上的变化，还能刻画流量在空间上的传播规律。

在参数估计方面，时空流量预测技术通常采用优化算法，如梯度下降法、最大似然估计等，对时空模型的参数进行校准和优化，使模型能够更好地拟合实际观测数据。最后，在流量预测方面，将校准好的时空模型应用于当前状态，就可以预测未来一定时间内目标区域或网络的整体流量水平以及各个区域或节点之间的相对流量变化。这种预测结果不仅包括总体的流量趋势，还能反映局部区域或节点的流量动态。

2022 年，Wang 等提出一种基于空时图卷积网络(ST-GCN)的层次交通流预测协议，用于解决实际道路中的复杂空时依赖性和交叉口监测设备的限制，该协议通过结合交叉口交通的空间和时间依赖性，实现了更准确的交通流预测[55]。2023 年，Chen 等提出一种基于图空时位置循环网络(GSTPRN)的交通预测方法，旨在解决智慧城市中的交通预测挑战，通过构建位置图卷积模块和近似个性化传播方法，该方法能够捕捉交通数据的空间依赖关系，并获取更多的空间邻域信息，通过将这些方法与循环网络相结合，实现对交通数据的预测[56]。同年，Wang 等提出一种基于多元相空间-长短期记忆网络预测的城市道路交通时空状态估计方法，旨在从微观和空间角度综合考虑交通状态，通过构建交通时空状态的估计方法，结合相空间重建和长短期记忆网络预测模型，实现对交通参数的准确预测[57]。还是在 2023 年，Liu 等提出一种名为 DST-GraphSAGE 的基于 GraphSAGE 的动态空时图卷积网络，该模型能够同时捕捉动态的空时依赖关系，通过空时 GraphSAGE 模块从节点的空间邻居的过去观测中提取局部的空时相关性，模型还引入了注意机制，用于动态学习交通节点之间的权重[58]。2024 年，Yan 等提出一种名为 ProSTformer 的渐进式空时自注意模型，用于短期交通流量预测，通过设计渐进式的自注意机制，该模型能够从局部到全局地聚焦于空间依赖和时间依赖，并考虑外部依赖，同时采用张量重排和补丁合并技术，有效降低自注意计算时间[59]。同年，Liu 等提出一种名为 TSADGCN 的时空动态图卷积网络模型，通过引入动态时间归整算法和构建时空图，该模型能够有效地捕捉交通流的时空特征和依赖关系，并通过结合图注意力网络和时间注意力网络，构建一个时空卷积块，用于捕捉交通数据的时空特征[60]。

在“基于结构熵的感知与博弈理论及方法”这个框架下，时空流量预测技术可以为感知和博弈分析提供重要的输入数据。比如，可以利用预测的时空流量信息，结合结构熵分析，识别系统中的关键节点或区域，进而为决策者提供支持。同时，基于时空流量预测的结果，还可以构建相应的博弈模型，分析参与者的最优策略，为系统优化提供依据。总之，时空流量预测是“基于结构熵的感知与博弈理论及方法”中的一项重要技术。

2.5 感知技术理论

感知技术是一种用于获取和处理信息的方法，感知技术在机器学习和人工智能领域得到广泛应用，特别是在分类、识别和预测任务中。

感知技术的基本思想是通过学习数据的特征和模式来进行分类或预测。感知器是感知技术的基本单元，它由输入层、权重、偏置和激活函数组成。输入层接收来自数据集的特征向量，每个特征与相应的权重相乘，再经过加权求和并加上偏置项。通过激活函数对求和结果进行非线性变换，得到感知器的输出。感知器的训练过程主要包括权重的初始化和迭代更新两个步骤。在初始化阶段，权重被赋予一个初始值。然后，通过迭代更新的方式，对每个训练样本进行处理，并根据预测结果与真实标签之间的误差来调整权重。这个过程可以使用梯度下降算法来实现，其中，梯度表示误差对权重的变化率。通过多次迭代，感知器可以逐渐调整权重，以提高分类或预测的准确性。感知技术的一个重要特点是它可以处理线性可分的问题。线性可分意味着存在一个超平面可以将不同类别的样本完全分开。然而，对于非线性可分的问题，单个感知器可能无法达到理想的分类效果。为了解决这个问题，可以使用多层感知器(Multi-layer Perceptron，MLP)，它包含多个感知器层，并通过引入隐藏层来提供更强的表达能力。隐藏层中的感知器可以学习到更复杂的特征和模式，从而提高分类或预测的性能。

感知技术的训练过程可以通过以下步骤进行。

(1) 初始化权重和偏置：将感知器的权重和偏置项设置为初始值，可以随机初始化或使用预先定义的值。

(2) 输入样本：将训练数据集中的样本输入到感知器中。

(3) 计算感知器的输出：根据输入样本、权重和偏置项，计算感知器的输出值。

(4) 更新权重：根据感知器的输出和真实标签之间的误差，使用梯度下降算法来更新权重。梯度表示误差对权重的变化率，通过沿着梯度的反方向调整权重，逐渐减小误差。

(5) 重复步骤(2)～(4)：对于每个训练样本，重复执行步骤(2)至步骤(4)，以逐渐调整权重和提高感知器的性能。

(6) 终止条件：可以设置一个终止条件，如达到最大迭代次数或误差降至某个阈值，来决定训练过程何时停止。

感知技术的应用非常广泛。例如，在图像分类任务中，感知技术可以从图像中提取特征，并将其与预先训练好的模型进行比较，从而识别出图像中的物体或场景。在自然语言处理领域，感知技术可以用于识别文本中的情感倾向或进行文本分类。此外，感知技术还可以应用于信号处理、模式识别、数据挖掘等领域。

给定一个输入向量 $X=\left(x_1,x_2,x_3,\cdots,x_n\right)$ 和对应的权重向量 $W=\left(w_1,w_2,w_3,\cdots,w_n\right)$，感知器的输出可以表示为

$$y=f\left(\sum x_i * w_i\right)+b \tag{2.7}$$

其中，f 是激活函数；$\sum\left(x_i * w_i\right)$ 表示输入向量与权重向量的加权求和；b 是偏置项。

常用的激活函数包括阶跃函数(step function)、Sigmoid 函数、ReLU 函数等。阶跃函数是一个简单的二元函数，根据输入的正负来输出 0 或 1。Sigmoid 函数将输入映射到 0 和 1 之间的连续值，具有平滑的非线性特性。ReLU 函数是一个非线性的激活函数，它在输入为正时返回输入值，否则返回 0。

总结起来，感知技术是一种用于分类和预测的方法，通过学习数据的特征和模式来实现任务。它由感知器作为基本单元组成，通过权重、偏置和激活函数来模拟人类感知系统的一些特征和能力。感知技术的训练过程涉及权重的初始化和迭代更新，可以使用梯度下降算法来调整权重。感知技术在处理线性可分问题时表现良好，对于非线性可分问题，可以使用多层感知器来提高性能。

2.6　博弈决策理论

博弈决策理论(方法)是在博弈论的基础上发展起来的一种决策支持技术。在“基于结构熵的感知与博弈理论及方法”的框架中，博弈决策方法可以为系统优化提供重要依据。博弈论研究的是一种多参与者的交互决策过程。在一个博弈过程中，每个参与者(也称为“博弈方”或“玩家”)都有自己的目标和策略选择，并且各方的决策会相互影响。博弈论的核心任务就是找到各参与者的最优策略，即在给定对手的策略下，每个参与者自身的收益都达到最大化。在“基于结构熵的感知与博弈理论及方法”框架中，博弈决策方法可以用于分析系统中各个参与方的最优行为策略。具体来说，可以建立一个包含多个参与方的博弈模型，每个参与方的目标函数可以由结构熵指标来表示，即希望最大化自身的结构熵。通过求解这个多参与方博弈问题的纳什均衡，可以得到各方的最优策略。

数学上，这个博弈决策问题可以描述如下。

设有 N 个参与方，每个参与方 i 的策略空间为 X_i。参与方 i 的目标函数为结构熵指标 $S_i(x_1,x_2,\cdots,x_N)$，其中，$x=(x_1,x_2,\cdots,x_N)$ 表示各方的联合策略。那么，博弈决策的目标就是求解以下的纳什均衡：

$x^*=(x_1^*,x_2^*,\cdots,x_N^*)$ 使得对于任意 i=1,2,$\cdots$,N，有

$$S_i\left(x_1^*, x_2^*, \cdots, x_i^*, \cdots, x_N^*\right) \geqslant S_i\left(x_1^*, x_2^*, \cdots, x_i, \cdots, x_N^*\right) \tag{2.8}$$

也就是说，在其他参与方均采取最优策略 x_i 的情况下，参与方 i 采取策略 x_i 能使自己的结构熵指标 S_i 达到最大化。

一旦确定了各参与方的最优策略，就可以将其带回“基于结构熵的感知与博弈理论及方法”的整体框架中，进行进一步的分析和决策支持。例如，可以利用这些最优策略预测系统的整体演化趋势，识别关键参与方或环节，并为系统优化提供依据。

2022 年，Ma 等提出一种基于零和博弈理论的组合广义灰色目标决策方法，用于处理混合属性的决策问题，该方法通过竞争的零和博弈模型，将不同依据的广义灰色目标决策方法与备选方案进行整合，以获得理想的决策效果[61]。2023 年，Jin 等提出一种基于进化博弈和后悔最小化算法的网络攻防决策方法，针对网络攻防中存在的认知能力差异和理性假设的限制，将进化博弈理论应用于描述不完全理性下的攻防演化过程，并通过后悔最小化算法优化策略学习机制[62]。同年，Zhang 等提出一种基于微分博弈理论和无标度网络的实时安全防御决策方法，通过将复杂网络与微分博弈理论相结合，研究了实时防御决策问题，设计了基于无标度网络的传播模型，实现了网络安全状态的实时波动分析[63]。2024 年，Liu 等提出一种基于混合策略博弈和交互定向识别的方法，用于增强自动驾驶车辆的社交决策能力，并提出一种动态和社交感知决策博弈理论的新框架，该框架包括交互定向识别、混合策略博弈建模和专家模式学习三个模块[64]。同年，Huang 等提出一种基于动态贝叶斯博弈优化方法，用于处理具有不完整负荷信息和多能源中心竞争约束的多能源中心系统，通过引入负荷预测误差系数和贝叶斯规则，处理不完整信息引起的条件概率问题[65]。

总之，博弈决策方法为“基于结构熵的感知与博弈理论及方法”提供了一种重要的分析工具。它能够在多参与方的复杂交互环境中，找到各方的最优策略，从而为系统的整体优化提供依据和支持。这对于诸如交通、通信、电力等复杂网络系统的管理和决策都具有重要意义。

2.7 本章小结

本章内容为基于结构熵的感知与博弈理论及方法的基础篇。深入探讨了图结构的特性和分析方法，并介绍了各种技术和方法在图数据中的应用。这些方法和技术对于理解和处理复杂的图结构数据具有重要意义，并为进一步的研究和应用提供了基础。

在感知与博弈的研究中，结构熵作为一种重要的信息度量指标，能够描述信息系统中元素之间的关联程度和组织结构。本章介绍了结构熵在感知与博弈理论中的定义和计算方法，以及其在感知复杂性分析、决策复杂性分析、协作与竞争分析、信息处理效率分析等方面的应用任务。

首先介绍了香农熵，这是一种衡量信息量的度量方式，可以在信息论中应用于图结构的分析。通过计算图结构的香农熵，可以评估图的复杂程度和信息量。

接着介绍了图结构熵，这是一种基于图的拓扑结构和连接关系的度量方式。图结构熵可以用于分析网络的复杂性和不确定性，从而帮助人们理解图中的信息传递和交互过程。

图结构方法是一种基于图的分析方法，可以揭示图中节点和边的关系，有助于理解图的特征和结构。

表示学习是一种学习节点和边的向量表示的技术，可以将图中的节点和边映射到低维空间，从而方便后续的分析和应用。聚类技术是一种将相似节点或边归类的方法，利用它可以发现图中的群组结构和模式。强化学习和多智能体强化学习是一种通过与环境交互来学习最优策略的方法，可以应用于图中的决策和优化问题。

应用图聚类技术可以将图中的节点和边进行聚类，从而发现隐藏的结构和模式。感知技术是一种通过对图结构的分析来理解和感知图中的信息和变化。应用异常检测技术可以发现图中的异常节点或边，从而识别潜在的问题或攻击。表示学习技术可以用于学习图中节点和边的特征表示，从而方便后续的分析和应用。应用时空流量预测技术可以预测图中节点和边的变化趋势，从而进行合理的规划和决策。博弈决策方法是一种通过博弈理论来分析和解决图中的决策问题的方法，利用它可以优化资源分配和策略制定。图像分割技术可以将图像分割成多个区域，从而方便后续的分析和处理。

第 3 章　传统简单图的结构熵理论

随着图数据在各个领域中的广泛应用，如何有效地分析和理解图结构变得越来越重要。图作为一种复杂的网络结构，能够直观地表示实体及其关系，广泛应用于社交网络、知识图谱、生物信息学等领域。然而，随着图数据规模的急剧增大和复杂性的提升，传统的图分析方法在处理复杂数据时显得力不从心。结构熵作为一种能够有效度量图结构复杂度和信息熵的方法，成为图数据分析中的重要工具。本章将深入探讨传统简单图的结构熵理论及其在图数据分析中的应用。

首先，本章将详细介绍表示学习(representation learning)在图数据中的应用。表示学习作为一种能够自动从原始数据中学习有效特征的方法，已经在图数据表示和处理方面取得了显著成果。通过将图结构和节点特征嵌入低维向量空间，表示学习可以极大地提升图数据分析的效率和准确性。本章将探讨几种常见的图表示学习方法，并分析其优缺点和适用场景。随后，本章将重点介绍图聚类(graph clustering)技术。图聚类是图数据分析中的一个重要任务，通过将图中的节点分为不同的簇，可以揭示图结构中的潜在模式和社区结构。本章将讨论几种常见的图聚类算法，如谱聚类、基于模块度的聚类和基于随机游走的聚类，并分析这些算法在不同应用场景中的性能和适用性。最后，本章通过对图神经网络、表示学习和图聚类的深入探讨，希望能够为读者提供一个全面的视角，帮助他们更好地理解和应用结构熵理论进行图数据分析。

3.1　表 示 学 习

表示学习作为一种能够自动从原始数据中学习出有效特征的方法，已经在图数据表示和处理方面取得了显著成果。本节将介绍四种应用表示学习的方法模型，分别为无监督结构熵下的鲁棒图神经网络(Unsupervised Structure Entropy based Robust Graph Neural Network，USER)[66]、具有结构熵信息的多层网络表示学习模型[67]、通过图熵最大化学习图表示[68]和结构熵指导的图结构学习节点分类模型[69]。USER 旨在缓解图数据中固有随机性对图神经网络性能的不利影响，学习具有适当表征的节点特征，且无须标签信息。多层网络表示学习将网络节点映射到统一的向量空间，可以反映原始网络的特征，提高下游任务的准确性。基于图熵最大化的图表示学习目标是学习能够尽可能捕获图信息的多样化表示。节点分类通过图结构学习(Graph Structure Learning，GSL)技术优化图结构并学习合适的图神经网络来解决。

3.1.1　基于无监督结构熵的鲁棒图神经网络

在本节中，介绍基于无监督结构熵下的鲁棒图神经网络[66]，旨在缓解图数据中固有随机性对图神经网络性能的不利影响，学习具有适当表征的节点特征，且无须标签信息。

在介绍模型之前，首先给出用到的相关公式定义。

为了说明符号约定，使用 $\vec{x}, \vec{y}, \cdots$ 表示向量，其中，x_i 表示 $\vec{x}$ 的第 i 个元素。使用大写字母 $X, Y, A, \cdots$ 表示实值矩阵。对于任何矩阵 M, M_i 表示第 i 行向量，M_{ij} 表示 M 的第(i, j)个元素。本节关注无向、无权图，每个节点都与一个 d 维特征向量相关联。形式上，这样的图可以用 $G=(V, E, X)$来表示，其中，V 是 n 个节点的集合 $\{v_1, \cdots, v_n\}$，E 是边的集合 $\{v_i, v_j\}$，$X \in M_{n,d}(R)$ 表示特征矩阵，其中，X_i 是节点 v_i 的特征向量。对(V, E)的表示是邻接矩阵 $A \in M_n(\{0,1\})$，其中，如果 $\{v_i, v_j\} \in E$ 则 $A_{ij}=1$。这里假设图中没有孤立节点。事实上，大多数关于图神经网络的研究在训练之前都会省略孤立节点。最后，用 $C_0, C_1, \cdots, C_{c-1}$ 来表示 c 个节点集合。如果它们满足 $k \neq m \Rightarrow C_k \cap C_m = \varnothing$ 且 $\forall k < c: C_k \neq \varnothing$,称它们为分区。

给定输入图 G，图神经网络(GNN)是由以下函数表示的：

$$\mathrm{GNN}\left(A, X, \left\{W^{(\ell)}\right\}\right) = H^{(t)} \tag{3.1}$$

其中，$H(0)=X$, 对于所有 $\ell \in (0, t]$，$H^{(\ell)} = \sigma(agg(AH^{(\ell-1)}W^{(\ell)}))$，$H^{(\ell)} \in \mathbf{R}^{n\times d^{\ell}}$，$W^{(\ell)} \in \mathbf{R}^{d^{(\ell-1)}\times d^{(\ell)}}$，且 $d^{(0)}=d$。其中，$\sigma(\cdot)$是激活函数；函数 $agg(\cdot)$负责聚合来自邻居节点的信息。这个函数的输入通常是 $AH^{(\ell-1)}W^{(\ell)}$ 的形式，其中，$H^{(\ell-1)}$ 是邻居节点的特征矩阵($H^{(0)}=X$，把原始特征作为第 1 层的输入)，$W^{(\ell)}$ 是第 ℓ 层的权重矩阵，A 是编码图结构的邻接矩阵。函数 $agg(\cdot)$处理这个输入，为每个节点产生一个新的特征向量。这个新的特征向量包含中心节点自身特征和其邻居特征的信息。$agg(\cdot)$组合这些特征的方式取决于使用的具体 GNN 架构。使用非单射 $\sigma(\cdot)$和 $agg(\cdot)$函数的 GNN 模型在学习图结构时可能效率低下。因此，只关注使用这些函数单射版本的 GNN 模型。如式(3.1)所示，GNN 模型中节点的向量表示是通过递归地聚合自身特征和邻居节点特征而计算出来的。

如前所述，现实世界中的输入图数据集本质上是随机和不稳定的。然而，这些数据集反映了某些隐藏但稳定的内在连通性分布。一个数据集如果可以自然地划分为 c 个分区(或节点分类任务中的类)，那么它的内在连通性就意味着同一分区内的节点连接概率高于不同分区之间的节点。用以下定义来正式表述这个概念。

定义 3.1(内在连通性图) 对于一个包含 c 个分区的数据集，假设 $G_I=(V,E_I)$ 满足对于任意两个节点 v_i 和 v_j，只有当 v_i 和 v_j 属于同一个分区时，才存在一条边 $(v_i,v_j)\in E_I$，称 G_I 为内在连通性图。

设 Rank(M)表示矩阵 M 的秩。

定理 3.1(G_I 的邻接矩阵 A_I 的秩) 对于一个包含 c 个分区的数据集，有 $\mathrm{Rank}(A_I)=c$，其中，A_I 是 G_I 的邻接矩阵。

目标是从现实世界的数据集中提取新的图，以减轻图随机性的干扰。在没有真实标签的情况下，找到内在连通性图是不切实际的，但观察到，GNN 可以从不同的输入图中学习到相同的嵌入。

定义 3.2(GNN 无法区分性) 设 $G_0=(V,E_0,X)$ 和 $G_1=(V,E_1,X)$ 是两个具有相同节点集且邻接矩阵分别为 A_0 和 A_1 的图。如果对于任意特征矩阵 X 和任意权重矩阵 $W_0^{(1)}$，…，$W_0^{(L)}$，都存在 $W_1^{(1)}$，…，$W_1^{(L)}$，使得在 G_0 和 G_1 上运行的 GNN 在每一层都有相同的激活值，即对所有 $1\leqslant \ell \leqslant L$，有 $\sigma(agg(A_0H^{(\ell-1)}W_0^{(\ell)}))=\sigma(agg(A_1H^{(\ell-1)}W_1^{(\ell)}))$，其中，$H^{(\ell)}$ 表示第 ℓ 层的节点，那么说 G_1 对 GNN 来说是无法区分的。

根据定义 3.2，如果 G_1 对 GNN 来说是无法区分的，那么使用 G_1 作为输入的 GNN 可以学习到与使用 G_0 作为输入时相同的嵌入。因此，使用对内在连通性图 G_I 无法区分的图，可以让 GNN 学习到与使用 G_0 作为输入时相同的嵌入，将这样的图称为无害图。

定义 3.3(无害图) 假设 G_I 是某个数据集的内在连通性图，一个无害图 G' 是对 G_I 无法区分的图。

接下来，需要引入一个图对另一个特定图无法区分的必要条件。

定理 3.2(对 GNN 无法区分的必要条件) G_1 对 G_0 无法区分，当且仅当 $\mathrm{Rank}(A_1)\geqslant\mathrm{Rank}(A_0)$。

推论 3.1(无害图的必要条件) G' 是一个无害图，当且仅当 $\mathrm{Rank}(A')\geqslant\mathrm{Rank}(A_I)$。

根据定理 3.1 和推论 3.1，一个无害图 G' 的邻接矩阵 A' 必须满足 $\mathrm{Rank}(A')\geqslant c$。

除了上述性质，还有一个常见的假设，即在一个 GNN 可以提取出语义有用的节点嵌入的图中，相邻节点的特征更相似，而非相邻节点的特征差异更大。但这种描述只考虑了 GNN 沿单条边的信息聚合。为了将特征平滑性扩展到群体层面，可以引入函数 $f(\vec{x},\vec{y})$ 来评估学习得到的节点嵌入之间的相似性，$f(\vec{x},\vec{y})$ 越小，表示 $\vec{x}$ 和 $\vec{y}$ 这两个嵌入向量越相似。于是继续提出以下群体层面的特征平滑性假设。

假设 3.1(群体层面的特征平滑性)　设 $k \neq m$，对于任意三个节点 v_a，v_b，v_c，其中，$v_a \in C_k$，$v_b \in C_k$ 且 $v_c \in C_m$，有 $f(X_a, X_b) \leqslant f(X_a, X_c)$。

以上内容为识别无害图的标准，需要将必要条件(推论 3.1)与附加假设(假设 3.1)结合起来使用。为了获得一个满足必要条件(推论 3.1)和附加假设(假设 3.1)的无害图，接下来讲解优化问题。在结构信息理论的背景下解释推论 3.1，并使用戴维斯-博尔丁指数(Davies-Bouldin Index，DBI)实现假设 3.1。

借鉴最近在结构信息理论方面的进展，需要引入网络分区结构信息(Network Partition Structural Information，NPSI)的概念，这在之前的 GNN 模型中还未被利用过。为了解释 NPSI，首先介绍以下符号。

$P(G)=\{C_0, C_1, \cdots, C_{r-1}\}$ 是图 G 的一个分区，则 $P(G)$ 可以用矩阵 $Y \in \{0,1\}^{n \times r}$ 来表示，其中，如果 $v_i \in C_k$，则 $Y_{ik}=1$，否则 $Y_{ik}=0$，称 Y 为指示矩阵。由于 $C_k \neq \varnothing$，因此，$(Y^{\mathrm{T}}Y)_{kk}>0$，且对于任意 $k \neq m, C_k \cap V_m = \varnothing$，所以，$(Y^{\mathrm{T}}Y)_{km}=0$。对于一个图 G 和它的分区 $P(G)$，设 vol_k 为至少有一个节点在 C_k 中的边的数量，g_k 为只有一个节点在 C_k 中的边的数量。那么 NPSI 可以表示为

$$\mathrm{NPSI}_{GP(G)}=\sum_{k<r}\left(\frac{vol_k - g_k}{2|E|}\log_2 \frac{vol_k}{2|E|}\right) \tag{3.2}$$

要在 GNN 模型中利用 NPSI，需要用矩阵的形式来表示它。需要注意的是，$vol_k - g_k$ 是同时有两个节点在 C_k 中的边的数量，这等于 $Y^{\mathrm{T}}AY$ 中的第 k 个对角元素。而(AY)的列和中的第 k 个值等于 vol_k，可以通过 $\{1\}^{r \times n}AY$ 中的第 k 个对角元素来计算。记矩阵的迹为 trace(·)，则

$$\begin{aligned}
\mathrm{NPSI}(A,Y) &= \mathrm{NPSI}_{GP(G)} = \sum_{k<r}\left(\frac{vol_k - g_k}{2|E|}\log_2 \frac{vol_k}{2|E|}\right) \\
&= \sum_{k<r}\left(\frac{(Y^{\mathrm{T}}AY)_{kk}}{2\mathrm{sum}(A)} \times \log_2 \frac{\left(\{1\}^{r \times n}AY\right)_{kk}}{2\mathrm{sum}(A)}\right) \\
&= \mathrm{trace}\left(\frac{(Y^{\mathrm{T}}AY)}{2\mathrm{sum}(A)} \otimes \log_2 \frac{\left(\{1\}^{r \times n}AY\right)}{2\mathrm{sum}(A)}\right)
\end{aligned} \tag{3.3}$$

可以使用上述定义将 NPSI(A, Y)纳入 GNN 模型中。为了理解 NPSI 与学习到的图之间的关系，需要理解邻接矩阵的秩与结构之间的关系。

引理 3.1(秩与连通分量)　假设图 G 没有孤立节点。如果 G 有 r 个连通分量，那么相应的邻接矩阵 A 满足 Rank(A) $\geqslant r$。

然后发现，对于固定的 $Y \in \{0,1\}^{(n \times r)}$ 且满足 $(Y^{\mathrm{T}}Y)_{kk}>0$ 和 $(Y^{\mathrm{T}}Y)_{km}=0(k \neq m)$，可以学习到一个新的图 G' 及其对应的邻接矩阵 A'，使得 Rank(A') $\geqslant r$。

定理 3.3(最小化可学习 A'的 NPSI)

$$\begin{aligned}&\text{假设}\quad A' = \operatorname{argmin}\left(\text{NPSI}\left(A',Y\right)\right),\\&\text{s.t.}\quad A'_{ij} \geqslant 0 \quad \text{且} \quad A' = A'^{\mathrm{T}}\end{aligned} \tag{3.4}$$

A'范围：$\text{Rank}(A') \geqslant r$ 。

因此，基于 NPSI，如果设置 $r=c$，可以构建一个目标函数来学习满足必要条件(推论 3.1)的邻接矩阵 A'。同时，利用分区指示矩阵 Y，可以使用著名的戴维斯-博尔丁指数(DBI)来分析同一分区内节点特征的相似性。

$$\begin{aligned}&\text{DBI}\left(X,Y\right) = \frac{1}{r}\sum_{k<r} DI_k\\&\text{当} DI_k = \max_{m\neq k}\left(R_{km}\right), R_{km} = \frac{S_k + S_m}{M_{km}}\\&S_k = \left(\frac{1}{|C_k|}\sum_{Y_{ik=1}}\left(|X_i - \bar{X}_k|^2\right)\right)^{\frac{1}{2}}\\&M_{km} = \left(|\bar{X}_k - \bar{X}_m|^2\right)^{1/2}, \bar{X}_k = \frac{\sum\limits_{Y_{ik}=1} X_i}{|C_k|}\end{aligned} \tag{3.5}$$

满足假设 3.1 的邻接矩阵 A'会使 DBI(X,Y)变小。基于获得无害图的必要条件(推论 3.1 和假设 3.1)，需要使用网络分区结构信息(NPSI)和戴维斯-波尔丁指数(DBI)构造一个目标函数来学习满足这些条件的邻接矩阵 A。令 β 为一个超参数，则目标函数为

$$\begin{aligned}&L_N = \text{NPSI}\left(A',Y\right) + \beta\cdot\text{DBI}\left(X,Y\right)\\&\text{s.t.}\quad A'_{ij} \geqslant 0, A' = A'^{\mathrm{T}}\\&Y \in \{0,1\}^{n\times c}, Y_{km}\begin{cases} >0 & \text{若} k=m\\ =0 & \text{其他}\end{cases}\end{aligned} \tag{3.6}$$

那么，用于寻找无害图的总体标准就可以形式化为最小化式(3.6)中的 LN 的优化问题，其中，Y 和 A'是需要优化的元素。

在完成以上铺垫后，接下来介绍基于无监督结构熵的鲁棒图神经网络模型，它能使 GNN 模型同时学习嵌入和无害图，通过优化式(3.6)中的损失函数来实现鲁棒学习。使用的框架支持各种 GNN 模型，以经典的 GAE 为例进行说明。使用的框架有两个关键组成部分，区别于之前的工作。

1. 学习矩阵

设 A 表示原始输入图的邻接矩阵，为了去除随机性的影响，需要构建一个无

害图，并将其作为支持模型的输入，而不是原始图。因此，需要构造一个可学习的矩阵 $A' \in \mathbf{R}^{n\times n}$ ，并将其用作支持 GNN 模型的输入。

$$H = \mathrm{GNN}\left(A', X, \left\{W^{(1)}, W^{(2)}\right\}\right) \tag{3.7}$$

H 表示学习到的节点嵌入。除了节点嵌入，还希望获得一个指示矩阵 Y，它将图划分为具有高内部连通性和稀疏外部连接性的分区。

$$\begin{aligned} & C_k = \left\{v_i \mid Y_{ik} \neq 0\right\} 当 Y = \underset{Y}{\operatorname{argmin}}\left(\mathrm{NPSI}\left(A', Y\right)\right) \\ & \text{s.t.}\quad Y \in \{0,1\}^{n\times r}, \left(Y^T Y\right)_{km} \begin{cases} > 0 & 若 k = m \\ = 0 & 其他 \end{cases} \end{aligned} \tag{3.8}$$

为了学习这样的指示矩阵 Y,需要添加一个带有可学习参数矩阵 $W^Y \in \mathbf{R}^{d\times c}$ 的 softmax 层。

$$Y = \operatorname{softmax}\left(HW^Y\right) \tag{3.9}$$

2. 总体优化

设 L_S 为支持模型的损失函数，例如，对于 GAE，

$$L_S = \left\|\hat{A} - A\right\|_F^2 \tag{3.10}$$

其中，$\hat{A}$ 是从学习到的节点嵌入 H 重构得到的，即 $\hat{A} = \mathrm{Sigmoid}(HH^{\mathrm{T}})$ 。除了 L_S ，还需要使用式(3.6)中的 L_N 来减轻随机性的干扰。因此，设 α 为超参数，模型通过最小化以下目标函数 L 进行训练。

$$L = L_N + aL_S \tag{3.11}$$

尽管是无监督学习，但通过基于结构熵的 L_N ，这个框架可以减轻随机性的干扰，使支持的模型具有更强的能力。将其称为无监督结构熵鲁棒图神经网络(USER)。其详细结构如图 3-1 所示。

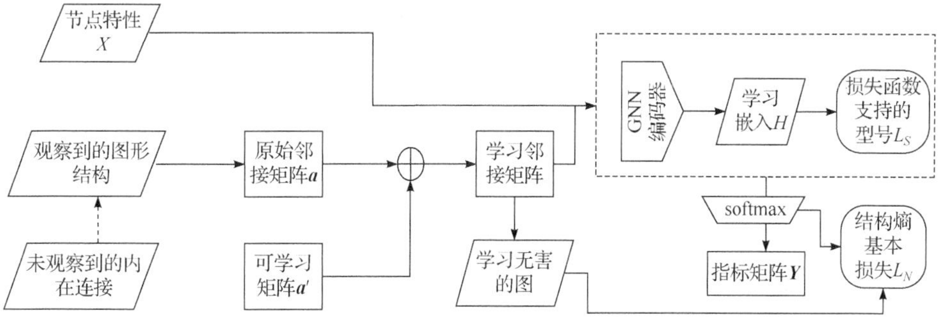

图 3-1　无监督结构熵鲁棒图神经网络(USER)

3.1.2　基于结构熵信息的多层网络表示学习模型

接下来介绍一种基于结构熵信息的多层网络表示学习模型(Multilayer Network Embedding with Entropy Information，MNESE)，模型综合考虑多层网络的局部和全局结构，使用局部结构熵和网络标准结构熵来指导层内和层间迁移过程，然后使用 Skip-gram 模型训练节点序列以获得节点向量。MNESE 模型的整体框架如图 3-2 所示。首先，该模型对多层网络执行引导的跨层随机游走采样。生成的节点序列如图 3-2(b)所示，然后将节点序列作为输入馈送到 Skip-gram 模型进行训练，以生成最终的嵌入向量(图 3-2(d))。

图 3-2(a)展示了典型的迁移过程，带箭头的线表示一个迁移序列。该过程从一个层节点开始，然后跳到另一层，再跟上一个节点，接着又跳到另一层，直到最终以一个节点结束。Skip-gram 模型是 Word2Vec 中一种流行的词向量模型。它是一个简单的三层神经网络，目的是预测输入词周围的上下文。基于 Skip-gram 的网络表示学习模型，通过随机梯度下降(Stochastic Gradient Descent，SGD)和负采样用于优化目标函数，从而帮助学习节点的特征表示，而不是直接优化随机游走中后续节点出现的概率，这有助于学习节点的特征表示。

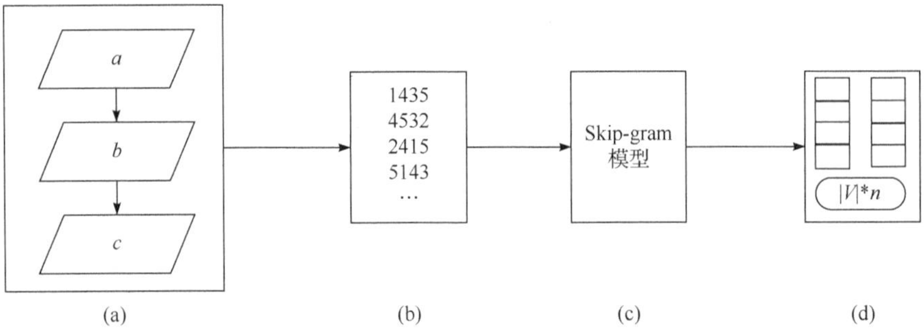

图 3-2　基于结构熵信息的多层网络表示学习模型

1. 随机游走指引信息

基于随机游走的网络表示学习方法，将随机游走后获得的节点序列作为语料库。为了尽可能保留原始网络的特性，节点序列必须从原始网络中获得更丰富的信息。对于多层网络，需要更多关注不同层之间网络的差异。因此，在层内移动时，将节点的局部影响力作为指引信息，以反映节点在层内的影响特征。同时，根据网络的标准结构熵指导层间跳跃，以反映多层网络的层间差异。结合上述两种信息，进行层间和层内的引导式随机游走，采样得到的节点序列可以学习到多层网络的局部结构和整体特征。

1) 层间跳跃的指引信息

多层网络的各层具有不同的含义和结构，在层间跳跃时需要考虑这些差异，以确保采样得到的节点序列能够捕获丰富的特征。下面提出使用网络的标准结构熵作为跨层跳跃的指引。

网络的标准结构熵是衡量网络无序程度的指标，定义见式(3.12)。

$$E = \sum_{i=1}^{N} I_i \ln I_i \tag{3.12}$$

其中，N 是网络中的节点总数；I_i 表示节点的重要性，定义如下：

$$I_i = \frac{k_i}{\sum_{i=1}^{N} k_i} \tag{3.13}$$

当网络完全统一时，每个节点的重要性为 $1/N$，此时网络的标准结构熵达到最大值 $E_{\max}$。当网络中其他节点只与一个中心节点相连时，网络最不统一，标准结构熵达到最小值 $E_{\min}$。为了消除节点数量的影响，式(3.14)对网络标准结构熵进行了归一化。

$$E = \frac{E - E_{\min}}{E_{\max} - E_{\min}} \tag{3.14}$$

当网络的标准结构熵较高时，表示网络的无序程度较低，包含的信息也较少；反之亦然。作为层间跳跃的指引，跳跃到某一层的概率与该层的标准结构熵成反比。这样可以更多地关注层与层之间的差异，并在采样的节点序列中更好地反映多层网络的整体特征。通过使用归一化的网络标准结构熵作为层间跳跃的指引信息，MNESE 模型能够有效地捕捉多层网络各层之间的差异，生成更丰富的节点表示。

2) 层内随机游走的指引信息

下面提出使用节点局部结构熵作为层内随机游走的指引。节点的局部结构熵是用于衡量节点在局部范围内影响力的指标，定义如下：

$$LE_i = \sum_{j=1}^{n} p_{ij} \ln p_{ij} \tag{3.15}$$

其中，节点 i 的局部网络由其所有邻居节点组成；LE_i 表示该节点的局部结构熵；n 是局部网络中的节点总数；p_{ij} 表示节点邻居在局部网络中的度百分比，其定义见式(3.16)。

$$p_{ij} = \frac{k_j}{\sum_{j=1}^{n} k_j} \tag{3.16}$$

其中，k_i 是节点 i 的度；分母表示局部网络中所有节点度的和。局部结构的范围扩展到节点的二阶和三阶邻居，从而计算出二阶和三阶的局部结构熵。根据在层内指引中使用的局部结构熵的不同阶数，MNESE 模型分为三个版本：OM1、OM2 和 OM3。使用不同阶数的局部结构熵作为层内随机游走的指引，可以反映节点在局部范围内的影响力特征，有助于更好地学习到局部网络结构。

2. 跨层随机游走序列生成

接下来将局部结构和跨层差异信息集成，采用随机游走策略生成节点序列。给定任意起始节点和游走长度，生成游走序列的过程如下。

(1) 将起始节点加入序列。

(2) 当前节点为序列中的最后一个节点。根据标准结构熵计算跨层跳跃概率，并跳转到某一层(可能是原来所在的层)。然后根据局部结构熵计算层内移动概率，并移动到相邻节点。将新访问的节点加入序列。

(3) 重复步骤(2)，直到序列长度达到 l。

每个网络节点作为起始点进行 k 次游走，最终生成 $k \times V$ 个序列。需要注意的是，在步骤(2)中，如果当前节点在其他层中不存在，则不会跳转到该层。对于当前节点 i，如果它存在于层 L_i 中，跳转到层 L_i 的概率由式(3.17)计算。

$$P\left(L_i, E_i, v_i\right) = 1 - \frac{E_i}{\sum E_i} \tag{3.17}$$

其中，E_i 是 2.2 节介绍的网络标准结构熵，它是所有包含节点 i 的层的网络标准结构熵之和。

跳转到层 L_i 后，跳转到其邻居节点 j 的概率由式(3.18)计算。

$$P\left(L_i, v_j\right) = \frac{LE_j}{\sum_{i=1}^{n} LE_i} \tag{3.18}$$

其中，LE_j 是 2.2 节介绍的节点 j 的局部结构熵；分母 $\sum_{i=1}^{n} LE_i$ 是节点 i 的所有邻居节点 v_i 的局部结构熵之和。

3.1.3 基于图熵最大化的图表示学习

接下来介绍一种新颖的框架——基于图熵最大化的图表示学习，其利用图神经网络最大化图熵的近似值，可以获得信息丰富的节点和图表示。在介绍框架之前，首先介绍正交规范表示、图熵和色彩熵的定义。

给定图 $G=(V,E)$，如果两个顶点共享某些信息并可能在通信中混淆，它们就通过边相邻。相反，如果两个顶点之间没有共同信息，它们应该是非邻接的。基于这一概念，学者提出图的正交规范表示。如果两个顶点是非邻接的，学者认为它们的表示向量应该是正交的，这表示它们之间没有共同信息。

定义 3.4(正交规范表示集合)　给定图 $G=(V,E)$，使用单位向量 $z_i \in \mathbf{R}^d$ 来表示顶点 i 的 d 维表示。那么图 G 的正交规范表示集合定义为

$$T(G) := \left\{ Z \in \mathbf{R}^{d\times n} : \|z_i\|_2 = 1, i = 1,2,\cdots,n; z_i^{\mathrm{T}} z_j = 0, \forall (i,j) \notin E \right\} \tag{3.19}$$

图熵是概率图的基本属性之一。图熵有多种等价定义，这里关注基于顶点打包多面体 VP(G)的组合定义。在图论中，独立集是图 G 中没有任何两个顶点相邻的顶点集。设 $B=[b_1,\cdots,b_{N_b}]\in\{0,1\}^{|V|\times N_b}$ 是图 G 独立集的指示矩阵，其中，N_b 是 G 的独立集数量，第 i 列 b_i 是第 i 个独立集的指示向量。

定义 3.5(顶点打包多面体)　给定图 G 的顶点集 V，图 G 的顶点打包多面体 VP(G)是其独立集指示向量的凸包。更精确地说，设 $B\in\{0,1\}^{|V|\times N_b}$ 是图 G 独立集的指示矩阵，$\lambda\in\mathbf{R}_+^{N_b}$ 是一个向量，那么 VP(G)定义如下。

$$\mathrm{VP}(G) := \left\{ a \in \mathbf{R}^{|V|} : a = B\lambda, \lambda \geqslant 0, \sum_{i=1}^{N_b} \lambda_i = 1 \right\} \tag{3.20}$$

设(G, P)表示定义在图 G 上的概率图，其中，P 是定义在顶点集 V 上的概率分布，即 $P=\{P_1,P_2,\cdots,P_n\}$，其中，P_i 是顶点 i 的概率密度。图熵通常表示为 $H_k(G,P)$。基于顶点打包多面体 VP(G)，有以下定义。

定义 3.6(图熵)　给定概率图(G, P)，其中，$|V|=n$，图 G 关于概率分布 P 的熵定义为

$$H_k(G,P) := \min_{a\in\mathrm{VP}(G)} \sum_{i=1}^{n} -P_i \log(a_i) \tag{3.21}$$

其中，a 是顶点打包多面体 VP(G)中的一个向量，a_i 是向量 a 的第 i 个元素。在信息论中，图熵是关于噪声信道上通信的最大信息率的度量。

推论 3.2　在组合数学中，图熵可以用来测量一个集合中包含的信息量，其中某些元素对含有共同信息。

众所周知，一个图是一个集合，其顶点是元素，而相邻的顶点包含共同信息。因此，根据推论 3.2，图熵可用于测量图的正交规范表示中包含的信息量。

这里引入色彩熵(chromatic entropy)的定义。图 G 的着色是指为各个顶点分配

颜色，使得任何两个相邻顶点都不会被分配相同的颜色。设 $\pi=\{C_1,\cdots,C_K\}$ 是一个使用 K 种颜色对图 G 进行着色的方案，即 π 是顶点集 V 的一个分割，其中，C_K 表示使用第 k 种颜色的所有顶点。

在概率图(G,P)上，着色 π 的熵被记为 $H_c(G,P,\pi)$，定义如下。

定义 3.7(着色的熵) 给定一个概率图(G,P)，其中，$|V|=n$，以及一个着色方案 $\pi=\{C_1,\cdots,C_K\}$，则着色 π 的概率分布定义为

$$P(C_k):=\sum_{v\in C_k}P_v,\forall k\in\{1,\cdots,K\} \tag{3.22}$$

其中，P_v 是顶点 v 的概率密度。

着色 π 的熵定义为

$$H_c(G,P,\pi):=\sum_{k=1}^{K}-P(C_k)\log P(C_k) \tag{3.23}$$

设 $\Pi(G)$表示图 G 的所有可能着色方案的集合。那么色彩熵定义如下。

定义 3.8(色彩熵) 概率图(G, P)的色彩熵是所有可能的着色方案中熵最低的那一个，即

$$H_x(G,P):=\min\{H_c(G,P,\pi):\pi\in\prod(G)\} \tag{3.24}$$

设 $H_x(G,P)$ 表示概率图(G, P)的最小着色数，即实现最小色彩熵所需的最小颜色数。同时，设$\Delta(G)$ 表示图 G 中顶点的最大度数，则有以下推论。

推论 3.3 $H_x(G,P)\leqslant\Delta(G)+1$。

设 $\alpha(G)$为图 G 的独立集数，即图 G 中最大独立集的大小。下面引入图熵 $H_k(G,P)$ 的下界和上界。

定理 3.4(图熵的下界和上界) 给定一个概率图(G, P)，其图熵 $H_k(G,P)$ 的下界和上界定义如下。

$$H(P)-\log\alpha(G)\leqslant H_k(G,P)\leqslant H_x(G,P) \tag{3.25}$$

其中，$H(P)$是香农熵，而 $H_x(G,P)$ 是定义 3.8 中提到的色彩熵。

推论 3.4 定理 3.4 中下界等号成立的充要条件是，存在一个向量 $h\in\mathrm{VP}(G)$ 满足 $h_i=P_i\alpha(G)$，其中，$i=1, 2, \cdots, n$。简单来说，当概率分布 P 的每个分量 P_i 都等于图 G 的最大独立集的概率 $\alpha(G)$ 时，定理 3.4 中的下界等号成立。

推论 3.5 当图 G 是空图或完全图时，定理 3.4 中的上界等号成立。

研究动机围绕利用图熵作为一种量化图表示中信息含量的方法。具体来说，目标是识别能够捕捉最重要信息的表示，即具有最大图熵的表示。为确保节点表示能够准确地捕捉结构信息，建议采用定义 3.4 中的正交标准表示。这个选择的依据是图熵可以直接作为正交表示中信息的度量。然而，定义 3.6 中涉及每个节点

的概率存在一些问题，因为这个概率缺乏明确的定义。为了解决这个问题，需要引入图级来表示 g 的概念，并使用 g 作为均值，将顶点集 V 与高斯分布 P 关联起来。令 $Z=[z_1,z_2,\cdots,z_n]$，其中，z_i 表示图 G 中节点 i 的特征向量表示。定义 $P=P(g,Z)=P_1(g,Z),\cdots,P_n(g,Z)$，并建立以下关系：

$$P_i(g,Z):=\frac{\exp\left(-\|z_i-g\|_2^2\right)}{\sum_{j\in V}\exp\left(-\|z_i-g\|_2^2\right)},\forall i=1,2,\cdots,n \tag{3.26}$$

在此基础上，将学习具有最大图熵的正交标准表示公式化为

$$\max_{g,Z\in T(G)}\ \min_{a\in \mathrm{VP}(G)}\sum_{i=1}^{n}-P_i(g,Z)\log(a_i) \tag{3.27}$$

给定一组 N 个来自未知分布 D 的图 $G=\{G_1,G_2,\cdots,G_n\}$，想要学习一个模型 $F:G\to\mathbf{R}^d\times\mathbf{R}^{d\times n}$，用于将每个图表示为一个向量，同时将其顶点表示为向量，即 $(g_j,Z_j)=F(G_j)$。这个模型 F 应该能够捕捉潜在分布 D 中的重要信息，并且 g_1，g_2，…，g_N 在下游任务(如图分类)中应该是有用的。基于公式(3.27)，提出解决以下问题。

$$\begin{aligned}&\max_{F\in f}E_{G\sim D}\left[\min_{a\in\mathrm{VP}(G)}\sum_{i=1}^{n}-P_i(g,Z)\log(a_i)\right]\\&\text{s.t.}\quad (g,Z)=F(G),Z\in T(G)\end{aligned} \tag{3.28}$$

式(3.28)就是图熵最大化(GeMax)问题，用于图表示学习。

介绍完正交规范表示、图熵和色彩熵的定义，并找到最大图熵的定义后，接下来介绍整个模型框架。

1. 图熵的近似计算

由于复杂的顶点包覆多面体 VP(G)的存在，直接求解 GeMax 问题是 NP 难问题。在信息论和组合数学中，图熵通常用于理论分析，而不是实际计算。在部分内容中，使用图熵的下界和上界来近似计算图熵的值。可以通过最大化图熵的下界 $H_k(G,P)$ 来估计式(3.29)中问题的解。

$$\max_{g,Z}H\left(P(g,Z)\right)-\log\alpha(G),\text{s.t.}\quad Z\in T(G) \tag{3.29}$$

由于独立数 $\alpha(G)$是给定图 G 的一个常数，式(3.29)中的优化实际上是通过最大化香农熵 $H(P(g,Z))$来学习正交标准表示。假设表示(g^*,Z^*)使式(3.29)达到最大值，其中，$Z^*\in T(G)$。

根据推论 3.4，如果存在一个向量 $h\in\mathrm{VP}(G)$满足 $h_i=P_i\alpha(G)$ 在顶点集 V 上，

则式(3.25)中下界的等式成立，有 $H(P(g^*,Z^*))-\log\alpha(G)=H_k(G,P(g^*,Z^*))$。也就是说，在这种情况下，式(3.27)中的图熵最大化等价于式(3,26)中的 Shannon 熵最大化。然而，式(3.25)中下界的等式不能保证对任意概率图(*G*,*P*)都成立。需要近似计算更一般情况下的图熵 $H_k(G,P)$。根据定理 3.4，$H_k(G,P)$ 可以表示为下界和上界的凸组合，如下所示。

推论 3.6 存在一个 $0\leqslant\mu\leqslant1$，使得

$$H_k(G,P)=\mu\big(H(P)-\log a(G)\big)+(1-\mu)H_x(G,P) \tag{3.30}$$

根据推论 3.6，可以将正交标准表示学习问题重写如下：

$$\max_{g,Z}\mu H\big(P(g,Z)\big)+(1-\mu)H_x\big(G,P(g,Z)\big),\text{s.t. } Z\in T(G) \tag{3.31}$$

也就是说，最大化图熵 $H_k(G,P)$ 等价于同时最大化香农熵 *H*(*P*)和色彩熵 $H_x(G,P)$。最大化香农熵 *H*(*P*)的动机是最大化图熵 $H_k(G,P)$ 在式(3.29)中的下界。假设最优染色 $\pi^*=\{C_1^*,\ldots,C_K^*\}$ 与色彩熵 $H_x(G,P)$ 一致，其中，C_K 是顶点集 *V* 中使用第 *k* 种颜色的节点集合。每个 C_K 实际上都是一个独立集，其中，正交标准表示是正交的。最大化色彩熵 $H_x(G,P)$ 实际上就是最大化根据最优染色 π^*所确定的独立集中所包含的信息。基于色彩熵的定义(定义 3.8)，可以将问题(3.28)重新表述为以下约束的极小极大问题。

$$\begin{aligned}&\max_{F\in f}E_{G\sim D}\Big[\min_{\pi}\mu H\big(P(g,Z)\big)+(1-\mu)H_c\big(G,P(g,Z),\pi\big)\Big]\\&\text{s.t. } (g,Z)=F(G),Z\in T(G),\pi\in\prod(G)\end{aligned} \tag{3.32}$$

2. 图神经网络(GNN)的表示学习

1) 参数化

要开发出一种优化算法来解决问题(3.32)是一个很困难的任务。因此，需要学习一个图神经网络(GNN)模型，从一组图 *G* 中提取图表示来解决问题(3.32)。设 *A* 表示邻接矩阵空间，*X* 表示节点特征矩阵空间。定义 $F_g(\cdot,\cdot;\theta):A\times X\to\mathbf{R}^d$ 为一个用于图级表示学习的 GNN 模型，参数为 θ；定义 $F_Z(\cdot,\cdot;\phi):A\times X\to\mathbf{R}^d$ 为另一个用于节点级表示学习的 GNN 模型，参数为 ϕ。对于图 $G\in G$，其邻接矩阵为 *A*，节点特征矩阵为 *X*，可以得到

$$g^{\theta}=F_g(A,X;\theta)\text{且}Z^{\phi}=F_Z(A,X;\phi) \tag{3.33}$$

令 $C=[c_1,\cdots,c_n]^{\mathrm{T}}\in\mathbf{R}^{n\times K}$ 为一个色彩概率矩阵，其中，$c_i=[c_{i(1)},c_{i(2)},\cdots,c_{i(n)}]$，$c_{i(k)}$ 表示将节点 *i* 染成颜色 *k* 的概率，即 $i\in c_k$。根据推论 3.5，可以设 $K=\Delta(G)+1$，其中，$\Delta(G)$是图 *G* 的最大度数。令 $F_c(\cdot,\cdot;\varphi):A\times X\to\mathbf{R}^{n\times K}$ 为一个用于学习染色的

GNN 模型，参数为φ，有

$$C^{\varphi} = F_c\left(A, X; \varphi\right), \tag{3.34}$$

其中，F_c 需要确保$0 \leqslant c_{i(k)}^{\varphi} \leqslant 1$，且$\sum_{k=1}^{K} c_{i(k)}^{\varphi} = 1$。因此，$F_c$ 的输出激活函数应该使用 softmax 函数。染色π可以通过参数φ来参数化，具体表示如下。

$$\pi^{\varphi} = \left\{C_1^{\varphi}, \cdots, C_K^{\varphi}\right\},\ i \in C_k^{\varphi} \text{ 若 } k = \underset{q=1,\cdots,K}{\operatorname{argmax}}\, c_{i(q)}^{\varphi} \forall i \in V \tag{3.35}$$

2) 正则化和损失函数

与求解约束优化问题相比，可以通过无约束优化和正则化的方式来解决图表示学习中的优化问题，这种方式要简单得多。根据定义 3.1，使用正交正则化损失函数$\ell_{\text{orth}}(G;\phi)$来约束节点表示$Z \in T(G)$，具体如下。

$$\ell_{\text{orth}}\left(G;\phi\right) = \frac{1}{2}\left\|\left(Z^{\phi}\left(Z^{\phi}\right)^{\mathrm{T}} - I_n\right) \Theta M\right\|_F^2 \tag{3.36}$$

其中，$M = \mathbf{1}_{n \times n} - A$ 是一个二进制掩码矩阵，Θ 表示哈达玛积。还需要引入染色损失函数$\ell_c(G;\phi)$来约束染色方案$\pi \in \Pi(G)$，具体如下。

$$\ell_c\left(G;\varphi\right) = \frac{1}{2}\left\|C^{\varphi}\left(C^{\varphi}\right)^{\mathrm{T}} \Theta A\right\|_F^2 \tag{3.37}$$

因此，对于数据集G，可以将原问题(3.32)中的约束极大极小问题，转化为如下的正则化无约束优化问题。

$$\begin{aligned} J\left(G;\theta,\phi,\varphi\right) := \sum_{j=1}^{N} \Big\{ & \mu H\left(P\left(g_j^{\theta}, Z_j^{\varphi}\right)\right) + \left(1-\mu\right) H_c\left(G_j, P\left(g_j^{\theta}, Z_j^{\phi}\right), \pi^{\phi}\right) \\ & -\gamma \ell_{\text{orth}}\left(G_j;\phi\right) + \eta \ell_c\left(G_j;\phi\right) \Big\} \end{aligned} \tag{3.38}$$

其中，γ 和 η 是正则化的正值超参数。

3) 迭代优化

给定一个染色方案π^*，可以通过优化表示更新子问题来更新参数θ和ϕ，同时保持参数φ^*固定，具体如下。

$$\theta^*, \phi^* = \underset{\theta,\phi}{\operatorname{argmax}}\, J\left(G;\theta,\phi,\varphi^*\right) \tag{3.39}$$

给定图表示(g^*, Z^*)后，染色更新子问题就是在固定θ和ϕ的情况下优化φ，具体如下。

$$\phi^* = \underset{\phi}{\operatorname{argmin}}\, J\left(G;\theta^*,\varphi^*,\phi\right) \tag{3.40}$$

值得注意的是,已经将原始的约束优化问题放松为正则化的无约束优化问题。这种解决方案不能完全满足原始的约束条件。为了确保满足约束条件，可以考虑使用精确惩罚法，即在迭代优化过程中逐步增大正交正则化权重 γ 和掩码正则化权重 η。经过研究发现，通过正则化优化得到的表示，与原始约束优化得到的表示同样出色。

4) 误差界

设 $\hat{\mu}$ 是 μ 的估计量，$\hat{H}_k(G,P)$ 是基于 $\hat{\mu}$ 对 $H_k(G,P)$ 的近似。设 δ 为近似的误差界的上界。设 $x(G)$为图 G 的色数，即为对图 G 的顶点进行合法着色所需的最小色数。

推论 3.7 设 $\varepsilon = \dfrac{\log x(G)}{1+\delta} + \log a(G)$，如果 $H(P) \geqslant \varepsilon$，那么有以下误差界 $\dfrac{|H_k(G,P) - \hat{H}_k(G,P)|}{H_k(G,P)} \leqslant \delta$。

这意味着，如果图染色概率分布 P 的熵大于 ε，则近似 $\hat{H}_k(G,P)$ 与真实值 $H_k(G,P)$ 的相对误差就不会超过 δ。在第 t 次迭代中，数据集 G 中的平均熵定义为

$$\bar{H}(G;t) := \frac{1}{N}\sum_{j=1}^{N} H\left(P\left(g_j^{\theta^t}, z_j^{\varphi^t}\right)\right) \tag{3.41}$$

根据推论 3.7，如果在第 t 次迭代中，数据集 G 的平均熵 $\bar{H}(G;t) < \varepsilon$，并且 $\mu^t + 0.01 \leqslant 1$，那么将在下一次迭代中使用 $\mu^{t+1} = \mu^t + 0.01$ 来增加数据集 G 的平均熵，以获得更精确的近似。

图 3-3 是整个图熵最大化(GeMax)方法的架构图。

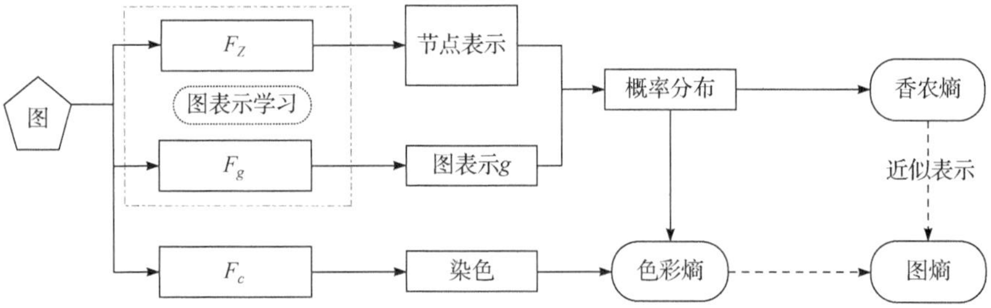

图 3-3 基于图熵最大化的图表示学习模型

3.1.4 结构熵指导的基于图结构的节点分类学习

接下来继续介绍另外一种表示学习模型——结构熵指导的基于图结构的节点分类学习模型。具体来说，首先，证明具有最小结构熵的编码树可以包含足够的

节点分类信息，并通过图的层次抽象消除冗余噪声。然后，使用一种高效的算法来构建编码树以增强基本视图。通过结合从编码树中推导出的社区影响力和每个视图的预测置信度，可以进一步融合增强的视图，生成最优结构。这是整个模型需要完成的任务。

在正式介绍模型之前，先来简单了解一下所需的前置知识，将介绍节点分类、图结构学习。

1) 节点分类

设 $G=(V,E)$ 表示一个图，其中，$V=\{v_1,\cdots,v_n\}$ 是节点集合，$E\subseteq V\times V$ 是边集。原始图结构用邻接矩阵 $A\in\mathbf{R}^{n\times n}$ 表示，其中，$a_{ij}\in A$ 表示节点 v_i 和 v_j 之间的权重。所有节点都被赋予节点特征矩阵 $X\in\mathbf{R}^{n\times d}$，其中，$x_i\in X$ 是节点 v_i 的 d 维特征向量。给定一小部分标记节点 $V_L=\{v_1,\cdots,v_q\}$ 及其标签 $Y_L=\{y_1,\cdots,y_q \mid y_i\in\{1,\cdots,C\}\}$，节点分类任务是预测剩余未标记节点 $V_U=V\setminus V_L$ 的标签 $\hat{Y}_U=\{\hat{y}_{q+1},\cdots,\hat{y}_n\}$。目前的主流解决方案是在图结构和节点特征的基础上构建 GNN 编码器 $f(X,A)$，生成低维节点嵌入 $Z\in\mathbf{R}^{n\times d_z}(d_z\ll d)$，用于分类。

2) 图结构学习

对于给定的输入图 G，传统的图结构学习(GSL)目标是同时学习一个最优的图结构 A^* 和相应的节点嵌入 $Z^*=f(X,A^*)$。本节关注图结构学习技术在节点分类任务中的应用，其目标函数可以表示为

$$L_{\text{gsl}}=L_{\text{cls}}\left(Z^*,Y_L\right)+\mu L_{\text{reg}}\left(A^*,Z^*,A\right) \tag{3.42}$$

其中，等号右侧第一项 L_{cls} 表示基于给定标签 Y_L 的节点分类目标函数；第二项 L_{reg} 对学习得到的图结构 A^* 和节点嵌入 Z^* 施加约束；而 $\mu\in R$ 是一个超参数，用于平衡这两项的重要性。

以上是对模型所需的前置知识的介绍，接下来进一步介绍基于结构熵的图结构学习框架，用于解决节点分类问题，并详细介绍每个组件的技术细节。

1. 概述

首先，需要从给定的图中提取两个基本视图作为模型的输入。然后，需要为每个基本视图构建一个编码树。编码树的一个优点是，可以保留分类节点所需的信息，同时通过最小化结构熵来尽可能消除噪声。需要使用编码树在每个基本视图上训练一个图卷积网络(GCN)，并生成节点嵌入，从中构建一个 k 近邻(k-NN)算法相似图以增强基本视图。编码树的另一个优点是，从图中提取的层次社区信息可用于融合基本视图。因此，结合每个增强视图的社区影响力和预测置信度，

可得到最终的视图。此外，还需要为最终视图构建一个编码树，以指导所提出模型的训练，这可以确保学习得到的图结构对节点分类而言是最小且充分的。

2. 基本视图选择

需要利用结构信息论来度量图结构在图结构学习中的演化过程。可以发现，用于节点分类的图结构学习，目标是降低原始图结构的不确定性。这意味着，采用更有用的基本视图可以减少图中的更多不确定性。因此，需要参考 CoGSL 模型(Compact Graph Structure Learning via Mutual Information Compression，即通过互信息压缩进行紧凑图结构学习)中的基本视图选择方法，仔细选择两个基本视图 G^1 和 G^2 作为本方法的输入。

3. 信息流约束

图结构学习的一个关键挑战是，如何约束基本视图到最终视图的信息流，以学习出最优的图结构用于后续任务。根据广义信息瓶颈(Generalized Information Bottleneck，GIB)理论，最优结构应包含足够的分类信息，同时又尽可能消除噪声，也就是所谓的最小充分结构。可以采用 GIB 来约束信息流，即最大化节点嵌入与标签之间的互信息，同时最小化节点嵌入与原始图之间的互信息。

$$\mathrm{GIB}\left(G,Y;Z^{*}\right)=\max_{Z}\left[I\left(Z;Y\right)-\beta I\left(Z;G\right)\right] \tag{3.43}$$

其中，Y 是标签集合，$\beta>0$ 是一个超参数；第一项 $I(Z;Y)$可以通过优化分类损失来实现，但第二项 $I(Z;G)$则很难直接优化。

传统的解决方法(式(3.39))是从输入图中采样一个子图 G_s 来最小化 $I(Z;G)$，因为 G_s 包含的信息比 G 少。假设 G_s 保留了节点标签的信息，那么可以有

$$\min_{Z} I\left(Z;G\right)\Leftrightarrow \min_{G_s} H^{1}\left(G_s\right) \tag{3.44}$$

其中，$H^{1}(\cdot)$ 表示一维结构熵。

因此，min $I(Z;G)$的目标是生成一个增强图，该图包含足够的节点分类信息，同时尽可能减少其不确定性(即冗余信息或噪声)。为此，提出以下命题。

命题 3.1 给定基本视图 G 和标签集 Y_L，如果从 G 到最终视图的信息流满足以下条件，那么增强图就可以保留节点分类所需的信息，并最小化其不确定性。

$$\min_{G_s}\max_{Z} I\left(Z;Y_L\right)+\beta I\left(Z;G_s\right) \tag{3.45}$$

$$\text{s.t.}\quad H^{1}\left(G\right)>H^{1}\left(G_s\right), I\left(G;Y_L\right)=I\left(G_s;Y_L\right) \tag{3.46}$$

上面提到的 min-max 准则(式(3.45))的目的是训练一个编码器，使得节点嵌入 Z、标签 Y_L 和增强子图 G_s 之间的互信息能够最大化。同时，公式(3.46)确保 G_s 能

够捕捉到节点分类所需的最小充分信息。

4. 编码树构建

在结构信息论中，结构熵用来度量图中嵌入的不确定性。此外，编码树是图的层次抽象，可用于表示图的社区层次划分。通过构建具有最小结构熵的编码树，可以最小化图的不确定性，如下所述。

命题 3.2　具有最小结构熵的编码树 T^* 能够保留 G 中用于节点分类的信息，并消除冗余噪声。

根据命题 3.2，将编码树纳入 min-max 准则中，以训练用于节点分类的图神经网络。不同于之前基于图采样的 GSL 方法生成增强图，这里采用编码树来增强图，并具有理论保证。可以通过以下方式找到具有最小 K 维结构熵的编码树 T^*。

$$T^* = \underset{\forall T:\text{height}(T)\leqslant K}{\operatorname{argmin}} \left(H^T\left(G\right)\right) \tag{3.47}$$

但是，构建最优编码树是一个棘手的问题。为此，可以使用一种高效的编码树构建算法。具体来说，给定一个图 $G(V, E)$，设 $P=\{P_1,\cdots,P_c\}$ 为 V 的一个划分，其中，每个 $P_i \subset V$ 被称为一个社区。有以下三种基本操作。

定义 3.9(合并操作)　给定任意两个社区 P_i 和 P_j $(1 \leqslant i < j \leqslant \text{c})$，合并操作 $op_m(P_i,P_j)$ 将 P_i 和 P_j 合并为一个新的社区 P_x，即 $P_x = P_i \cup P_j$，然后从 P 中删除 P_i 和 P_j。合并后，$P=\{P_1,\cdots,P_{i-1},P_{i+1},\cdots,P_{j-1},P_{j+1},P_1,P_c,P_x\}$。

合并前后的 K 维结构熵差异 $\Delta SE_{i,j}^P(G)$ 可计算如下：

$$\begin{aligned}\Delta SE_{i,j}^P\left(G\right) = \frac{1}{vol\left(G\right)}\Big[&\left(v_i - g_i\right)\log_2 v_i + \left(v_i - g_j\right)\log_2 v_j \\ &-\left(v_x - g_x\right)\log_2 v_x + \left(g_i + g_j - g_x\right)\log_2 vol(G)\Big]\end{aligned} \tag{3.48}$$

定义 3.10(压缩操作)　给定一个图 G 和对应的社区划分 P，压缩操作 $op_c(P)$ 可以将 G 压缩为一个更小的图。具体来说，就是将每个社区 $P_i \in P$ 转换为一个节点 v_i'，将 v_i' 和 v_j' 之间的边权重设置为从 P_i 到 P_j 的所有边权重之和。

定义 3.11(更新操作)　给定一个编码树 T 和一个图 G 及其社区划分 P，更新操作 $op_u(T,P)$ 是通过将 P 中所有社区作为 T 的叶节点来更新编码树，即将 P 插入到 T 中并增加 T 的高度。

初始时，将图中的每个节点都视为独立的社区，然后迭代执行合并和压缩操作，直到更新操作能够构建出一个 K 维编码树。在合并操作中，贪心地合并具有最大 $\Delta SE_{i,j}^P(G)$ 的社区对，直到不再存在满足 $\Delta SE_{i,j}^P(G) > 0$ 的社区对，这样可以达到最小的结构熵。

5. 图结构增强

为了充分利用基本视图中包含的信息，需要在生成最终视图之前对基本视图进行增强。对于基本视图 G^1，可以使用 GCN 编码器 $f(X, A^1)$ 来生成节点嵌入 Z^1。获得嵌入向量后，可以使用余弦相似度 $s_{ij}^1 = (z_i^1 \cdot z_j^1) / (\|z_i^1\| \times \|z_j^1\|)$ 来度量节点 v_i^1 和 v_j^1 之间的关系。直观上，较大的 s_{ij}^1 意味着 v_i^1 和 v_j^1 更可能属于同一个类别。构建这种基于余弦相似度的图表示节点之间的关系是合理的，但这种相似度图并不适合节点分类，因为它可能是完全连通的(即所有节点都属于同一个类别)。

因此，需要构建一个 k 近邻(k-NN)算法图 G_k^1 来增强基本视图。基于结构信息理论，可以通过最小化 G_k^1 的一维结构熵来找到最优的 k 值，即找到满足 $H^1(G_{k-1}^1) \geqslant H^1(G_k^1) \leqslant H^1(G_{k+1}^1)$ 值。需要注意的是，这个最优的 k 值可以确保 k-NN 图能够保留节点嵌入中最有用的信息。因此，k 值的选择是基于结构熵的，不需要用户手动提供。将 G_k^1 与基本视图 G^1 相结合，可以得到以下增强视图。

$$G_{\mathrm{en}}^1 = G^1 + \xi G_k^1 \tag{3.49}$$

其中，$\xi \in [0, 1]$是组合系数。同理，也可以从 G^2 生成增强视图 G_{en}^2。

6. 最终视图生成

GSL 中的一个重要步骤是融合所有基本视图以生成最终视图。与之前使用平均或注意力机制的方法不同，需要结合社区影响力和预测置信度来融合基本视图。

首先，定义社区影响力。

定义 3.12(社区影响力) 给定图 G 的最优编码树 T，节点 α 在 T 中的叶节点的社区影响力为

$$\varepsilon_a = \frac{H^T(G;a)}{\sum_{\delta \in T} H^T(G;\delta)} \tag{3.50}$$

其中，δ 是从根节点 λ 到 α 的路径上的节点。

直观地说，$H^T(G;a)$ 反映了节点 α 在其社区 T_{a^-} 中的活跃度，较大的 ε_a 表示 α 在 T_{a^-} 中的影响力较大。

然后，对于每个节点 v_i，需要结合社区影响力和预测置信度来度量 v_i 在基本视图 G^1 中的重要性，定义为

$$a_i^1 = \frac{\sigma\left(\pi_i^1\right)\cdot\pi_i^1 + \sigma\left(\varepsilon_i^1\right)\cdot\varepsilon_i^1}{\sigma\left(\pi_i^1\right)+\sigma\left(\varepsilon_i^1\right)} \tag{3.51}$$

其中，$\sigma(\cdot)$是一个激活函数；π_i^1是v_i在G^1中的预测置信度。可以使用与 CoGSL 相同的预测置信度，并以类似的方式得到v_i在G^2中的重要性a_i^2。

接下来，需要将节点重要性归一化，得到节点v_i的权重为

$$w_i^1 = a_i^1 / \left(a_i^1 + a_i^2\right), w_i^2 = a_i^2 / \left(a_i^1 + a_i^2\right) \tag{3.52}$$

最后，生成节点v_i的最终视图：

$$G_i^* = w_i^1 \cdot G_{\text{en},i}^1 + w_i^2 \cdot G_{\text{en},i}^2 \tag{3.53}$$

上述操作会重复执行，以融合所有节点并生成最终视图 G^*。

7. 模型训练

现在来讨论如何实现 min-max 准则，并利用社区信息指导 GSL 模型的训练，以及生成用于节点分类的最小充分结构。

1) 最小充分结构

旨在充分利用分层社区信息来指导 GSL 模型的训练，这些信息可以从编码树中解码出来。基于最小充分结构和结构熵的定义，有以下命题。

命题 3.3　给定增强视图G_{en}^1和G_{en}^2，最终视图 G 及其编码树T^1、T^2和T^*，以及标签集Y_L，如果满足以下两个原则，那么 G^*就是由社区信息指导的最小充分结构。

$$I\left(G_{\text{en}}^1;Y_L\right) = I\left(G_{\text{en}}^2;Y_L\right) = I\left(G^*;Y_L\right) = H\left(Y_L\right) \tag{3.54}$$

$$\max\left\{I\left(T^1;T^2\right) + I\left(T^1;T^*\right) + I\left(T^1;T^*\right)\right\} \tag{3.55}$$

其中，$H(\cdot)$表示香农熵。

式(3.54)保证了节点分类的标签信息Y_L完全包含在G_{en}^1、G_{en}^2和G^*中。同时，式(3.55)连接了基本视图和最终视图的编码树。最大化这些编码树之间的互信息，可以使它们共享社区信息，生成最小充分结构。

2) 训练目标

使用一个双重目标来优化模型中的参数。

(1) 优化增强视图和最终视图上 GCN 的参数，通过以下交叉熵损失来提高分类准确性。

$$L_{\text{cls}} = \sum_{i=1}^{2} L_{\text{cross}}\left(\prod^i, Y_L\right) + L_{\text{cross}}\left(\prod^*, Y_L\right) \tag{3.56}$$

其中，$\prod^1$、$\prod^2$ 和 $\prod^*$ 分别是 G_{en}^1、G_{en}^2 和 G 的预测置信度。

(2) 优化基本视图增强器的参数，以 min-max 准则和编码树互信息最大化的方式约束信息流。

对于式(3.45)中的 min-max 准则，可以采用交叉熵损失来最大化第一项 $I(Z;Y_L)$，并设计一个分层对比损失来处理第二项 $I(Z;Y_L)$。根据命题 3.2，在使用的方法中 G_s 被编码树 T 取代。因此，首先提供树卷积网络(Tree Convolutional Network，TCN)从编码树 T 生成社区嵌入。具体来说，树中节点 α 的社区嵌入是其子节点嵌入的加权和，定义如下。

$$h_a = \sum_{i=1}^{m}\left[\frac{h^T\left(G;a^{<i>}\right)}{\sum_{j=1}^{m} h^T\left(G;a^{<i>}\right)} h_{a^{<i>}}\right] \tag{3.57}$$

其中，m 是 α 的子节点数量。T 中叶节点的社区嵌入就是对应的节点嵌入 Z。

受信息噪声对比估计(Information Noise-Contrastive Estimation，InfoNCE)启发，需要比较节点嵌入与不同层级社区嵌入之间的相似性，使得同一社区内的节点拥有相似的嵌入。相应的分层对比损失函数为

$$L_{\text{hc}}\left(Z;T\right) = -\sum_{l=2}^{K}\theta_l \log_2 \sum_{i=1}^{n} \frac{\text{sim}\left(z_i, h_{(i,l)}\right)}{\sum_{j=1, j\neq i}^{n} \text{sim}\left(z_j, h_{(j,l)}\right)} \tag{3.58}$$

其中，$\theta_l = \gamma(1-\gamma)^l$ 是与层级 l 相关的权重系数；$\text{sim}(\cdot)$是余弦相似度；$h_{(i,l)}$ 是节点 v_i 在 T 中第 l 层社区的嵌入。

对于增强视图 G_{en}^1，其 min-max 准则损失函数为

$$L_{\text{mmp}}^1 = L_{\text{cross}}^1\left(\prod^1, Y_L\right) + L_{\text{hc}}\left(Z^1;T^1\right) \tag{3.59}$$

类似地，可以得到 G_{en}^2 和 G 的损失 L_{mmp}^2 和 L_{mmp}^*，以及总的 min-max 准则损失 $L_{\text{mmp}} = L_{\text{mmp}}^1 + L_{\text{mmp}}^2 + L_{\text{mmp}}^*$。

为了最大化编码树 T^1 和 T^2 之间的互信息，将式(3.54)扩展为

$$L_{\text{miet}}\left(T^1,T^2\right) = \frac{1}{2}\left[L_{\text{hc}}\left(Z^1;T^2\right) + L_{\text{hc}}\left(Z^2;T^1\right)\right] \tag{3.60}$$

因此，基本视图增强器的总损失函数为

$$L_{\text{ve}} = L_{\text{mmp}} + \left(L_{\text{miet}}\left(T^1,T^2\right) + L_{\text{miet}}\left(T^1,T^*\right) + L_{\text{miet}}\left(T^2,T^*\right)\right) \tag{3.61}$$

为了有效训练模型，需要交替迭代地优化上述双重目标函数。

3.2 图 聚 类

图聚类是图数据分析的重要任务之一，通过将图中的节点分为不同的簇，可以揭示图结构中的潜在模式和社区结构。本节将介绍三种应用图聚类的方法，分别为结构熵约束下的图聚类方法[70]、利用结构熵实现更准确的图聚类算法(SEC)[71]和结构熵引导的图层次池化(SEP)[72]。结构熵约束下的图聚类方法能够针对大规模噪声结构网络，解码网络的真实结构，并在关联信息挖掘中获得较准确的结果。SEC 能够通过利用全局结构信息来提高聚类质量。SEP 能够解决现有图池化方法存在的局部结构损坏和子优问题。

3.2.1 基于结构熵约束的图聚类方法

本节，首先介绍基于结构熵约束的图聚类方法[70]，该方法提出计算二维结构信息的求解算法和基于熵减原则的模块划分算法，先对图结构中的节点进行模块划分，然后利用 K 维结构信息算法对已划分的模块进行进一步划分，从而实现对图结构中节点的聚类。

在介绍模型之前，首先介绍所需的基本概念定义。

1. 相关概念定义

定义 3.13(图的编码树)　设图 $G=(V,E)$，图的编码树 T，使得图中的每个节点都在编码树中，存在顶点集 V 的子集 T_a，并且以下属性成立。

对于根节点 λ，定义一个集合 $T_\lambda = V$。对于每个节点 $\alpha \in T$，$\hat{a}<j>$表示 α 的子节点，j 是 1 到自然数 N 的索引，表示子节点的顺序，从左到右递增。每个内部节点至少有两个直接后继节点，因此，当 $i<j$ 时，$\hat{a}<i>$ 在 $\hat{a}<j>$ 左边。

对于 $\alpha \in T$，都有一个与 α 相关的子集 $T_a \subset V$，对于 α，β。α 表示 β 的父节点，如果 $\alpha \neq \lambda$，a^- 表示 α 的父节点。

对于每一个 i，$\{T_a \mid h(a)=i\}$ 是 V 的一个分区，其中，$h(\alpha)$是 α 的高度，根节点的高度为 0，当 $\alpha \neq \lambda$ 时，$h(a)=h(a^-)+1$。

对于每个节点 α，T_a 是 T_β 对所有 β 的联合，$\beta^- = a$，因此，$T_a = \cup_{\beta^-=a} T_\beta$。

对于 T 的每个叶子节点 α，T_a 是一个单例。因此，T_a 包含 V 中的单个节点。

对于每个节点 $\alpha \in T$，如果 $T_a = X$ 为一组顶点 X，则 α 是 X 的码字，记 $c(X)=\alpha$，X 是 α 的标记，记 $M(\alpha)=X$。

定义 3.14(结构熵)　设图 $G=(V, E)$，根据图 G 的不同维度得到一维结构熵、

二维结构熵和 K 维结构熵。将不同维度的结构熵的最小值定义为图在不同维度下的结构信息。

定义 3.15(图聚类) 根据节点间的某种相近或相似性，利用聚类方法将图中所有节点划分成一些聚类，这个过程被称为图聚类。为了更好地理解图聚类，本节将图聚类表示为社交网络图 G 上的一种映射关系 $\varphi:(v_1,v_2,\cdots,v_n)\to(X_1,X_2,\cdots,X_m)$，$\varphi$ 满足以下两个条件。

(1) $\bigcup_{i=1}^{m} X_i = V(G), X_i \neq \varphi$;m 为聚类的数目。

(2) $1\leqslant \forall i,j \leqslant m, i\neq j, X_i \cap X_j \neq \varphi$ 。

介绍完相关概念定义后，接下来介绍方案模型和模型的算法设计。

2. 问题描述

1) 方案模型

结构熵被用来度量嵌入图结构中的不确定性，结构熵的最小化是解码图结构中真实结构的一种直观方法。通过图结构的结构熵最小化，将图结构的随机变化和噪声引起的扰动减小到最小，并且在比较图结构的节点模块合并前后结构熵的差异程度过程中，可以反映出图结构中节点之间的关联程度。如图 3-4 所示，在图结构交互过程中如何有效地挖掘出它们之间的关联程度是本节所要考虑的新问题。针对这一问题，可以用图的二维结构熵度量图中的结构信息。对于图中的每一个节点模块，在其生成过程中，任意两个节点模块的合并必须满足熵减原则，

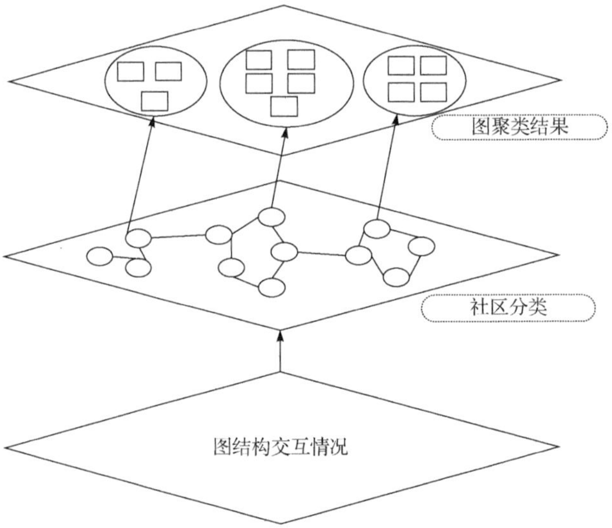

图 3-4　图结构节点聚类模型

也就是说，两个节点合并后的模块熵较合并之前减少得越多，模块合并后的不确定性越低，其图结构的二维结构熵也越小。这就反映了网络结构中本质的真实结构信息，即网络结构的结构熵越小，模块中的节点关联程度越强。

2) 算法设计

为了能从大规模噪声结构中挖掘出图结构的隐私信息，必须利用结构熵的最小值来解码图结构的真实结构，从而更好地反映出图结构中任意两个节点的关联程度。在此，本节提出利用二维结构熵最小值求解算法和熵减原则的模块分区算法来得出图结构中节点的关联性。

为了解决网络结构中数据的高精度问题，需要一个新的信息度量，能度量嵌入在复杂系统中的信息，这个信息能区分网络结构中数据的规律和噪声，从而解码出嵌入在大规模噪声结构中的规律。因此，需要设计算法 3.1。

算法 3.1　二维结构信息最小值求解算法

输入　一个 n 个顶点 m 条边的无向连通图 $G=(V,E)$

输出　二维结构信息 $H^2(G)$

算法 3.1 可计算出一个 n 个顶点 m 条边的无向连通图 G 的二维结构信息，图 G 的二维结构信息就是图所能划分的所有模块熵的最小值。设图的二维结构熵在最小值时所对应节点划分为分区 P，$P=\{X_1,X_2,\cdots,X_L\}$。其中，分区 P 是对所有节点的划分，$X_i(i=1,2,\cdots,L)$ 是划分 P 下的一个模块或者说一个社区，模块是由部分节点组成的集合。针对不同的划分结果，计算出图的二维结构信息也不同。只有当图的二维结构信息取值为模块熵的最小值时，对应的图中节点分区 P 才能体现该图的节点关联程度的最优结果。也就是说，当图的二维结构信息最小时，模块中节点的不确定性最小，节点的关联程度最强。

然而在计算二维结构信息时，为了得到模块熵的最小值，只能通过不同的分区和计算进行比较。无法快速地通过计算对比来减少计算成本，因此，无法更有效地确定图中顶点的划分结果是否完善。进一步地，利用二维结构信息和熵减原则来有效提高获取模块分区的结果。为了能对图中节点进行有效分区，得到节点模块之间的关联程度，设计了算法 3.2。

算法 3.2　网络节点模块分区算法

输入　一个 n 个顶点 m 条边的无向连通图 $G=(V,E)$

输出　网络节点模块

该算法的节点模块划分主要过程如下：假设 $v_1,v_2,\cdots,v_n$ 是节点集合 V 中所有

按顺序排列的节点。将 X_i 设置为所有 i 的单例 $\{v_i\}$，构成所有节点集 V 的初始划分模块。如果不存在满足 $i<j$ 的 $\Delta_{i,j}^P(G)>0$，则返回分区 P；否则，有 i_0, j_0 使得 $\Delta_{i_0,j_0}^P(G)$ 是所有 i,j 在 $\Delta_{i,j}^P(G)$ 上的最大值，得到 $X=X_{i_0}\cup X_{j_0}$。

根据二维结构信息最小值求解算法和网络节点模块分区算法，可以有效地处理图的结构信息数据，从大规模噪声结构中解码出图节点之间的关联程度，既不需要改变原始数据也不需要选择参数。这就排除了在归一化或参数选择过程中可能产生的噪声影响。

本节使用一种基于结构信息理论的图节点分区算法。通过节点的划分模块和整体的划分分区，用结构熵的最小值来获取图中节点随机游动发生的不确定性，从而更好地反映图节点之间的关联程度。因此，网络节点分区算法的本质是固定结构不确定性最大的网络节点，合并网络中连接紧密程度高的节点模块。节点的分区算法不仅挖掘出使整个网络的不确定性最小化的基本结构，而且从模块分区结果中反映出网络中连接紧密程度最高的节点模块。

3. K 维结构信息的聚类算法

网络表现为特定群体中多个个体及它们之间相互联系组成的集合，最适合用图来表示。其中，节点表示个体，边表示个体间的联系。常见的网络图结构模型为简单的图模型 $G=(V, E)$，在图 G 中，$V=\{v_1,v_2,\cdots,v_n\}$ 为图中节点集，$E=\{(v_i,v_j)\mid 1\leqslant i,j\leqslant n,i\neq j\}$ 为边集。图中任何边 (v_i,v_j) 表示节点之间的联系，为结构边。根据实际网络中个体之间联系的紧密程度不同，结构边的权值不同。本节假设给定一个无向无权的连通图，结构边具有相等的权值，均为 1。

为了发现图中的簇，把图分割成若干块。每一块是一个簇，使得簇内的节点能够以利益最大化的方式有效地连接，而不同簇内的节点之间以较弱的方式连接。因此，本节利用结构熵能检测图结构的真实结构，从而更有效地对图中节点进行划分。其主要特点都是聚类，即将图中所有节点划分为模块子集的过程，使得图中相似度最高的节点形成一个簇，簇内的节点与其他簇内的节点相似度最低。

图聚类问题的实质就是图划分问题，聚类的过程其实就是对图划分过程的优化。优化的目的是使划分的模块间的相似度变小，模块内的节点相似度变大。然而，对于如何度量嵌入大规模噪声结构中的整体图结构的信息，二维结构信息是远远不够的。因此，利用 K 维结构信息作为图聚类的一种方法，也就是在二维结构信息和熵减原则的基础上，进一步计算出图结构的最小结构熵，从而更有效地反映图结构的真实结构。为了更有针对性地对图中节点间的关联程度进行有效挖掘，设计了算法 3.3。

算法 3.3　K 维结构信息求解算法

输入　一个 n 个顶点 m 条边的无向连通图 $G=(V,E)$

输出　K 维结构信息 $H^K(G)$

定义 3.16(K维结构信息)　对于一个无向连通图 $G=(V,E)$，假设 T 是图 G 的分区树。通过 T 定义图 G 的结构信息如下。

对于任意顶点 $\alpha\in T$，如果 $\alpha\neq\lambda$，λ 为树 T 的根节点，那么定义顶点 α 的结构信息为

$$H^T(G;\alpha)=-\frac{g_\alpha}{2m}lb\frac{V_\alpha}{V_{\alpha^-}}\tag{3.62}$$

其中，g_α 是从 T_α 中的节点到 T_α 之外节点的边数；V_α 是集合 T_α 的体积。

通过分区树 T 定义图 G 的结构信息如下：

$$H^T(G)=\sum_{\alpha\in T,\alpha\neq\lambda}H^T(G;\alpha)\tag{3.63}$$

图 G 的 K 维结构信息定义如下：

$$H^K(G)=\min_T\left\{H^T(G)\right\}\tag{3.64}$$

其中，T 覆盖图 G 的所有分区树；K 表示 T 的高度。算法 3.3 计算出图结构的整体 K 维结构信息，K 维结构信息能挖掘嵌入在图结构中的信息，这个信息能区分图结构的规律和噪声，从而解码出嵌入在大规模噪声结构中的规律，进一步决定并解码出该图结构的真实结构。通过在二维结构信息的基础上加入合并(Merge)和组合(Combine)两个算法，将图结构由高度为 2 的分区树转化为高度为 K 的分区树，从而进一步地划分图结构中节点的关联程度。因此，K 维结构熵越小，越能反映出图结构中单个节点间的关联程度。

聚类分析可以对网络中节点实行分组管理，使得组内的节点具有非常相似的特性或者需求，这有利于应用在智能设备中更好地服务用户，增强对用户信息的保护。利用结构信息的最小化将复杂的网络抽象成一个图，不仅对分析整体网络的结构信息有重要帮助，而且对于网络中用户隐私信息的挖掘和保护也具有重要意义。具体来说，根据模块熵和熵减原则，对图中节点进行合并得到不同的模块，进一步根据图的 K 维结构熵的最小值 K 维结构信息，得到对所有图节点的关联聚类。此时，结构熵能度量出图在大规模噪声结构中的信息，所得到的信息也反映了图的真实结构。其中，节点的模块分区表示图结构在挖掘图中关联信息条件下的聚类结果，可将图中隐私信息关联程度紧密的节点划分为一个模块，而模块间节点隐私信息的关联程度远远小于模块内节点的关联程度。

3.2.2 基于结构熵的精确的图聚类算法

接下来，介绍基于结构熵的更精确的图聚类算法(SEC)[71]，该方法提出利用从编码树中提取的全局结构信息来引导聚类优化过程。首先，根据数据点之间的关系构建聚类实例的稀疏图，然后，提出一种迭代编码树方法，通过提取编码树的层次抽象作为新的聚类特征来获得更好的聚类结果。

在介绍模型方法之前，先给出一些基础定义，方便之后对模型做出更准确的解释。

给定一个正整数 $n \in \mathbf{Z}^+$，用$[n]$表示集合$\{1, 2, \cdots, n\}$。给定数据点集合 $X = \{x_i \mid i \in [n]\}$ 和标签分区 $C = \{c_j \mid j \in [k]\}$,对于任意数据点 x_i，令 $l_i = (l_{i1}, \cdots, l_{ik})$ 表示 x_i 被分配到哪些簇的二进制向量，其中，$l_{ij} = 1$ 表示 x_i 在第 j 个簇中，否则 $l_{ij} = 0$。给定无向加权图 $G = (V, E, W)$，其中，V 是顶点集合，E 是边集合，$W: E \to \mathbf{R}^+$ 是边的权重函数，令 $VOL = \sum_{e \in E} W(e)$ 为所有边权重之和。对于每个 $v \in V$，用 $vol(v)$表示与其相连的边权重之和。对于一个点 c_i，其标签向量为 $l_i = (l_{i1}, \cdots, l_{ik})$，第 j 个簇的中心 c_j 定义为 $c_j = \sum_{i \in [n]} l_{ij} x_i \Big/ \sum_{i \in [n]} l_{ij}$。

介绍完基础定义，接下来继续讲解所用模型方法——基于全局结构特征的聚类算法，该算法通过提取全局结构特征来优化聚类过程。

对于聚类任务，现有的聚类方法通常依赖于成对距离和密度来将数据点分组到不同聚类中。因此，一个基本的挑战是如何有效地将全局结构特征纳入聚类优化过程。本节，讲解一种称为 SEC 的新算法，它将结构熵集成到捕获聚类实例的全局结构特征中。SEC 算法主要包括三个部分：

(1) 稀疏图嵌入。

(2) 结构熵提取。

(3) 迭代预删除和重新分配。

图 3-5 为算法的模型图，说明了算法的工作原理。

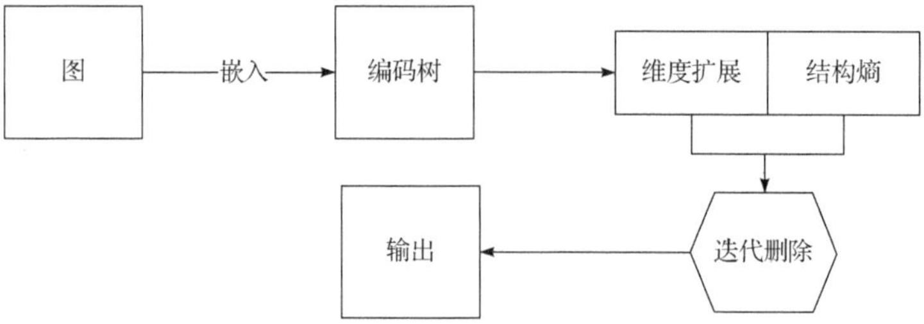

图 3-5　基于结构熵的更精确的图聚类算法原理图

所使用的稀疏图嵌入方法采用 k 近邻(k-NN)算法和阈值策略进行图稀疏化。在结构熵提取阶段，首先，基于获得的图嵌入构建编码树，编码树的每个顶点代表由图节点的结构熵决定的图分区。然后，介绍一种迭代编码树方法，通过不断增加原始数据集的维度并调整树结构，来获取全局结构特征。

为了避免容易被错误聚类的数据点影响，使用一个名为“边缘集”的新定义，用于找到位于由多个不同聚类组成的区域并具有相似结构熵的数据点。边缘集中的数据点本质上很难分离。为了克服这一挑战，在迭代预删除和重新分配阶段，使用一种边缘集排除方法。该方法可以在聚类优化过程中识别、删除和重新分配边缘点。

1. 图形嵌入

对于聚类问题,一种自然的图嵌入方式是将给定的数据集表示为一个完全图，其中任意两点之间的权重为它们的欧氏距离。然而，对于聚类问题，聚类内部的相似度应该远小于聚类之间的相似度。完全图可能会误导数据点之间的关系，并阻碍算法获得良好的结构信息。因此，本节介绍一种新的图嵌入方法，用于为聚类问题构建稀疏图。

图嵌入过程中算法迭代地找到每个数据点的 k 个最近邻来形成图的边。然而，由于 k-NN 方法有严格的要求，即每个节点必须恰好连接到 k 个邻居，所以可能会忽略图内的非均匀模式。因此，可以通过一个阈值步骤来删除每个节点的无关邻居，距离大于某个阈值的数据点不应该被分配到同一个聚类。

2. 编码树构建

编码树是一种分层树结构，可以反映数据点之间固有的和非线性模式的分层抽象。基于这种结构，可以提取具有全局结构信息的特征来帮助聚类优化过程。

标准的编码树是二叉树，从叶节点构建到根节点。编码树的每个节点都是图的一个分区。给定一个图 G，其顶点集为 V，边集为 E，G 的编码树 T 应该满足以下属性:

(1) 对于编码树中的每个节点 v_τ ，它都包含一个顶点子集 $T_{v_\tau} \subseteq V$ 。

(2) 对于根节点 v_r ，它包含整个顶点集 V。

(3) 对于编码树中的每个节点 v_τ ，它有一个父节点 v_τ^+ 和一个子节点集 v_τ^- 。

(4) 对于任意两个节点 n_a 和 n_b ,如果它们共享同一个父节点 v_τ ,那么 T_{n_a} 和 t_{n_b} 应该是互斥的。

(5) 对于每个叶节点 v，T_v 是一个单例子集，包含单独的图顶点，而叶节点的总数正好等于$|V|$。

图 G 的一维结构熵(记为 $H^1(G)$)被定义为 $H^1(G)=-\sum_{v\in V}\frac{vol(v)}{VOL}.\log\frac{vol(v)}{VOL}$。其中，$vol(v)$是节点 v 的度，VOL 是图 G 的总度。对于编码树 T 中的每个节点 $v_\tau(v_\tau\neq v_r)$，节点熵被定义为 $H^T(G;v_\tau)=-\frac{g_{v_\tau}}{VOL}\log_2\frac{vol(v_\tau)}{vol(v_\tau^+)}$。其中，$g_{v_\tau}$ 是 T_{v_τ} 内部节点与外部节点之间边的权重和，$vol(v_\tau)$ 是 T_{v_τ} 中所有节点度的和。D 维图结构熵 $H^D(G)$ 被定义为 $H^D(G)=\min_T\sum_{v_\tau\in T,v_\tau\neq v_r}H^T(G;v_\tau)$。其中，$T$ 表示高度不超过 D 的所有编码树集合。

通过迭代合并叶节点来构建编码树，以最小化结构熵，直到形成二叉树。然而，直接构建编码树可能无法产生适当的聚类分区，这可能是编码树中节点数量和预定义聚类数量之间存在显著不平衡造成的。为了获得更好的聚类分区，须将编码树的高度限制在预定义的树高 D，这里使用树高度限制方法。树高度限制方法主要包括三种：COMBINE、DROP 和 SINGUP。直观地说，COMBINE 操作旨在在树构建过程中最小化结构熵；DROP 操作旨在在最小化结构熵增加的情况下减少编码树的树高，以满足某些高度约束；而 SINGUP 操作旨在在不增加结构熵的情况下调整编码树到指定的树高。

定义 3.17　给定两个顶点 $v_c^1,v_c^2\in V_r^-$，操作 COMBINE(v_c^1,v_c^2) 定义为 v_r 创建一个子节点 v_τ，作为 v_c^1 和 v_c^2 的父节点，其中，$T_{v_\tau}=T_{v_c^1}+T_{v_c^2}$；DROP ($v_\tau$)操作定义为从 T 中移除节点 v_τ，并将 v_τ 的子节点连接到其父节点，其中，$T_{v_\tau^+}=T_{v_\tau^+}\cup T_{v_\tau}$；给定一个叶节点 $v_i\in V$，SINGUP (v_i, D)操作定义为重复添加节点 v_i' 作为 v_i 的父节点和 v_i^+ 的子节点，直到 v_i 的深度为 D，其中，$T_{v_i'}=T_{v_i}$。

算法 3.4 给出了具体的编码树构造过程。

算法 3.4　编码树

输入　图 $G=(V,E,W)$，树的深度

输出　数据点的结构熵向量

基于所提出的树状操作，算法 3.4 可分为三个阶段。

第 1 阶段：算法探索所有可能的 COMBINE 操作，以确定能够实现最大结构熵减少的最优操作。然后，将两个子节点 v_c^1 和 v_c^2 合并，形成新的树节点。在算法 3.4 中，重复执行 COMBINE 操作，直到 $|V_r^-|<3$。最终，可以得到二叉编码树 T。

第 2 阶段：探索所有可能的 DROP 操作以减少树高，使用 TDROP(v_τ)来表

示在执行 DROP(v_τ)操作后得到的编码树。然后，重复第 2 阶段，直到编码树的高度不大于 D。如果存在一个节点 v 不满足高度约束，使用 DROP 操作可能会减少 v 的子节点的高度。因此，可能存在一些叶节点具有不同的高度。剩下的任务是调整叶节点的高度，以确保所有叶节点共享相同的高度。

第 3 阶段：在这一阶段，使用 SINGUP 操作同时修改所有叶节点，将它们的高度限制为指定参数 D，而不增加图分区的结构熵。SINGUP 操作的时间复杂度为 O(nD)，其中，D 是调整后指定的高度，n 是图中的顶点数。

上述内容介绍了如何获得图 G 和编码树中节点的结构熵。对于聚类问题，接下来将介绍数据点的结构熵定义，以实现整个数据集的层次抽象。

定义 3.18　给定编码树 T，对于每个数据点 $x_i \in X$ 对应的叶节点 $v_i \in T$，都存在一条从 v_i 到根节点 v_r 的唯一路径 $P=[v_i,\cdots,v_r]$。数据点 x_i 的结构熵被定义为沿路径 P 上每个节点相关联的熵之和，其中，$H^T(x_i)=-\sum_{v_\tau \in P}\frac{g_{v_\tau}}{VOL}\log\frac{vol(v_\tau)}{vol(v_\tau^+)}$。

基于定义的三种树操作和数据点的结构熵，可以使用算法 3.4 构建修改后的编码树，为数据集中的每个数据点构建一个全局特征向量。

3. 迭代预删除和重分配

对于聚类问题，可以观察到大多数错误聚类的数据点位于不同聚类分区的边界，称之为边缘点。边缘点可能导致聚类边界产生严重偏差。为了避免边缘点的影响，获得更好的聚类分区，使用迭代预删除和重分配方法，可以在聚类过程中迭代地删除和重新分配边缘点。边缘点是基于投影距离定义的，见定义 3.19。

定义 3.19　给定点 A 和从点 B 到点 C 的向量 $\overrightarrow{BC}$，点 A 到向量 $\overrightarrow{BC}$ 的投影距离 Pd 定义为 $Pd(A,\overrightarrow{BC})=\overrightarrow{BC}\cdot\overrightarrow{BA}/d(B,C)$，其中，$\overrightarrow{BC}\cdot\overrightarrow{BA}$ 是向量的点积，$d(B,C)$ 是点 B 和点 C 之间的欧几里得距离。

基于投影距离，边缘集合的定义见定义 3.20。在聚类过程中，算法 3.2 可以在每次更新聚类中心之前识别和排除边缘集合。为了避免与真实聚类分区产生重大偏差，该算法将包含边缘集合和不包含边缘集合的更新中心之间的中点作为新的中心。更新聚类中心后，边缘集合中的数据点被随机分配到新的聚类中心，以实现更好的聚类结果。

定义 3.20　考虑数据集 $X \subseteq \mathbf{R}^d$ 和中心集 $C \subseteq \mathbf{R}^d$，其中，$X=\{x_i \mid i \in [n]\}$ 和 $C=\{c_j \mid j \in [k]\}$，记 x_i 被分配到的中心为 c_{h_i}。$\{x_i \mid Pd(x_i,\overrightarrow{c_{h_i}c_j})>\frac{\delta}{2}d(c_{h_i},c_j), i \in [n], j \in [k], j \neq h_i\}$ 被称为边缘集合的点集，其中的点被称为边缘点，δ 是算法输入指

定的常数。

迭代预删除算法见算法 3.5。

算法 3.5 迭代预删除

输入 数据点 $X=\{x_i \mid i=1,2,\cdots,n\}$，聚类数 k，“边缘集合”区域参数 δ

输出 聚类分区的标签

3.2.3 基于结构熵的图层次池化

接下来，介绍基于结构熵的图层次池化方法(SEP)[72]。该方法不再分配每层特定的压缩配额，而是设计一种全局优化算法，一次性生成用于池化的聚类分配矩阵，旨在解决现有图池化方法存在的局部结构损坏和子优问题。

在这一部分，首先，在结构熵的指导下，使用构建聚类分配的算法。然后，使用 GNN 模型(包含几个卷积层和池化层)，来学习图分类的全局表示。此外，还使用了另一个模型，它由额外的卷积层和反池化层组成，用于获得节点分类的局部表示。具体模型如图 3-6 所示。在详细阐述之前，首先介绍一些符号。

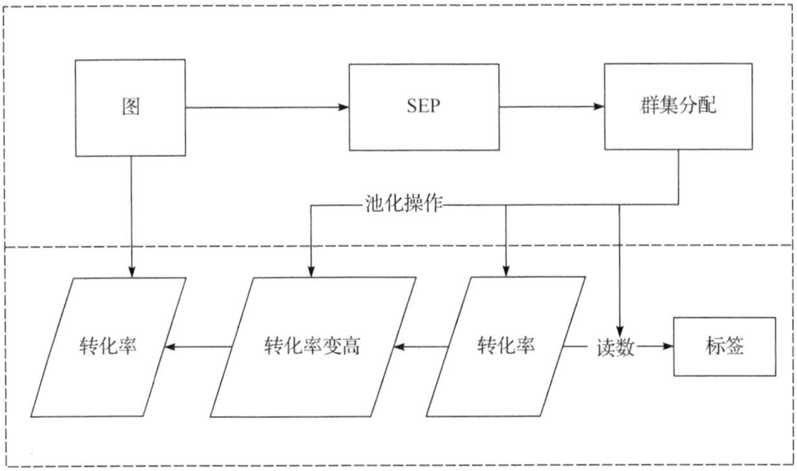

图 3-6 基于结构熵的图层次池化方法

图 G 可以表示为多元组(V,E,X)，其中，$|V|=n$ 是节点集，$|E|=m$ 是边集，$X\in\mathbf{R}^{n\times d}$ 是 n 个节点的 d 维特征矩阵。图 G 的拓扑结构可以在其邻接矩阵 $A\in\mathbf{R}^{n\times n}$ 中找到。

1) 图神经网络

选择图卷积网络作为使用模型的卷积层。GCN 及其变体在各种涉及图的任务中都表现出色。毫无疑问，池化算子也可以与其他 GNN 及 GIN 一起使用。对于一个堆叠的图神经网络，GCN 形式的第 i 个卷积层可以正式写为

$$H_{i+1} = \mathrm{ReLU}\left(\tilde{D}^{-1/2}\tilde{A}\tilde{D}^{-1/2}H_iW_i\right) \tag{3.65}$$

其中，ReLU 是非线性激活函数；$W_i \in \mathbf{R}^{h\times h}$ 是该层的可训练矩阵；$H_{i+1} \in \mathbf{R}^{n\times h}$ 是该层的输出，$H_0 = X$。特别地，$\tilde{A}=A+I$ 表示带有自环的邻接矩阵，$\tilde{D}_{ii} = \sum_j \tilde{A}_{ij}$。在超参数调优过程中，需要为所有层固定相同的隐藏维度。

2) 层次化池化

一般来说，层次化池化是一个图缩减过程，用于挖掘一组代表性节点并构造一个新图。设 $S_i \in \mathbf{R}^{n_{i+1}\times n_i}$ 表示第 i 个池化层的聚类分配矩阵，其中，n_i 和 n_{i+1} 分别是图缩减前后的节点数。池化后的新邻接矩阵和节点特征矩阵由以下公式计算。

$$A_{i+1} = S_iA_iS_i^{\mathrm{T}}; P_{i+1} = S_iH_i \tag{3.66}$$

其中，$A_i \in \mathbf{R}^{n_i\times n_i}$ 是第 i 层的邻接矩阵；$H_i \in \mathbf{R}^{n_i\times h}$ 是第 i 个图卷积层产生的节点特征矩阵。具体来说，根据聚类分配 S_i，P_{i+1} 接收节点隐藏特征 H_i 并合并这些特征，以改善新图中 n_{i+1} 个聚类的初始表示。相应地，A_{i+1} 利用节点连接性 A_i 编织出更精细的新图拓扑结构。

1. 基于结构熵最小化的聚类分配

在各种涉及图的任务中，有些图是从特定领域(如社交网络)构建的，或者人为编织的(如合成图)，这些图通常对 GNN 来说并不是最优的，因为存在噪声信息。因此，在聚类分配生成的过程中，消除噪声结构非常重要。在本节中，受结构熵的启发，可以使用一种新的层次化池化方法，称为 SEP。除了衡量图信息，结构熵还可以用来解码给定图的层次结构，作为其基本结构复杂度的度量。因此，通过结构熵最小化，图的层次结构可以被解码为相应的编码树，在这里噪声或随机变化产生的干扰可以被最小化。可以相信，一种有效的结构熵最小化算法可以揭示层次化池化层之间的联系，并消除图中的噪声结构。

根据结构熵中的定义，设(V, E)为图 G，图 G 在编码树 T 上的结构熵的形式化表达式可以写为

$$H^T(G) = -\sum_{v_t\in T}\frac{g_{v_t}}{vol(V)}\log\frac{vol(v_t)}{vol(v_t^+)} \tag{3.67}$$

其中，v_t 是 T 中的非根节点，可以看作根据其在 T 中的叶子节点分区而得到的节点子集$\subset V$，v_t^+ 是 v_t 的父节点，g_{v_t} 指端点位于 v_t 的叶子节点分区内的边的数量，$vol(V)$和 $vol(v_t)$分别是 V 和 v_t 中叶子节点的度之和。实现最小熵的最优编码树 T 就是图 G 的结构熵，满足公式 $H(G) = \min_{\forall T}\{H^T(G)\}$。根据结构熵的定义，可以

知道编码树是图的自然层次划分,不同层之间的联系都是为了实现结构熵最小化。此外，由于不需要分配特定于层的节点压缩配额，因此，图中的局部结构将得以保留。

除了实现最小化结构熵的最优编码树，在大多数情况下，更倾向于具有一定高度的自然编码树，因为对于大多数任务，只需要进行固定次数的图缩减。在这种情况下，使用图 G 的 K 维结构熵，用于解码高度为 k 的最优编码树。

$$H^{(k)}(G)=\min_{\forall T:\text{height}(T)=k}\left\{H^{T}(G)\right\} \tag{3.68}$$

在本节中，在 K 维结构熵的指导下，旨在研究解决具有固定高度 k 的编码树的解密问题。首先，需要定义三个函数。

定义 3.21 设 T 为图 $G=(V,E)$的任意编码树，v_r 是 T 的根节点，V 是 T 的叶节点。给定 T 中的任意两个节点 (v_i,v_j)，其中，$v_j\in v_r.children$。定义函数 $\text{Merge}_T(v_i,v_j)$ 作用于 T，在 v_r 和 (v_i,v_j) 之间插入一个新节点 v_E。

$$\begin{aligned}&v_E.children\leftarrow v_i\\&v_E.children\leftarrow v_j\\&v_r.children\leftarrow v_E\end{aligned} \tag{3.69}$$

定义 3.22 沿用定义 3.21 中的设置，给定 T 中的任意两个节点 (v_i,v_j)，其中 $v_i\in v_j.children$。定义函数 $\text{REMOVWE}_T(v_i)$ 作用于 T，从 T 中删除 v_i 并将 $v_i.children$ 合并到 $v_j.children$。

$$v_j.children\leftarrow v_i.children \tag{3.70}$$

定义 3.23 沿用定义 3.21 中的设置，给定 T 中的任意两个节点 (v_i,v_j)，其中，$v_i\in v_j.children$ 且$|\text{height}(v_j)-\text{height}(v_i)|>1$。定义函数 $\text{FILL}(v_i,v_j)$ 作用于 T，在 v_i 和 v_j 之间插入一个新节点 v_E。

$$\begin{aligned}&v_E.children\leftarrow v_i\\&v_j.children\leftarrow v_E\end{aligned} \tag{3.71}$$

基于这三个定义的函数，可以找到一种贪婪算法来通过结构熵最小化计算具有特定高度 k 的编码树，见算法 3.6。具体来说，首先从底到顶生成完全高度二叉编码树。在第 1 阶段，每次迭代都将根节点的两个子节点合并以形成新的划分，目的是最大化结构熵的减少。在第 2 阶段，为了满足固定数量的图缩减，需要通过删除节点来压缩之前的完全高度二叉编码树。每次，都要选择一个使 T 的结构熵最小化的内部节点进行删除。在第二阶段结束时，已经在结构熵的指导下获得了高度为 k 的编码树。但是，由于跨层链接，可能会有一些节点在下一层中没有直接后继，在基于这种编码树实现层次化池化时会出现节点丢失。因此，需要执行第 3 阶段来确保层间信息传输的完整性，同时不干扰编码树 T 上图 G 的结构熵(见命题 3.4)。最后，可以获得给定图 G 的编码树 $T=(V^T,E^T)$，其中，$V^T=(V_0^T,\cdots,V_k^T)$ 且 $V_0^T = V$。此外，还可以从 E^T 中获得聚类分配矩阵 $S=(S_1,\cdots,S_k)$。

命题 3.4　设 T 为算法 3.1 第 2 阶段后得到的编码树，给定 T 中两个相邻节点 (v_i,v_j)，其中，$v_i \in v_j.children$ 且 $|\text{height}(v_j)-\text{height}(v_i)|>1$。那么有 $H^T(G)=H^{T_{\text{FILL}(v_i,v_j)}}(G)$。

算法 3.6　通过结构熵最小化得到高度为 k 的编码树

输入　图 $G=(V,E)$，正整数 $k>1$

输出　高度为 k 的编码树 T

式(3.71)表明，图 G 在编码树 T 上的结构熵是所有非根节点的 $H_v^T=-\dfrac{g_v}{vol(V)}\log\dfrac{vol(v)}{vol(v^+)}$ 的总和，即 $H^T(G)=H_{v_i}^T+H_{v_j}^T+\ldots$ 而 $H^{T_F(G)}=H_{v_i'}^{T_F}+H_{v_E'}^{T_F}+H_{v_j'}^{T_F}+\cdots$(记 $T_F=T_{\text{FILL}(v_i,v_j)}$，$(v_i',v_j')$ 对应 FILL 后的 (v_i,v_j))。

算法 3.1 的时间复杂度为 $O(2n+h_{\max}(m\log n+n))$，其中，$h_{\max}$ 是第 1 阶段后编码树 T 的高度。同时，由于结构熵最小化过程中编码树 T 趋于平衡，因此，$h_{\max}$ 通常为 $\log n$。此外，图通常有比节点更多的边，即 $m>>n$，因此，算法 3.6 的运行时间几乎线性伸缩于边的数量。总的来说，算法 3.6 的时间复杂度可以近似视为 $O(m\log n)$，这主要体现在第 2 阶段的节点删除操作上。

2. 用于图分类的图神经网络

在本节中，讲解基于 SEP 的图分类架构，称为 SEP-G。如图 3-7 所示，这种分层池化架构与之前的池化研究保持一致，由三个块组成，每个块包含一个 GCN 层和一个 SEP 层。对于图级别的表示，每个块的输出被汇总后输入到预测层进行分类。使用 SEP-G 得到的图表示可以形式化地表示为

$$h_G=\text{Concat}\Big(\text{Readout}\big(\text{SEP}_i\big(\text{GCN}_i(H_i,A_i),S_i\big)\big)\mid\forall i\in\{1,2,3\}\Big) \tag{3.72}$$

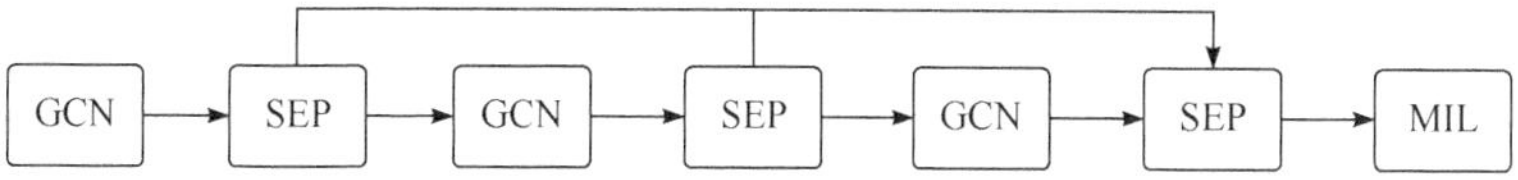

图 3-7　用于图分类的 SEP-G 体系结构

在图分类中，确保设计的图神经网络具有置换不变性很重要。本节使用的图分类模型有两个主要组件，即 GCN 层和 SEP 层。GCN 层的置换不变性已经由之前的工作证实。因此，SEP 层也应该是置换不变的。

命题 3.5 给定一个置换矩阵 $P \in \{0,1\}^{n \times n}$，则有 $\mathrm{SEP}(A,H) = \mathrm{SEP}(PAP^{\mathrm{T}}, PH)$ (即 SEP 是置换不变的)。

证明:聚类分配是通过算法 3.6 从编码树中派生出来的，这是一个不依赖节点顺序的遍历算法。因此，生成的分配 S 不会因任何置换而改变。此外，置换矩阵是正交的，即 $PP^{\mathrm{T}} = I$，根据公式(3.70)可以完成证明。

3. 用于节点分类的图神经网络

除了将图转换为高级表示的聚类分配功能，还可以采用相同的矩阵 S_i 来将压缩的图表示 H_i 和结构 A_i 解压缩到原始空间。

$$A_{i+1} = S_i^{\mathrm{T}} A_i S_i; P_{i+1} = S_i^{\mathrm{T}} H_i \tag{3.73}$$

如图 3-8 所示，可以使用一种用于节点分类的架构，称为 SEP-N。SEP-N 是一个编码-解码网络，类似于 g-U-Net 的设计。在编码器中，应用了几个下采样块来编码更高阶的特征。每个块都由一个 GCN 层和一个 SEP 层组成，类似于 SEP-G 结构。在解码器中，使用相同数量的解码组件。因此，可以看到相同的 GCN 层，但在解码器块中使用一个 SEP-U 层来进行解池化。为了得到更好的性能，采用跳跃连接将对应的编码器和解码器连接起来，以实现空间信息的传递。最后，使用一个 GCN 层来执行最终的预测。

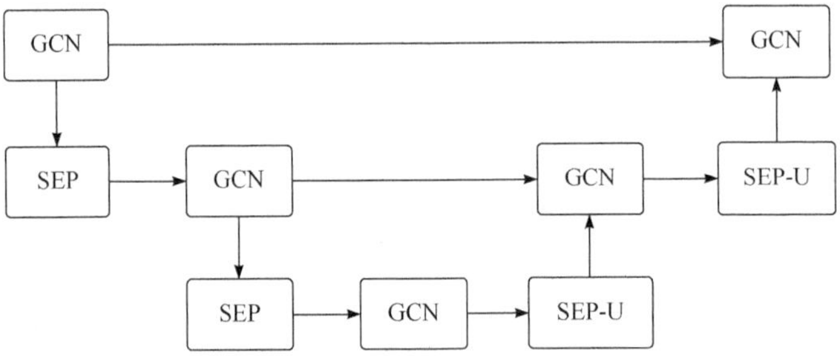

图 3-8 用于节点分类的 SEP-N 体系结构

3.3 本章小结

本章主要介绍基于结构熵理论的各种图数据分析和表示学习方法。首先，对图神经网络(GNN)的基础框架及其运作过程进行概述，为后续的方法介绍奠定基础。接下来重点介绍四种基于表示学习的方法模型。此外，本章还介绍了三种基于结构熵的图聚类方法。

(1) 基于无监督结构熵的鲁棒图神经网络(RGNN)。RGNN 旨在缓解图数据中固有随机性对 GNN 性能的不利影响，学习出更具代表性的节点特征表示，无须标签信息。

(2) 基于结构熵信息的多层网络表示学习模型。该方法将网络节点映射到统一的向量空间，可以更好地反映原始网络的特性，提高下游任务的准确性。

(3) 基于图熵最大化的图表示学习。该方法的目标是学习出能够尽可能捕获图信息的多样化表示。

(4) 基于图结构的节点分类学习。该方法通过优化图结构并学习合适的 GNN 模型来解决节点分类问题。

(5) 基于结构熵约束的图聚类方法，能够针对大规模噪声结构网络解码出真实结构。

(6) 基于结构熵的更精确的聚类算法，利用全局结构信息提高聚类质量。

(7) 基于结构熵的图层次池化方法，解决了现有池化方法存在的局部结构损坏和子优问题。

本章重点介绍利用结构熵理论优化图数据分析和表示的各种创新方法，为更好地理解和应用图数据提供了丰富的技术支撑。这些方法有望在图机器学习、社交网络分析等领域发挥重要作用。

第 4 章　复杂图的结构熵理论

复杂图的结构熵理论是一种用于分析和度量复杂网络结构的重要理论框架。随着社交网络、互联网和生物网络等复杂系统的快速发展，理解和解释这些系统中的结构特征变得越来越重要。复杂图的结构熵理论提供了一种量化和比较不同图结构复杂性的方法，揭示了网络的组织、功能和动力学特性。

本章将介绍一些关于复杂图的结构熵理论的研究进展。复杂图的结构熵理论重要性在于它能够提供对网络结构的全面理解和描述。通过结构熵的计算和比较，可以识别出网络中的关键节点和社区结构，从而揭示网络的功能和行为模式。此外，结构熵还能够帮助人们理解网络的演化规律和动力学过程，为网络科学和相关领域的研究提供重要的工具和方法。

本章将深入探讨多关系图结构熵计算理论、动态图结构熵高效计算理论和双曲图结构熵高效计算理论的深入探讨，希望读者通过对复杂图结构的深入研究和理解，能够更好地认识和解释复杂系统的行为和特性，为网络科学的发展和应用做出积极贡献。

4.1　多关系图结构熵计算理论

结构熵是一种衡量图形中包含的结构信息的度量方式。通过最小化或最大化结构熵，可以以一种可解释的方式揭示或模糊图形背后的内在结构模式，进而在网络数据驱动的各种任务中找到应用程序。然而，结构熵忽略了图关系中固有的异质性，而这种异质性在现代网络中非常普遍。因此，本节介绍一种拓展的结构熵理论，考虑异构关系，并提出多关系图结构信息的第一个度量方式，即多关系结构熵(MSE)[73]。该方法首先从对随机冲浪的平稳分布的新视角来重新解释结构熵。然后，通过同时考虑节点和关系类型的选择，该方法可以轻松地扩展到多关系网络。接下来，提出一种新的贪婪算法，用于优化生成的多关系结构熵，以揭示多关系网络中的基本结构。

4.1.1　问题概念描述

结构熵(SE)：设 $G=(V,E)$ 是单关系图，其中，V 是一组节点，E 是一组边。假设 G 的结构可以用编码树表示，编码树和 SE 的定义如下。

编码树 T 是对 V 的分层划分进行编码的树，T 满足：

(1) T 中的每个节点 α 都与一个节点子集 $T_\alpha \subseteq V$ 相关联。特别地，T 的根节点 λ 与 V 相关联，T 中的任何叶节点 γ 与 V 中的单个节点相关联。

(2) 与 α 的子节点相关联的节点子集形成 T_α 的分区。

(3) 将 α 的高度表示为 $h(\alpha)$。设 $h(\gamma)=0$，$h(\alpha^-)=h(\alpha)+1$，其中，α^- 是 α 的父节点，$h(T)=\max_{\alpha\in T}\{h(\alpha)\}$ 是 T 的高度。

给定单关系图 G 和编码树 T，G 相对于 T 的结构熵(SE)为

$$H^T(G)=-\sum_{\alpha\in T,\alpha\neq\lambda}\frac{g_\alpha}{vol(\lambda)}\log\frac{vol(\alpha)}{vol(\alpha^-)} \tag{4.1}$$

其中，g_α 是 T_α 的切割边的度数的总和，即 E 在 T_α 中正好有一个端点的边。对于有向图 G，g_α 是 T_α 中节点的度数的总和。$vol(\cdot)$ 代表体积，即相关节点子集的度的总和。

4.1.2　多关系结构熵

该方法首先从随机冲浪的角度解释结构熵(SE)，然后从多关系网络的随机冲浪中获得灵感，从而推导出多关系结构熵(MSE)度量。最后，该方法展示了如何通过最小化所提出的 MSE 来解码多关系图中的结构。

1. 基于随机冲浪的 SE 解释

如上一节中所示，SE 的原始定义是基于度统计的。同时，观察到 G 的程度异质性类似于随机冲浪对 G 产生的平稳概率向量。利用这一点，可以从随机冲浪的视角来解释。

将 G 的邻接矩阵记为 A，$A_{j,i}$ 表示从节点 $i\in V$ 开始到节点 $j\in V$ 的边的权值。假设 G 是强连通的，即 A 是不可约的。一个冲浪者随机从节点 $i\in V$ 开始，在每一步中，冲浪者随机进入 $\{j\mid A_{j,i}\neq 0\}$ 中的相邻节点。因此，冲浪过程可以看作具有转移概率矩阵 $\tilde{A}$ 的马尔可夫链，其中，$\tilde{A}$ 通过列规范化 A 获得，使得 $\forall i$，$\sum_{j=1}^{|V|}\tilde{A}_{j,i}=1$ 成立。

设 x 为平稳分布，即一个概率分布，表示冲浪者在无限长的行走后可能到达的位置。x 满足 $x=\tilde{A}x$，可以用幂次法计算。有了 $\tilde{A}$ 和 x，式(4.1)可改写为

$$H^T(G)=-\sum_{\alpha\in T,\alpha\neq\lambda}p_{\to\alpha}\log\frac{p_\alpha}{p_{\alpha^-}} \tag{4.2}$$

其中，$p_{\to\alpha}=\sum_{i\in V\setminus T_\alpha}x_i\sum_{j\in T_\alpha}\tilde{A}_{j,i}$；$p_\alpha=\sum_{i\in T_\alpha}x_i$；$p_{\alpha^-}=\sum_{i\in T_{\alpha^-}}x_i$。特别地，$G$ 的一维结构熵可以被改写为 $H^{(1)}(G)=-\sum_{i=1}^{|V|}x_i\log x_i$，它度量了 G 所包含的内在信息。

在某些情况下，可能会违反 G 的强连通性假设。在这种情况下，需要进行随机性调整，将 G 变换为强连通图。具体地说，该方法用 $1/|V|e$ 替换 $\tilde{A}$ 中的所有零列，其中，e 是单位向量。此外，该方法对原始性进行了调整，以减少幂方法收敛所需的迭代次数。具体而言，该方法用新的转移矩阵 $B=c\tilde{A}+(1-c)E$ 替换 $\tilde{A}$，其中，$(1-c)$ 是冲浪者传送到随机节点的概率，E 是传送矩阵。该方法将 E 设为 $1/|V|ee^{\mathrm{T}}$，然后将 c 设为 0.85。需要注意的是，c 的选择需要平衡两个需求：

(1) c 足够小，使得幂方法快速收敛。

(2) c 相当大，使得 G 不被过度调制，并且保持其固有的结构信息。

2. 从多关系随机冲浪到多关系结构熵

根据上一节的结论，该方法基于在多关系网络上的随机冲浪，导出多关系图结构信息的第一个度量，即多关系结构熵(MSE)。

将多关系网络表示为 $G'=(V,E',R)$，其中，V，E' 和 R 分别表示 G' 的节点集、边集和关系集。G' 的邻接矩阵为 A'，$A'_{i,j,r}$ 等于从 $j\in V$ 开始，以 $i\in V$ 结束的边的权重，并与关系 $r\in R$ 相关联。在多关系冲浪的每一步，冲浪者共同考虑访问哪个相邻节点，使用哪个关系。该方法使用两个转换矩阵，分别表示为 V 和 R，来对相邻节点和关系的选择进行建模。假设 A' 是不可约的，即对于任意固定的 r，A'，$A'_{i,j,r}$ 的一个切面是不可约的。V 和 R 的构造分别为 $V_{i,j,r}=A'_{i,j,r}\Big/\sum_{i=1}^{|V|}A'_{i,j,r}$，$R_{i,j,r}=A'_{i,j,r}\Big/\sum_{r=1}^{|R|}A'_{i,j,r}$，设 x' 和 y 是两个概率分布，分别表示冲浪者可能访问哪个节点，以及冲浪者可能在每一步使用哪个关系。在 G' 上进行无限长的行走后，x' 和 y 将收敛到两个平稳分布，这两个分布满足 $\sum_{r=1}^{|R|}\sum_{i=1}^{|V|}V_{i,j,r}x'_jy_r=x'_i$ 和 $\sum_{i=1}^{|V|}\sum_{j=1}^{|V|}R_{i,j,r}x'_jx'_i=y_r$。$x'$ 和 y 可以用 MultiRank 算法计算。对于 V、x' 和 y，引入多关系结构熵(MSE)的定义如下。

给定一个多关系图 G' 和一个编码树 T。假设在 G' 上有节点和关系转移矩阵 V 和 R，多关系随机冲浪得到的节点和关系平稳分布为 x' 和 y，则 G' 相对于 T 的

多关系结构熵(MSE)为

$$H^T\left(G'\right)=-\sum_{\alpha\in T,\alpha\neq\lambda}p'_{\to\alpha}\log\frac{p'_\alpha}{p'_{\alpha^-}} \tag{4.3}$$

其中，$p'_{\to\alpha}=\sum_{i\in V\setminus T_\alpha}x_i'\sum_{j\in T_\alpha}\sum_{r\in R}V_{i,j,r}y_r$，$p'_\alpha=\sum_{i\in T_\alpha}x_i'$，$p'_{\alpha^-}=\sum_{i\in T_{\alpha^-}}x_i'$。特别地，$G$ 的一维结构熵可以被改写为 $H^{(1)}\left(G'\right)=-\sum_{i=1}^{|V|}x_i'\log x_i'$，它度量了 G' 所包含的内在信息。

另外，式(4.3)中的 p'_α 和 p'_{α^-} 分别表示冲浪者在分区 T_α 和 T_{α^-} 中的概率。由于 $T_\alpha\subset T_{\alpha^-}$，冲浪者必须已经在社区 T_{α^-} 中才能进入 T_α。因此，$\log\frac{p'_\alpha}{p'_{\alpha^-}}=\log p'_\alpha-\log p'_{\alpha^-}$ 是输入 T_α 中包含的新信息量。类似地，式(4.2)中的 $\log\frac{p_\alpha}{p_{\alpha^-}}$ 也代表输入 T_α 中包含的新信息。

因此，SE 度量的是单关系 G 上随机行走一步所包含的信息量，而 MSE 是 SE 的多关系对应。MSE 和 SE 具有相同的概率解释。

在 A' 可约的情况下，需要调整 G' 以确保 x' 和 y 收敛。具体地，该方法对 V 和 R 进行随机性调整，使得 $\forall(i,r)$，$\sum_{j=1}^{|V|}V_{j,i,r}=1$，以及 $\forall(j,i)$，$\sum_{r=1}^{|R|}R_{j,i,r}=1$。此外，为了更快地收敛，该方法通过用 $cV+(1-c)E'$ 代替 V 来进行原始性调整，其中，E' 是隐形传态矩阵。该方法将 c 设置为 0.85，并且 $E'=1/|V|\boldsymbol{1}$，其中，$\boldsymbol{1}$ 是 $|V|\times|V|\times|R|$ 的全 1 矩阵。

3. 基于多关系结构熵最小化的多关系图结构解码

揭示原始图和噪声图中的基本结构至关重要。二维结构熵最小化为从单个关系图中解码社区提供了一种有效的无监督工具，并在各种任务中得到应用。该方法通过最小化所提出的多关系结构熵(MSE)度量，揭示多关系图中的基本结构。

给定一棵编码树 T 和它的两个非根节点 α_{o_1} 和 α_{o_2}，$\mathrm{Merge}\left(\alpha_{o_1},\alpha_{o_2}\right)$ 从 T 中移除 α_{o_1} 和 α_{o_2}，并在 T 中添加一个新节点 α_n，α_n 满足：

(1) α_n 在 T 中的子节点是 α_{o_1} 和 α_{o_2} 的子节点的组合。

(2) $\alpha_n^-=\lambda$。

合并操作改变 T，因此，将导致相关联的 MSE 值发生改变，变化如下：

$$\Delta\mathrm{MSE}_{\alpha_{o_1},\alpha_{o_2}} = \mathrm{MSE}_{\mathrm{new}} - \mathrm{MSE}_{\mathrm{old}} = -p'_{\to\alpha_n}\log p'_{\alpha_n} - p'_{\alpha_{o_1}}\log\frac{p'_{\alpha_{o_1}}}{p'_{\alpha_n}} - p'_{\alpha_{o_2}}\log\frac{p'_{\alpha_{o_2}}}{p'_{\alpha_n}} + p'_{\to\alpha_{o_1}}\log p'_{\alpha_{o_1}} + p'_{\to\alpha_{o_2}}\log p'_{\alpha_{o_2}} \tag{4.4}$$

本节提出一种二维 MSE 最小化算法。最初，编码树T假设没有社区，每个节点$v\in V$被分配到自己的簇。此时，与T相关的二维 MSE 等于一维 MSE，表示G'内的固有结构信息。随后，可以通过贪婪地反复合并T中的两个树节点来获得最小的二维 MSE，从而得到最大的$|\Delta\mathrm{MSE}|$，直到没有进一步合并导致$\Delta\mathrm{MSE}<0$。该算法输出一个与最小二维 MSE 相关的优化T。此时，T对G'内的可靠结构进行编码，同时消除噪声结构。具体来说，高度为 1 的树节点的集合P形成V的一个分区，该分区揭示了G'中的社区。此外，注意到高维(如三维)的 MSE 最小化，可以通过重复应用二维 MSE 最小化算法并将识别的社区整合到节点中来实现。

4.2　动态图的结构熵动态测量

结构熵是一种用来衡量嵌入图结构数据中信息量的指标，在层次抽象策略下起作用。为了测量动态图的结构熵，需要解码最佳社区划分对应的最优编码树。然而，现有方法无法支持动态编码树更新和增量结构熵计算。为了应对这一问题，本节介绍一种名为 Incred-2dSE 的新增量测量框架[74]，它能够动态调整社区划分，有效计算每个更新后图的结构熵。Incred-2dSE 包括两种动态调整策略的增量算法，即初始调整策略和节点移位调整策略，它们支持更新的结构熵的理论分析，并朝着较低的结构熵增量优化社区划分。多关系结构熵解码多关系图的基本结构如图 4-1 所示。

图 4-1　多关系结构熵解码多关系图

4.2.1　基本定义

定义 4.1(增量序列)　增量序列是一组增量边，由$\xi=\{\langle(v_1,u_1),op_1\rangle,$

$\langle(v_2,u_2),op_2\rangle,\cdots,\langle(v_n,u_n),op_n\rangle\}$ 表示，其中，(v_i,u_i) 表示具有两个端点 v_i 和 u_i 的增量边 e_i。算子 $op_i\in\{+,-\}$ 表示将边 e_i 添加到图中或从图中删除。增量边的个数 n 称为增量大小。

定义 4.2(动态图)　动态图被定义为时序、无向、无加权、连通图 $G=\{G_0,G_1,\cdots,G_T\}$。$G_0=(V_0,\varepsilon_0)$ 表示初始状态，$G_t=(V_t,\varepsilon_t)$ 表示在时刻 $t(1\leqslant t\leqslant T)$ 更新后的图。为了描述时间动态图，假设增量序列 ξ_t 在每个非零时刻 t 到达，通过将 ξ_t 引入的所有新边和节点与 G_{t-1} 有序组合来生成更新图 G_t，即 $G_t:=CMB(G_{t-1},\xi_t)$。进一步定义时刻 t 的累积增量序列，由 $\xi_{1\to t}$ 表示，是顺序串联序列 $\xi_1,\xi_2,\cdots,\xi_t$ 形成的序列，然后有 $G_t:=CMB(G_0,\xi_{1\to t})$。

4.2.2　二维编码树的动态调整策略

本节，首先介绍朴素调整策略，并介绍在该策略下更新的结构熵。然后，介绍降低结构熵的节点移动调整策略。最后，对两种动态调整策略进行进一步讨论。

1. 朴素调整策略

首先对朴素调整策略进行形式化描述。接下来，引入全局不变和局部差分两个度量实现更新结构熵的增量计算。最后，分析局部差分的有界性和收敛性。

1) 策略描述

在引入朴素调整策略之前，首先需要讨论二维编码树的形式及其对应的结构熵公式。对于所有可能的二维编码树，只要存在高度为 1 的叶节点 $\gamma(T_\gamma=\{v_k\})$，可以将其与具有相同标签 $T_{\gamma^+}=\{v_k\}$ 的子节点 γ^+ 连接起来，使所有叶节点高度为 2。此时，结构熵保持不变，因为其是由 γ^+ 引入的附加项，即 $-\dfrac{d_k}{2m}\log\dfrac{d_k}{d_k}$，等于 0，其中，$m$ 为图 G 的总边数，d_k 表示节点 k 的度。

为了简洁起见，只考虑所有叶节点高度为 2 的二维编码树。给定图 G 及其二维编码树 T，二维结构熵可以公式化为

$$H^T(G)=-\sum_{\alpha_i\in A}\left(-\frac{g_{\alpha_i}}{2m}\log\frac{V_{\alpha_i}}{2m}+\sum_{v_j\in T_{\alpha_i}}-\frac{d_j}{2m}\log\frac{d_j}{V_{\alpha_i}}\right)\tag{4.5}$$

其中，A 为 T 中高度为 1 的节点的集合，即 $A=\{\alpha\text{in}T\mid h(\alpha)=1\}$。

然后，给出朴素调整策略的描述。该策略包括两部分：边策略和节点策略。边策略规定增量边不会改变编码树的结构。节点策略规定，当一个新节点 v 与一个现有节点 u 连接，并且 u 对应二维编码树中的一个叶节点 η，即 $T_\eta=\{u\}$ 时，一

个标签为 $T_\gamma=\{v\}$ 的新叶节点 γ 将被设置为 η 的父节点的直接后继节点，而不是另一个节点。可以从社区的角度来描述编码树的修改。具体而言，新节点被分配给其邻居的社区，而不是另一个任意社区。显然，给定大小为 n 的增量序列，可以得到更新的编码树，即更新的社区划分。为了确保节点策略在大多数时候最小化更新的结构熵，本节给出以下定理。

定理 4.1　假设一个新的图节点 v 连接到一个现有的节点 u，其中，$\{u\}\subseteq T_\alpha$。如果 $\dfrac{2m+2}{V_\alpha+2}\geqslant e$，有

$$H^{T'}_{v\to\alpha}(G')<H^{T'}_{v\to\beta\neq\alpha}(G') \tag{4.6}$$

其中，$H^{T'}_{v\to\alpha}(G')$ 表示当新节点 v 分配给 u 的社区 T_α 时更新的结构熵，即 $\{v\}\subset T_\alpha$；$H^{T'}_{v\to\beta\neq\alpha}(G')$ 表示当 v 被分配到另一个任意社区 $T_{\beta\neq\alpha}$，即 $\{v\}\subset T_{\beta\neq\alpha}$ 时更新的结构熵。

根据定理 4.1，当整个图的总体积 $2m$ 近似大于所有社区的最大体积 V_m 的 e 倍时，节点策略使更新的结构熵最小。

2) 全局不变和局部差分

本节引入全局不变量和局部差分这两个量，通过朴素调整策略实现更新结构熵的近似和快速增量计算。将大小为 n 的增量序列 ξ 应用于图 G，使用朴素调整策略产生新的图 G' 及其对应的二维编码树 T' 时，更新的二维结构熵可以表示为

$$H^{T'}(G')=-\sum_{\alpha_i\in A}\left(-\frac{g'_{\alpha_i}}{2m+2n}\log\frac{V'_{\alpha_i}}{2m+2n}+\sum_{v_j\in T_{\alpha_i}}-\frac{d'_j}{2m+2n}\log\frac{d'_j}{V'_{\alpha_i}}\right) \tag{4.7}$$

计算更新的二维结构熵的直观方法是更新式(4.5)中的变量，然后通过更新后的式(4.7)进行计算。然而，增量大小 n 会影响式(4.7)求和方程中的所有项。因此，更新和计算过程至少需要花费 $O(|V|)$，当图非常大时，花费的时间是巨大的。一种直观的尝试是在更新的结构熵和原始结构熵之间进行区分，尝试计算 $O(n)$ 中的增量熵。然而，在式(4.7)的所有项中，m 变为 m+n 的事实使得难以从差分方程导出 $O(n)$ 的简明公式。

为了解决这个问题，下面介绍全局不变量和局部差分。本节将全局不变量定义为仅将式(4.5)中的 m 更新为 m+n 并保持其他变量不变的近似更新的结构熵。局部差分被定义为更新的结构熵和全局不变量之间的差，也可以视为近似误差。显然，如果保存 S_N、S_C 和 S_G，可以得到 $O(1)$ 的时间复杂度中的全局不变量。给定必要的增量变化，也可以在 $O(n)$ 中计算局部差。总之，通过计算和总结全局不变量和局部差分，可以在 $O(n)$ 中计算更新的二维结构熵。

定义 4.3(全局不变量)　给定原始图 G 及其二维编码树 T，全局不变量被定义为在大小为 n 的增量序列之后更新的结构熵的近似值，即

$$\begin{aligned}H_{GI}^{T}(G,n)&=-\sum_{\alpha_i\in A}\left(-\frac{g_{\alpha_i}}{2m+2n}\log\frac{V_{\alpha_i}}{2m+2n}+\sum_{v_j\in T_{\alpha_i}}-\frac{d_j}{2m+2n}\log\frac{d_j}{V_{\alpha_i}}\right)\\&=-\frac{1}{2m+2n}\left(S_N+S_C+S_G\right)\end{aligned}\tag{4.8}$$

$$S_N=\sum_{v_i\in V}d_i\log d_i\tag{4.9}$$

$$S_C=\sum_{\alpha_i\in A}g_{\alpha_i}-V_{\alpha_i}\tag{4.10}$$

$$S_G=-\sum_{\alpha_i\in A}g_{\alpha_i}\log(2m+2n)\tag{4.11}$$

定义 4.4(局部差分)　给定更新后的图 G'，更新后的二维编码树 T'，增量大小 n，将局部差分定义为精确更新后的二维结构熵与全局不变量之差。

$$\Delta L=H^{T'}(G')-H_{GI}^{T}(G,n)=-\frac{1}{2m+2n}\left(\Delta S_N+\Delta S_C+\Delta S_G\right)\tag{4.12}$$

$$\Delta S_N=\sum_{v_k\in\phi_\lambda}\left[\left(d_k+\delta(v_k)\right)\log\left(d_k+\delta(v_k)\right)-d_k\log d_k\right]\tag{4.13}$$

$$\Delta S_C=\sum_{\alpha\in A}\left[\left(g_\alpha+\delta_g(\alpha)-V_\alpha-\delta_V(\alpha)\right)\log\left(V_\alpha+\delta_V(\alpha)\right)-\left(g_\alpha-V_\alpha\right)\log V_\alpha\right]\tag{4.14}$$

$$\Delta S_G=-\sum_{\alpha\in A}\delta_g(\alpha)\log(2m+2n)\tag{4.15}$$

其中，$\delta(v_k)$ 表示度 $d_k'-d_k$ 的增量变化，$\delta_V(\alpha)$ 表示体积 $V_\alpha'-V_\alpha$ 的增量变化。$\delta_g(\alpha)$ 代表切割边 $g_\alpha'-g_\alpha$ 的增量改变。ϕ_λ 表示阶数变化的节点集 $\{v_k\in V'\mid\delta(v_k)\neq0\}$，$A$ 表示阶数或 g_α 变化的树节点集，即 $A=\{\alpha\in A'\mid\delta_V(\alpha)\neq0$ 或 $\delta_g(\alpha)\neq0\}$。

3) 有界性分析

根据式(4.12)，ΔL 的边界可以通过分析其分量来获得，即 ΔS_N、ΔS_C 和 ΔS_G。首先，分析 ΔS_N 的最大值和最小值。

$$s_N(d,x)=(d+x)\log(d+x)-d\log d\tag{4.16}$$

由于 $s_N(d,n)$ 随 d 单调递增，因此，当 n 条新的增量边连接最大的两个节点时，ΔS_N 取最大值。因此，有

$$\Delta S_N\leqslant 2s_N(d_m,n)\tag{4.17}$$

其中，d_m 表示 G 中的最大度。由于不允许存在多条边，因此，当且仅当 $n=1$ 时等式成立。当 n 条增量边分别连接一个度为 1 的节点和一个新节点时，ΔS_N 最小

$$\Delta S_N \geqslant ns_N(1,0) \tag{4.18}$$

其次，本节分析了 ΔS_C 和 ΔS_G 的边界。为方便起见，定义为

$$\Delta S_{CG} = \Delta S_C + \Delta S_G \tag{4.19}$$

首先分析添加一条新边时 ΔS_{CG} 的界。如果在两个社区 T_{α_1} 和 T_{α_2} 之间添加一条新边，可以得到

$$\begin{aligned}\Delta S_{CG} = &\left(g_{\alpha_1} - V_{\alpha_1}\right)\log\left(V_{\alpha_1}+1\right) - \left(g_{\alpha_1} - V_{\alpha_1}\right)\log V_{\alpha_1} \\ &+ \left(g_{\alpha_2} - V_{\alpha_2}\right)\log\left(V_{\alpha_2}+1\right) - \left(g_{\alpha_2} - V_{\alpha_2}\right)\log V_{\alpha_2} - 2\log(2m+2)\end{aligned} \tag{4.20}$$

因此，会有

$$\Delta S_{CG} \geqslant 2V_m \log\left(\frac{V_m}{V_m+1}\right) - 2\log(2m+2) \tag{4.21}$$

$$\Delta S_{CG} \leqslant -2\log(2m+2) \tag{4.22}$$

其中，V_m 表示所有 T_α 的最大体积。如果在单个社区 T_α 中添加一条新边(或者新节点与 T_α 中的现有节点相连)，则有

$$\Delta S_{CG} = \left(g_\alpha - V_\alpha - 2\right)\log\left(V_\alpha + 2\right) - \left(g_\alpha - V_\alpha\right)\log V_\alpha \tag{4.23}$$

然后可以得到

$$\Delta S_{CG} \geqslant -\left(V_m+2\right)\log\left(V_m+2\right) + V_m \log V_m \tag{4.24}$$

$$\Delta S_{CG} \leqslant -2\log\left(V_{\min}+2\right) \tag{4.25}$$

其中，$V_{\min}$ 表示所有 T_α 的最小体积。接下来，分析当添加 n 条新边时 ΔS_{CG} 的界。当 n 条边都位于体积最大的两个社区之间时，有

$$\Delta S_{CG} \geqslant 2V_m \log\left(\frac{V_m}{V_m+n}\right) - 2n\log(2m+2n) > -2n - 2n\log(2m+2n) \tag{4.26}$$

ΔS_{CG} 取最小值：

$$\Delta S_{CG\min} = -2n - 2n\log(2m+2n) \tag{4.27}$$

当 n 条边中的每一条分别添加到体积最小的 n 个社区中时，ΔS_{CG} 取最大值：

$$\Delta S_{CG\max} = -2n\log\left(V_{\min}+2\right) \tag{4.28}$$

最后，可以得到 ΔL 的下界

$$\begin{aligned} LB(\Delta L) &= -\frac{1}{2m+2n}\left(2S_N(d_m,n)+\Delta S_{CG\max}\right) \\ &= \frac{1}{m+n}\left[d_m \log d_m - (d_m+n)\log(d_m+n) + n\log(V_{\min}+2)\right] \end{aligned} \tag{4.29}$$

ΔL 的上界为

$$UB(\Delta L) = -\frac{1}{2m+2n}\left(ns_N(1,0)+\Delta S_{CG\min}\right) = \frac{n\log(m+n)+\frac{5}{2}n}{m+n} \tag{4.30}$$

有界性分析给出了局部差分的上界和下界。这表明，在计算全局不变量以快速获得更新的结构熵的近似值时，近似误差是有界的，并且随着图的变大而减小，从而保证了近似的有效性和准确性。

4) 收敛性分析

下面分析局部差分及其一阶绝对矩的收敛性。为了表示一个函数收敛速度与另一个函数相同或更快，使用符号 $g(m)=O(f(m))$，它等价于 $\lim\limits_{m\to\infty}\dfrac{g(m)}{f(m)}$，其中，$C$ 是常数。

当增量大小为 n 时，局部差分以 $O\left(\dfrac{\log m}{m}\right)$ 的速度收敛，表示为

$$\Delta L = O\left(\frac{\log m}{m}\right) \tag{4.31}$$

也就是说，更新的二维结构熵的精确值与全局不变量之间的差以 $O\left(\dfrac{\log m}{m}\right)$ 的速度收敛。

设 X 是表示增量大小 n 的随机变量，得到 $E[X]=\bar{n}$ 。

局部差分的一阶绝对矩以 $O\left(\dfrac{\log m}{m}\right)$ 的速率收敛：

$$E\left[|\Delta L|\right] = O\left(\frac{\log m}{m}\right) \tag{4.32}$$

收敛性分析证明了局部差分及其一阶绝对矩的收敛性。也就是说，当使用全局不变量来近似更新的结构熵时，随着图边数 m 的增大，近似误差及其绝对值的期望收敛到 0 的速度不慢于 $O\left(\dfrac{\log m}{m}\right)$，这表明近似是可靠的。此外，收敛性分析还表明，当图非常大时，更新的结构熵主要由增量大小 n 贡献，而不是增量边的位置。这是因为当图变大时，可以通过简单地将 m 改为 $m+n$ 来近似更新的结构

熵，近似误差收敛于 0。

5) 局限性

朴素调整策略的局限性主要有三点。第一，该策略不能同时处理多个增量边，例如，一个新节点与两个不同的现有节点连接。另一种解决方案是将所有在特定时间戳的增量边排列成一个序列，可以在保持图的连通性的同时逐条添加边。这样，新引入节点的社区不可避免地与增量边的输入顺序有关。第二，该策略不能处理边或节点的删除操作。第三，现有节点的社区保持不变，这在大多数情况下是次优的。

2. 节点移动调整策略

尽管朴素调整策略可以快速获得更新的二维编码树及其相应的结构熵，但仍然需要一种更有效的策略来获得更好的社区划分，以实现更低的结构熵。因此，本节提出另一种新的动态调整策略，即节点移动，通过迭代将节点移动到其最优偏好社区。与朴素调整策略不同，边缘变化可以改变现有节点的社区，使结构熵最小化。此外，该策略同时支持多个增量边和删除现有边。因此，节点移动调整策略完全克服了朴素调整策略的局限性。

该策略首先将最优偏好社区(OPC)定义为目标节点的最佳社区，即如果目标节点进入其 OPC，则总体二维结构熵与 OPC 以外的其他社区相比必须最低。节点移动调整策略可以描述为：

(1) 设所涉及的节点是增量序列中出现的所有节点。

(2) 对于每个涉及的节点，将其移动到其 OPC。

(3) 将所涉及的节点更新为与移动节点连接但在不同社区中的所有节点，然后重复步骤(2)。

定义 4.5(最优偏好社区(OPC)) 给定图 $G=(V,\varepsilon)$，目标节点 $v_t \in V$ ，v_t 的最优偏好社区定义为社区 T_{α^*}，其中

$$\alpha^*=\begin{cases}\operatorname{argmin}_\alpha\left[\left(g_\alpha-V_\alpha\right)\log\dfrac{V_\alpha}{V_\alpha+d_t}+2d^{(\alpha)}\log\dfrac{V_\alpha+d_t}{2m}\right], v_t\notin T_\alpha\\ \operatorname{argmin}_\alpha\left[\left(g_\alpha-V_\alpha+d_t+d^{(\alpha)}\right)\log\dfrac{V_\alpha-d_t}{V_\alpha}+2d^{(\alpha)}\log\dfrac{V_\alpha}{2m}\right], v_t\in T_\alpha\end{cases}\tag{4.33}$$

其中，$d^{(\alpha)}$ 表示 v_t 与 T_α 之间连接的边的个数。

然后，该篇提供了一个简化模型，从理论上推导出 OPC 的求解公式。在该模型中，存在 r 个社区 $T_{\alpha_1},T_{\alpha_2},\cdots,T_{\alpha_r}$。还有一个不属于任何社区的目标节点 v_t。v_t 和 T_{α_i} 之间连接的边的个数用 $d^{(i)}$ 表示。T_{α_i} 的体积和割边数分别用 V_i 和 g_i 表示，得

出以下结论。

假设节点 v_t 移动到社区 T_{α_k}，$k \in \{1,2,\cdots,r\}$。当 v_t 移动到 $T_{\alpha_{k^*}}$ 时，更新的结构熵最小化，其中

$$k^* = \underset{k}{\operatorname{argmin}}\left[\left(g_k - k_\alpha\right)\log\frac{V_k}{V_k + d_t} + 2d^{(k)}\log\frac{V_k + d_t}{2m}\right] \tag{4.34}$$

实际上，所有节点都属于其社区。可以首先将目标节点移出其社区，然后用式(4.34)确定 OPC。这个过程相当于直接使用定义 4.5 而不移出目标节点。

节点移动调整策略也有一些局限性。首先，该策略很难给出全局不变量与更新后的结构熵之间的差距边界，以便进行进一步的理论分析。其次，节点移动调整策略在某些情况下可能不收敛，导致需要设置最大迭代次数。

3. 两种动态调整策略的进一步探讨

二者的相似之处在于：

(1) 两种动态调整策略都是为了增量地改变原始的二维编码树，以适应动态场景中的增量边和节点。

(2) 计算两种策略的更新结构熵的时间复杂度显著低于原始计算公式。

(3) 这两种策略都无法应对新社区的诞生和现有社区的解散。

二者的区别在于：

(1) 两种策略的侧重点不同。朴素调整策略强调理论分析，如有界性和收敛性分析，并在实验评估中充当快速增量基线。相比之下，节点移动调整策略主要侧重于解决朴素策略的局限性，以及现有社区向较低结构熵的动态优化。

(2) 这两种策略更新编码树或更新社区划分的方式不同。在朴素调整策略中，新的边不会改变现有节点的社区，并且新的节点被分配给直接邻居的社区。而在节点移动调整策略中，考虑了新边对社区调整的影响，新节点的社区也由增量边决定。

(3) 朴素调整策略的时间复杂度是固定的，而节点移位策略的时间复杂度随着迭代次数 N 几乎线性增长。

4.2.3　Incre-2dSE：一种更新二维结构熵的增量度量框架

Incre-2dSE 架构如图 4-2 所示。

1. 概念定义

定义 4.6(结构数据)　给定一个图 G，G 的结构数据定义如下。

(1) 节点级：每个 $v_i \in V$ 的度 d_i。

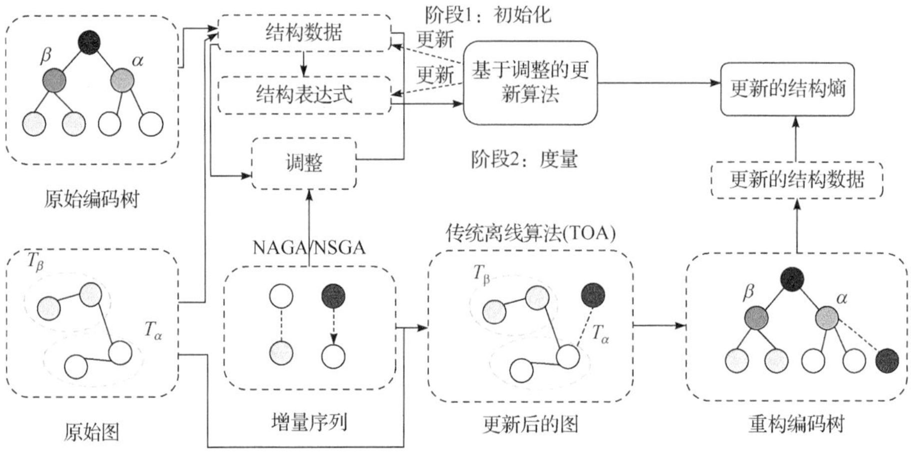

图 4-2　Incre-2dSE 架构图

(2) 社区级：体积 V_α 和切边数 g_α。

(3) 图级：总边数 m。

(4) 节点-社区映射：表示 v_i 所属的社区 ID，表示为 $\alpha(v_i)\in A$，其中，$v_i\in T_{\alpha(v_i)}$。

(5) 社区-节点映射：每个 $\alpha\in A$ 的社区 T_α。

定义 4.7(结构表达式)　G 的结构表达式定义如下。

(1) 节点级：

$$\hat{S}_N=\sum_{d\in D}k_d\log d \tag{4.35}$$

其中，k_d 表示每个 $d\in D$ 的节点数；D 表示 G 中所有不同度的集合。

(2) 社区级：

$$\hat{S}_C=\sum_{\alpha\in A}(g_\alpha-V_\alpha)\log V_\alpha \tag{4.36}$$

(3) 图形级：

$$\hat{S}_G=-\sum_{\alpha\in A}g_\alpha \tag{4.37}$$

定义 4.8(调整)　从原始 G 图到更新后的图 G' 的调整定义如下。

(1) 节点级：每个节点 $v\in\phi_\lambda$ 的度变化 $\delta(v)$，每个 $d\in D$ 的节点数变化 $\delta_k(d)=k'_d-k_d$，其中，d 表示节点数从 G 变 G' 的度的集合。

(2) 社区级：每个 $\alpha\in A$ 的体积变化 $\delta_V(\alpha)$ 和割边数变化 $\delta_g(\alpha)$。

(3) 图级：总边数变化 n。

(4) 节点-社区映射：由 $J_{n-c}=\{\ldots,(v_i,\alpha'(v_i)),\ldots\}$ 表示的节点社区图结构数据

的变化列表，其中，$\alpha'(v_i)$表示v_i的新社区 ID。

(5) 社区-节点映射：社区节点图结构数据的变化列表，由$J_{n-c}=\{\dots,(\alpha_i,v_j,+/-),\dots\}$表示，其中，$(\alpha_i,v_j,+/-)$表示社区$T_{\alpha_i}$更新为$T_{\alpha_i}\cup\{v_j\}$或$T_{\alpha_i}/\{v_j\}$。

2. 增量框架

Incre-2dSE 旨在有效地测量更新的二维结构熵，同时在给定原始图、原始编码树和增量序列的情况下动态调整社区划分。这个框架包括两个阶段，初始化和度量。在初始化阶段，从原始图及其编码树中提取包含图的基本数据以计算结构熵的结构数据。然后计算并保存结构表达式，这些表达式定义了数据结构。对于相同的原始图，初始化只需要执行一次。在度量阶段，首先根据结构数据和增量序列生成并保存调整，该调整是存储原始图到更新图的度数、体积和割边数变化的数据结构，采用朴素调整策略(Node Addition Graph Adjustment，NAGA)或节点移动调整策略(Node Shifting Graph Adjustment，NSGA)的调整生成算法。然后，调用基于调整的增量更新算法(Adjustment-based Update Incremental Algorithm，AUIA)来收集结构数据、结构表达式和调整，以有效地计算更新的结构熵并更新结构数据和结构表达式。作为基线，传统的离线算法(Traditional Offline Algorithm，TOA)通过使用增量序列更新图开始。接下来，使用静态社区检测方法重建更新图的新编码树。然后，提取更新的结构数据，最后，通过定义计算更新的结构熵。

1) 阶段 1：初始化

给定图$G=(V,\varepsilon)$为稀疏矩阵及其二维编码树，由字典表示，如$\{\text{community ID1}:\text{nodelist1},\text{community ID2}:\text{nodelist2},\dots\}$，可以很容易地获取并保存结构数据，其时间复杂度为$O(|\varepsilon|)$。然后，可以使用$O(|V|)$中保存的结构数据来计算结构表达式。总体而言，初始化阶段总的时间复杂度为$O(|\varepsilon|)$。

2) 阶段 2：度量

在这个阶段，首先需要生成从G到G'的调整。通过提出的两种动态调整策略，该方法提供了两种算法来生成调整量，即朴素调整量生成算法(NAGA)和节点移动调整量生成算法(NSGA)。两种算法的输入都是原始图的结构数据和一个增量序列，输出是一个调整。NAGA 的时间复杂度为$O(n)$，因为它需要在增量序列中遍历n条边，而每条边只需要花费$O(1)$。在 NSGA 中，首先需要$O(n)$来初始化调整。其次，在节点移动部分，需要确定所有涉及$|I|$节点的最优偏好社区(OPC)，需要花费$O(|A||I|)$。此步骤重复 N 次，时间开销为$O(|A|(|I_1|+|I_2|+\dots+|I_N|))$，其

中，I_i 表示第 i 次迭代中涉及的节点数。由于大多数情况下 $|I_1| \leqslant n$ 和 $|I_{i+1}| \leqslant |I_i|$，所以 NSGA 的总时间复杂度为 $O(nN|A|)$。

得到调整值后，可以增量计算更新后的二维结构熵：

$$H^{T'}(G') = -\frac{1}{2m+2n}\left[\hat{S}'_N + \hat{S}'_C + \hat{S}'_G \log(2m+2n)\right] \tag{4.38}$$

其中，$\hat{S}'_N$，$\hat{S}'_C$，$\hat{S}'_G$ 表示增量更新的结构表达式。

$$\hat{S}'_N = \hat{S}_N + \sum_{d \in D} \delta_k(d) d \log d \tag{4.39}$$

$$\hat{S}'_C = \hat{S}_C + \sum_{\alpha \in A}\left[\left(g_\alpha + \delta_g(\alpha) + V_\alpha + \delta_V(\alpha)\right)\log\left(V_\alpha + \delta_V(\alpha)\right) - \left(g_\alpha + V_\alpha\right)\log V_\alpha\right] \tag{4.40}$$

$$\hat{S}'_G = \hat{S}_G + \sum_{\alpha \in A} -\delta_g(\alpha) \tag{4.41}$$

为了实现上述增量计算过程，本节提供了基于调整的增量更新算法(AIUA)。具体而言，给定输入，即原始图的结构数据和结构表达式以及对更新图的调整，可以递增地计算更新的二维结构熵，并在新的调整到来时有效地更新结构数据和结构性表达式，为下一个 AIUA 过程做准备。更新结构数据的时间复杂度为 $O(|\phi_\lambda| + |A| + |J_{n-c}| + |J_{c-n}|) \leqslant O(n)$。更新结构表达式的时间复杂度为 $O(|D| + |A|) \leqslant O(n)$。计算更新的二维结构熵的时间复杂度为 $O(1)$。总之，AIUA 的总时间复杂度为 $O(n)$。

传统的离线算法(TOA)为每个更新的图重构编码树，并根据定义计算更新的二维结构熵。TOA 包括以下四个步骤。

(1) 通过结合原始图和增量序列生成更新图。

(2) 它使用几种不同的静态社区检测算法，将图节点集划分为社区，以构建二维编码树。

(3) 统计并保存更新图的节点级、社区级和图级结构数据。

(4) 通过式(4.7)计算更新的结构熵。TOA 的总时间成本是 $O(|\mathcal{E}| + n)$ 加上所选社区检测算法的成本。

4.2.4　复杂图的扩展

本节讨论将 Incred-2dSE 方法推广到加权图或有向图的可行性。首先，论证无向加权图的方法可以从无向图的方法自然扩展。其次，分析有向图和无向图的结构熵增量计算范式之间的根本区别，并提出在有向加权图上增量计算一维结构熵的新方法。

1. 无向加权图

无向加权图的结构熵的增量度量方法可以直观而容易地扩展到先前提出的无向无加权图的方法。首先介绍无向加权图的二维结构熵的定义。然后更新调整的定义，提出新情况下结构熵计算的增量公式。

无向加权图可以表示为$G_W=(V,\varepsilon,w)$，其中，$w(e)$表示$e\in\varepsilon$的权值。对于任意$e\notin\varepsilon$，令$w(e)=0$。无向加权图的编码树定义保持不变，其二维编码树T对$G_W=(V,\varepsilon,w)$的二维结构熵定义为

$$H^T(G_W)=\sum_{\alpha_i\in A}\left(-\frac{g_{\alpha_i}}{V_\lambda}\log\frac{V_{\alpha_i}}{V_\lambda}+\sum_{v_j\in T_{\alpha_i}}-\frac{d_j}{V_\lambda}\log\frac{d_j}{V_{\alpha_i}}\right) \tag{4.42}$$

其中，新度$d_j=\sum_{v_i\in N(v_j)}w(v_j,v_i)$（$N(v)$表示节点$v$的邻居集合)，新体积$V_\alpha=\sum_{v_i\in T_\alpha}w(v_j,v_i)$，新切割边数$g_\alpha$替换为在$T_\alpha$中恰好有一个端点的边的权值之和。

由于边权值的连续性，原有的节点级和图级调整定义不再适用。这里将这两个层次的调整定义更新如下:

(1) 节点级：各节点的总权重变化$\delta(v_i)=d_i^{'}-d_i$，$v_i\in\phi_\lambda$。

(2) 图级：整个图的总权重变化，用$\delta_V(\lambda)$表示。

根据式(4.42)，无向加权图的增量计算公式为

$$H^{T'}(G_W^{'})=-\frac{1}{V_\lambda+\delta_V(\lambda)}\left[\hat{S}_N^{'}+\hat{S}_C^{'}+\hat{S}_G^{'}\log\left(V_\lambda+\delta_V(\lambda)\right)\right] \tag{4.43}$$

$$\hat{S}_N^{'}=\hat{S}_N+\sum_{v_k\in\phi_\lambda}\left[\left(d_k+\delta(v_k)\right)\log\left(d_k+\delta(v_k)\right)-d_k\log d_k\right] \tag{4.44}$$

$$\hat{S}_C^{'}=\hat{S}_C+\sum_{\alpha\in A}\left[\left(g_\alpha+\delta_g(\alpha)+V_\alpha+\delta_V(\alpha)\right)\log\left(V_\alpha+\delta_V(\alpha)\right)-\left(g_\alpha+V_\alpha\right)\log V_\alpha\right] \tag{4.45}$$

$$\hat{S}_G^{'}=\hat{S}_G+\sum_{\alpha\in A}-\delta_g(\alpha) \tag{4.46}$$

2. 有向加权图

由于有向图的结构熵度量与无向图的结构熵度量有本质不同，本节提出的主要方法难以转移到有向图场景中。关键的区别在于有向图需要转换成转移矩阵，并且需要计算平稳分布。由于二维结构熵的增量计算非常复杂，本节提出的方法简要地提出一种度量有向权图一维结构熵的增量方案。具体来说，该方法首先定义有向加权图及其非负矩阵表示。然后，引入有向加权图的结构熵公式。最后，

回顾传统的特征向量计算和全局聚合方法，以精确或近似地计算有向加权图的一维结构熵，并提出一种增量迭代近似算法，即局部传播算法。

定义 4.9(有向加权图)　有向加权图可以表示为 $G_{DW}=(V,\varepsilon,f)$，它满足以下性质。

(1) $V=\{v_1,v_2,\cdots,v_N\}$ 为节点集。

(2) $\mathcal{E}$ 表示有向边集合 $e=(v_i,v_j)$。

(3) 对于每条有向边 $e=(v_i,v_j)\in\mathcal{E}$，$f(e)=f(v_i,v_j)>0$ 为从 v_i 到 v_j 的边权值。对于 $e=(v_i,v_j)\notin\mathcal{E}$，令 $f(e)=f(v_i,v_j)=0$。

给定具有 N 个节点的有向加权图 $G_{DW}=(V,\varepsilon,f)$，将 V 中的节点按类似 $v_1,v_2,\cdots,v_N$ 的顺序固定。对于 i，$j\in\{1,2,\cdots,N\}$，定义 $a_{ij}=f(v_i,v_j)$。然后可以得到非负矩阵 $A=a_{ij}$，称为 G_{DW} 的一个矩阵。换句话说，有向加权图可以用非负矩阵来表示。有向加权图非负矩阵表示的定义如下。

定义 4.10(用非负矩阵表示的有向加权图)　有向加权图 $G_{DW}=(V,\varepsilon,f)$ 可以表示为 $N\times N$ 非负矩阵 $A=a_{ij}$，其中，对于每一个 $i,j\in\{1,2,\cdots,N\}$，$a_{ij}=f(v_i,v_j)\geqslant 0$。

对于直接图，结构熵是在矩阵必须不可约的强连通图上定义的不确定性度量。

定义 4.11(不可约矩阵)　给定非负矩阵 A，若存在排列矩阵 P 满足

$$PAP=\begin{bmatrix} X & Y \\ 0 & Z \end{bmatrix} \tag{4.47}$$

其中，X 和 Z 为方阵，则称 A 为可约矩阵，否则称 A 为不可约矩阵。

将不可约矩阵 A 中的每一行归一化，即对于每一个 i 和 j，令

$$b_{ij}=\frac{a_{ij}}{\sum_{k=1}^{N}a_{ik}} \tag{4.48}$$

然后，可以得到归一化不可约矩阵 $B=b_{ij}$，其中，每行元素的和为 1。b_{ij} 称为归一化边权值。对于像 B 这样的归一化不可约矩阵，存在一个基本定理。

若 B 是不可约矩阵，其中，对于每一个 i，$\sum_{k=1}^{N}b_{ik}=1$，则

(1) B 的最大特征值为 1。

(2) B 的最大特征值有唯一的左特征向量。

(3) B 的最大特征值的唯一左特征向量是一个概率分布，表示为 $\pi=[\pi_1,\pi_2,\cdots,\pi_N]$。

根据上述定理，A 的平稳分布可以定义如下。

定义 4.12(平稳分布)　设 A 是一个不可约矩阵，B 表示 A 的归一化矩阵，其中对于每一个 i，$\sum_{k=1}^{N} b_{ik}=1$。A 的平稳分布定义为 B 的最大特征值的唯一左特征向量，表示为 $\pi=\left[\pi_1,\pi_2,\cdots,\pi_N\right]$。

最后，不可约非负矩阵(或有向加权图)的一维结构熵被定义为平稳分布的香农熵，它测量嵌入有向加权图内的不确定性总量。

定义 4.13(一维结构熵)　设 A 是一个不可约矩阵，且 $\pi=\left[\pi_1,\pi_2,\cdots,\pi_N\right]$ 为 A 的平稳分布，一维结构熵定义为

$$H^1(A)=-\sum_{i=1}^{N}\pi_i\log\pi_i \tag{4.49}$$

通常，在给定平稳分布的情况下，一维结构熵的精确值可以通过式(4.49)获得。然而，计算精确的平稳分布需要求解归一化不可约矩阵的特征向量，这通常需要 $O\left(n^3\right)$。在动态场景中，有向加权图随着时间的推移而演化。当表示有向加权图形的不可约矩阵 A 得到增量 ΔA 时，它就变成了更新的不可约矩阵 $A'=A+\Delta A$。设 $n=\|\Delta A\|_0$ 表示增量大小。设 B 和 B' 是 A 和 A' 的归一化矩阵。定义 $\Delta B=B'-B$。可以根据 A 和 ΔA 计算 $\Delta B=\left(\Delta b_{ij}\right)$。

$$\Delta b_{ij}=b'_{ij}-b_{ij}=\frac{a'_{ij}}{\sum_{k=1}^{N}a'_{ik}}-\frac{a_{ij}}{\sum_{k=1}^{N}a_{ik}}=\frac{a_{ij}+\Delta a_{ij}}{\sum_{k=1}^{N}a_{ik}+\Delta a_{ik}}-\frac{a_{ij}}{\sum_{k=1}^{N}a_{ik}} \tag{4.50}$$

由于 ΔA 的非零元素最多可能影响 B 中一行的所有 N 个元素，因此 $\|\Delta B\|_0$，称为归一化增量大小，将不超过 nN。此外，由 n_B 表示的 B 中受影响的行的数量将不超过 n。在下面，该篇列出了三种方法来计算更新的一维结构熵。

第一种方法是根据更新后一维结构熵的确切值。具体地说，首先通过求解 B' 的最大特征值的左特征向量来计算新的精确平稳分布 π'。更新后的一维结构熵为

$$H^1(A')=-\sum_{i=1}^{N}\pi'_i\log\pi'_i \tag{4.51}$$

一般情况下，这种方式的总时间复杂度为 $O\left(N^3\right)$。

第二种方法是根据马尔可夫链理论，近似平稳分布可通过 B' 的迭代右乘来逼近，即

$$\pi^{(\theta)}=\pi B'^{\theta}=\pi\left(B+\Delta B\right)^{\theta} \tag{4.52}$$

其中，θ 为迭代次数。当 $\pi^{(\theta)}$ 通过右乘 $B+\Delta B$ 更新为 $\pi^{(\theta+1)}$ 时，更新过程等价于沿有向边的图的信息聚合操作，即对于每个节点 v_i，

$$\pi_i^{(\theta+1)} = \sum_{v_j \in N(v_i)} \pi_j^{(\theta)} b_{ji} \tag{4.53}$$

其中，$N(v_i)$ 表示 v_i 的邻域。最后，计算 $\pi^{(\theta)}$ 的香农熵作为近似的一维结构熵。

$$H^1(A') \approx -\sum_{i=1}^{N} \pi_i^{(\theta)} \log \pi_i^{(\theta)} \tag{4.54}$$

使用式(4.52)的矩阵乘法形式，式(4.54)的总计算复杂度约 $O(\theta N^2)$。利用图的视角，时间复杂度可以降低到 $O(\theta N d) = O(\theta|\mathcal{E}|)$，其中，$d$ 表示所有图节点的平均直接后继数。

第三种则是通过局部传播快速计算近似值。在全局聚合中，每次迭代都需要遍历所有节点和边，导致较高的计算冗余度。本节提出一种快速近似更新的一维结构熵的新方法，即局部传播，关键思想是使用仅涉及改变的局部节点的信息传播方案，以进一步减少式(4.53)中聚合过程的冗余。

特别是，局部传播包含两个步骤。第一步，将 B 中受 ΔB 影响的一组有向边定义为"相关边"。然后设 $\pi^{(1)} = \pi^{(0)}$，对于每条涉及的边 (v_i, v_j)，通过以下方式更新定点节点 v_j 的平稳分布值。

$$\pi_j^{(1)} \leftarrow \pi_j^{(1)} + \Delta b_{ij} \pi_i \tag{4.55}$$

并且 v_j 被添加到由 $I^{(1)}$ 表示的"涉及节点"集合中。第一步的时间复杂度与所涉及的边集的大小(即 $O(nN)$)线性相关。第二步，将以下过程重复 $\theta-1$ 次：设 $\pi^{(\theta+1)} = \pi^{(\theta)}$。对于 $I^{(\theta)}$ 中的每个节点 v_i，更新所有 v_i 的直接后继的平稳分布值。

$$\pi_j^{(\theta+1)} \leftarrow \pi_j^{(\theta+1)} + b'_{ij}\left(\pi_i^{(\theta)} - \pi_i^{(\theta-1)}\right), v_j \in N_s(v_i) \tag{4.56}$$

其中，$N_s(v_i)$ 表示 v_i 的直接后继。遍历 $I^{(\theta)}$ 中的所有节点后，将 $I^{(\theta)}$ 更新为 $I^{(\theta+1)}$，即原始集合 $I^{(\theta)}$ 中节点的所有直接后继节点。对于每次迭代，时间复杂度为 $O\left(\left|I^{(\theta)}\right| \bar{d}^{(\theta)}\right)$，其中，$\bar{d}^{(\theta)}$ 表示 $I^{(\theta)}$ 中的平均直接后继节点数。换句话说，设 $E^{(\theta)}(\theta \geqslant 1)$ 表示其起点属于 $I^{(\theta)}$ 的边的集合，则有 $\left|I^{(\theta)}\right| \bar{d}^{(\theta)} = \left|E^{(\theta)}\right|$。因此，每次迭代的时间复杂度为 $O\left(\left|E^{(\theta)}\right|\right)$。

4.3　用于深度图聚类的洛伦兹结构熵神经网络

图聚类是机器学习领域的一个基本问题。近年来，深度学习方法取得了最先进的结果，但是这些方法通常需要预先定义聚类的数量才能正常工作，这种限制促使研究者提出一个更具挑战性的问题，即未知簇数的图聚类问题。基于上述问题，本节介绍一种从图信息理论(即结构信息)角度出发的方法[75]。在现有文献中，结构信息尚未被引入深度聚类，其经典定义也缺乏离散化表述和建模节点特征。本节首先在连续领域中引入可微结构信息(Differentiable Structural Information，DSI)，并给出几个理论结果。然后通过最小化 DSI 构建最优分区树，其中，图中密集连接的节点往往具有相同的分配，从而揭示了集群结构。从理论上讲，DSI 也是一种新的图聚类目标，不需要预先定义聚类的数量。此外，本节还在双曲空间的洛伦兹模型中设计了一个 LSEnet，通过流形值图卷积将节点特征整合到结构信息中。LSEnet 架构如图 4-3 所示。

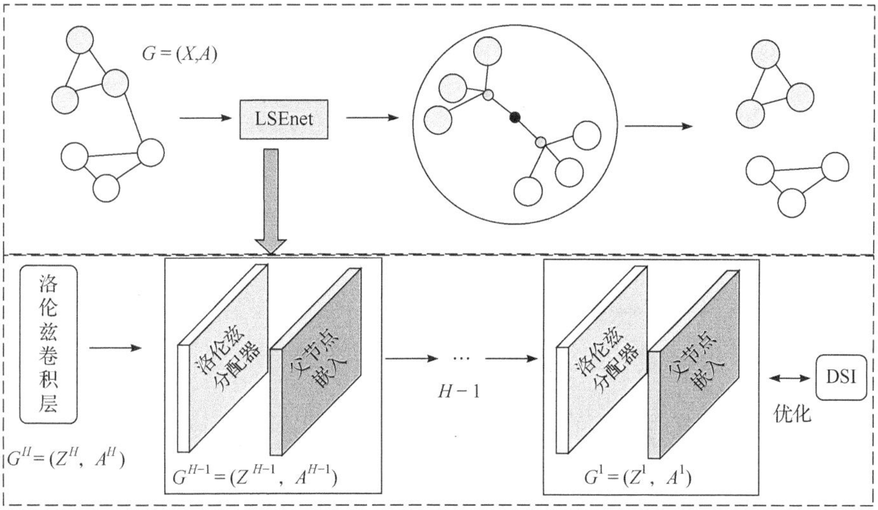

图 4-3　LSEnet 架构图

4.3.1　问题描述

1. 图和图聚类

加权图 G 表示为 $G=(V,\varepsilon,X)$。V 是 N 个节点的集合，节点 v_i 的度表示为 d_i。$\varepsilon\in V\times V$ 是具有权重函数 w 的边集，并且边权重被收集在邻接矩阵 A 中。X 是节点特征的矩阵。对于节点子集 $U\subset V$，其体积 $vol(U)$ 被定义为 U 中节点的边权重之和。图聚类旨在将节点分组为几个簇。

2. 双曲空间

在黎曼几何中，与“平坦”的欧几里得空间不同，双曲空间是一个具有负曲率的曲面空间。曲率k体现了流形偏离平面的程度。本节利用双曲空间的洛伦兹模型。具体地说，在$\{x \mid \langle x,x\rangle_L = \frac{1}{k}\}$的流形上定义具有曲率$k$的 d 维洛伦兹模型$L^{k,d}$，其中，Minkowski 内积$\langle x,x\rangle_L = xRy$定义为黎曼度量$R=\mathrm{diag}(-1;1;\cdots;1)$的矩阵。在洛伦兹中，距离被定义为$d_L(x,y)=\mathrm{arccosh}\left(\langle x,y\rangle_L\right)$。洛伦兹范数定义为$\|u\|_L=\sqrt{\langle u,u\rangle_L}$，其中，$u$是切线空间中的向量。

4.3.2 可微结构信息

本节方法首先建立结构信息的公式，然后对可微域进行连续松弛，得到在没有预定义簇数的情况下进行图聚类的新目标和优化方法。

定义 4.14(*H*维结构熵) 给定具有权重函数w的加权图$G=(V,\varepsilon)$和具有高度H的G的分区树T，G关于T的每个非根节点α的结构信息定义为

$$H^T(G;\alpha)=-\frac{g_\alpha}{vol(G)}\log\frac{V_\alpha}{V_{\alpha^-}} \tag{4.57}$$

在具有根节点λ的分区树T中，每个树节点α都与V的一个子集相关联，表示为模T_α，其直接前导记为α^-。叶节点的模块是图节点的单例。标量g_α是模T_α中恰好有一个端点的图边的总权重。下面给出H维结构信息：

$$H^T(G)=\sum_{\alpha\in T,\alpha\notin\lambda} H^T(G;\alpha) \tag{4.58}$$

遍历高度为H的G的所有可能的分区树，定义G的H维结构熵为

$$H^H(G)=\min_T H^T(G) \tag{4.59}$$

$$T^*=\underset{T}{\mathrm{argmin}}\, H^T(G) \tag{4.60}$$

其中，T^*是G的最优树，它编码了图的自组织并使图的不确定性最小化。

由于式(4.58)中的结构信息是节点式的，不能通过基于梯度的方法进行优化。本节提出一种具有水平分配的结构信息的新公式。

定义 4.15(水平分配) 对于高度为H的分区树T，假设第h层的树节点数为N_h，定义从第h层到第$(h-1)$层的逐级父分配矩阵$C^h\in\{0,1\}^{N_h\times N_{h-1}}$，其中，$C_{ij}^h=1$

表示第 h 层 T 的第 i 个节点是第$(h-1)$级第 j 个节点的父节点。

定义 4.16(H维结构信息)　对于定义 4.15 中的图 G 及其分区树 T，将 G 在高度 H 处相对于 T 的 H 维结构信息的公式重写为

$$H^T(G;h) = -\frac{1}{V}\sum_{k=1}^{N_h}\left(V_k^h - \sum_{(i,j)\in\mathcal{E}} S_{ik}^h S_{jk}^h w_{ij}\right)\log\frac{V_k^h}{V_{k^-}^{h-1}} \tag{4.61}$$

其中，$V = vol(G)$是 G 的体积。对于高度 h 中的第 k 个节点，V_k^h 和$V_{k^-}^{h-1}$分别是图节点集T_k和T_{k^-}的体积。因此，

$$S^h = \prod_{k=H+1}^{h+1} C^k, C^{H+1} = I_N \tag{4.62}$$

$$V_k^h = \sum_{i=1}^{N} S_{ik}^h d_i V_{k^-}^{h-1} = \sum_{k'=1}^{N_{h-1}} C_{kk'}^h V_{k'}^{h-1} \tag{4.63}$$

那么，G 的 H 维结构信息是$H^T(G) = \sum_{h=1}^{H} H^T(G;h)$。

G 的一维结构熵可以分解为

$$H^1(G) = \sum_{h=1}^{H}\sum_{j=1}^{N_{h-1}} \frac{V_j^{h-1}}{V} E\left(\left[\frac{C_{kj}^h V_k^h}{V_j^{h-1}}\right]_{k=1,\cdots,N_h}\right) \tag{4.64}$$

其中，$E(p_1,\cdots,p_n) = -\sum_{i=1}^{n} p_i \log p_i$是熵。

给定图 $G=(V,\varepsilon)$，图 G 的归一化 H 结构熵定义为$\tau(G;H) = H^H(G)/H^1(G)$，$\Phi(G)$是图电导。利用可加性，以下不等式成立：

$$\tau(G;H) \geqslant \Phi(G) \tag{4.65}$$

电导是图聚类的一个明确目标。对于任意 G，得到一维结构熵$H^1(G) = -\frac{1}{vol(G)}\sum_{i=1}^{N} d_i \log\frac{d_i}{vol(G)}$作为常数。因此，最小化公式(4.61)等效于最小化电导，将节点分组为簇。此外，公式(4.61)不需要图 G 中的聚类数的知识。简而言之，该方法能够在没有预定义聚类数的情况下作为图聚类的目标。

接下来，学习如何使用深度模型来进行图聚类，以实现新目标。回看公式(4.61)，目标在父分配上是可微的。如果将分配放宽为神经网络给出的可能性，公式支持梯度反向传播来学习深度模型。对于图G，将分区树表示为T_{net}，其中，从可学习嵌入 Z 到分配的映射是通过神经网络完成的。给出可微结构信息(DSI)为

$H^{T_{\text{net}}}(G;Z;\Theta)$。它采用与公式(4.61)相同的形式，其中，分配是由具有参数Θ的神经网络导出的。给定G，考虑DSI最小化如下。

$$Z^*,\Theta^* = \underset{Z,\Theta}{\operatorname{argmin}} H^{T_{\text{net}}}(G;Z;\Theta) \tag{4.66}$$

学习节点嵌入Z^*和参数Θ^*来推导G的分层父节点分配。然后通过分配构造G的最优分区树T_{net}^*，使得密集连接的节点在T_{net}^*中有更高的概率被分配到相同的父节点，从而最小化电导并呈现簇结构。同时，在优化过程中共同学习的节点嵌入提供几何概念来细化表示空间中的聚类。

该方法首先定义高度为H的分区树T中等价关系的概念。如果节点i和j在T的H级处于同一个模块中，当$h=1,\cdots,H$，它们被称为等价关系，表示为$i\overset{h}{\underset{\sim}{}}j$。

对于任何图G，T^*是最优分区树，而高度为H的T_{net}^*是由公式(4.66)给出的分区树。对于T_{net}^*的任意一对叶嵌入z_i和z_j，存在有界实函数$\{f_h\}$和常数c，使得对于任意$0<\epsilon<1,\tau\leqslant\mathcal{O}\left(1/\ln\left[(1-\epsilon)/\epsilon\right]\right)$和$\dfrac{1}{1-\exp\left\{-\left(f_h\left(z_i,z_j\right)-c\right)/\tau\right\}}\geqslant 1-\epsilon$满足$i\overset{h}{\underset{\sim}{}}j$，有

$$\left|H^{T^*}(G)-H^{T_{\text{net}}^*}(G)\right|\leqslant\mathcal{O}(\epsilon) \tag{4.67}$$

也就是说，T_{net}^*计算的结构熵与传统结构熵很接近，并且在轻微约束下，差异是有界的。因此，T_{net}^*作为图聚类的最佳T^*的替代方案。

对于任意G，给定一棵分区树T，增加一个节点β得到稀疏的T'，如果满足以下条件之一，则结构信息保持不变，即$H^T(G)=H^{T'}(G)$。

(1) β为叶节点，其模T_β为空集。

(2) 在节点α及其子节点之间插入β，使得模T_β和T_α相等。

4.3.3 LSEnet：洛伦兹结构熵神经网络

本节提出一种新的洛伦兹结构熵神经网络(LSEnet)，它旨在学习双曲空间洛伦兹模型中的最优分区树T_{net}^*，并通过图卷积网络将节点特征与结构信息相结合。

对于任意T，用一个常数缩放所有边，使得边的长度有界于$\varsigma\dfrac{1+\epsilon}{\epsilon}$以下，在双曲空间中存在一个嵌入，即失真整体节点对有界于$1+\epsilon$，ς是一个常数。双曲

空间非常适合嵌入分区树，而上述描述不适用于欧几里得空间。

在双曲空间中，LSEnet 首先嵌入树的叶节点，然后递归地学习父节点，由新聚类目标式(4.61)自监督。

1. 叶节点嵌入

该方法设计了一个洛伦兹卷积层来学习双曲空间中的叶嵌入，$\mathrm{LConv}: x_i \to z_i^H$，其中，$x_i$ 和 z_i^H 分别是节点特征和叶嵌入。在高度为 H 的分区树中，节点级用 h 的上标表示，相应地，从叶节点(底部)到根(顶部)有 $h = H, \cdots, 1, 0$。

该方法在 LConv 中采用注意力聚合，并规定了如下操作。首先，通过洛伦兹线性算子进行维度变换。对于节点 x_i，线性算子如下所示。

$$\mathrm{LLinear}(x) = \begin{bmatrix} \sqrt{\left\| h(Wx, v) \right\|^2 - \dfrac{1}{k}} \\ h(Wx, v) \end{bmatrix} \tag{4.68}$$

其中，h 是神经网络；W 和 v 是参数。

其次，该方法从自注意机制中推导注意权重。具体地说，节点 i 和 j 之间的注意权值 w_{ij} 计算为

$$w_{ij} = \mathrm{LAtt}(Q, K) = \left[\frac{\exp\left(-\dfrac{1}{\sqrt{N}} d_L^2\left(q_i, k_j\right) \right)}{\sum\limits_{l=1}^{N} \exp\left(-\dfrac{1}{\sqrt{N}} d_L^2\left(q_i, k_l\right) \right)} \right] \tag{4.69}$$

其中，q 和 k 分别是在 Q 和 K 的行向量中收集的查询向量和关键字向量。查询和关键字是通过具有不同参数的 LLinear 从节点特征 x 得到的。

最后，加权聚合被认为是多值向量之间的算术平均值。给定洛伦兹模型 L^{k,d_T} 中的一组点 $\{x_i\}_{i=1,\cdots,N}$，有

$$\mathrm{LAgg}(w, X) = \frac{1}{\sqrt{-k}} \sum_{i=1}^{N} \frac{w_i}{\left\| \left\| \sum\limits_{j=1}^{n} w_j x_j \right\|_L \right\|} x_i \tag{4.70}$$

其中，w 是权重向量，x 集合为 X。增广形式为 $\Omega = \left[w_1, \cdots, w_N\right]^{\mathrm{T}}$，有 $\mathrm{LAgg}(\Omega, X) = \left[\mu_1, \cdots, \mu_N\right]^{\mathrm{T}}$，其中，加权平均值为 $\mu_i = \mathrm{LAgg}(w_i, X)$。洛伦兹卷积层总体上被公式化为

$$\mathrm{LConv}(X|A) = \mathrm{LAgg}\left(\mathrm{LAtt}(Q, K) \odot \Delta A, \mathrm{LLinear}(X)\right) \tag{4.71}$$

其中，$\odot$ 是 Hadamard 乘积，如果图中不存在相应的边，则遮掩注意力权重。

2. 父节点学习

一个主要的挑战是，在分区树中，每个内部层的节点都是未知的。为了解决这个问题,该方法引入一种简单而有效的方法,在第 h 层设置足够大的节点数 N_h 。较大的 N_h 可能引入冗余节点，并导致稀疏的分区树。分区树中的冗余节点不影响结构熵的值，并通过优化标最终呈现为空叶节点。从理论上讲，如果一个内部层的节点不足，则图的自组织仍然可以用分区树中的多个层次来描述。

在不损失一般性的情况下，考虑给定第 h 级的节点嵌入 z^h 在第 h 层和第 $(h-1)$ 层之间的分配。第 i 行分配 C^h 描述第 h 处的第 i 个节点与第 $(h-1)$ 处的父节点的归属。本节根据图中的邻域节点往往具有相似赋值的直觉设计洛伦兹赋值器。具体地说，利用多层感知器 MLP 从嵌入中学习分配，同时通过公式(4.69)中定义的 LAtt 来参数化相似性。因此，洛伦兹分配器被公式化为

$$C^h = \sigma\Big(\big(\mathrm{LAtt}(Q,K) \odot A^h\big)\mathrm{MLP}\big(Z^h\big)\Big) \tag{4.72}$$

其中，A^h 是树的第 h 层的图结构；σ 表示通过 softmax 函数进行的行归一化。

剩下的任务是推断第$(h-1)$层的节点嵌入 z^{h-1} 。父节点位于到 h 层所有子节点的路径最短的点，相应地，父节点是流形中子节点的 Frechet 均值。该方法考虑相对于平方洛伦兹距离的几何质心，其中，权重由软分配 C^h 给出。

$$z_j^{h-1} = \underset{z_j^{h-1}}{\arg\min} \sum_{i=1}^{N} c_{ij} d_L^2\left(z_j^{h-1}, z_i^h\right) \tag{4.73}$$

求解流形 L 中约束的优化，推导出父节点嵌入的封闭式解如下。

$$Z^{h-1} = \mathrm{LAgg}\left(C^h, Z^h\right) \tag{4.74}$$

在双曲空间 L^{k,d_T} 中，对于任意一组点 $\left\{z_i^h\right\}$，$z_j^{h-1} = \dfrac{1}{\sqrt{-k}} \displaystyle\sum_{i=1}^{N} \dfrac{c_{ji}}{\left\| \sum_{l=1}^{n} c_{jl} z_l^h \right\|_L} z_i^h$ 的算术平均值是流形 z_j^{h-1}，并且是在公式(4.73)的最小化中定义的几何质心的闭合形式解。

根据公式(4.72)，它需要第$(h-1)$层的父节点之间的图结构 A^{h-1} 来导出分配。本节给出第$(h-1)$层图的邻接矩阵如下。

$$A^{h-1} = C^{hT} A^h C^h \tag{4.75}$$

递归地利用公式(4.72)、公式(4.74)和公式(4.75)在双曲空间中从下到上构建分区树。

3. 双曲分区树

在结构信息最小化的原则下，构造描述图自组织的最优分区树。在连续领域中，LSEnet 通过最小化公式(4.61)中的目标来学习双曲空间中的最优分区树。DSI 应用于所有级别分配 C，这些分配由嵌入叶节点和学习父节点中的神经网络参数化。本节建议将树根放在 L^{k,d_T} 的原点，使学习到的树具有洛伦兹模型的对称性。因此，双曲分区树描述了图的自组织和聚类结构。

简而言之，LSEnet 结合了结构熵和双曲空间的优点，揭示了没有预定义簇数 K 的聚类结构。LSEnet 的输入为加权图 $G=\left(V,\varepsilon,X\right)$，划分树的高度 H，训练迭代 L。LSEnet 最终的输出为分区树 T，树节点在所有层次嵌入 $\left\{Z^h\right\}_{h=1,\cdots,H}$。

4.4　权重阈值搜索策略的消息图构建

本节介绍一种基于权重阈值搜索策略的消息图构建方法，通过平衡边选择与图的结构熵，获得加权且结构良好的消息图，从而促进事件聚类的发现。

1. 社会事件检测

社交流中的社交信息包含许多事件的描述，社交事件检测(Social Event Detection，SED)旨在将描述同一事件的信息进行分组。以下是社交流、社交事件、社交信息图、增量 SED 和流式 SED 的正式定义。

定义 4.17(社交流)　社交流被定义为连续时间上的消息块集合，表示为 $S=\left\{M_0,\cdots,M_{i-1},M_i,\cdots\right\}$，其中，消息块 M_i 表示在时间间隔 $\left[t_i,t_{i+1}\right)$ 内到达的消息集合。

具体来说，$M_i=\{m_j\,|\,1\leqslant j\leqslant |M_i|\}$，其中，$|M_i|$ 表示消息块 M_i 中的消息数量，m_j 是 M_i 中的一条消息。

定义 4.18(社交事件)　社交事件包括一组描述或讨论同一现实世界正在发生的事件的消息，表示为 $e=\{m_i\,|\,1\leqslant i\leqslant |e|\}$，其中，$|e|$ 表示与该事件相关的消息数量，m_i 是该事件中的一条消息。

定义 4.19(社交消息图)　社交消息(信息)图被定义为 $G=\left\{V,\mathcal{E}\right\}$，其中，$V$ 和 $\mathcal{E}$ 分别表示图中的消息节点和边的集合。图的边 $\mathcal{E}=\mathcal{E}_a\cup\mathcal{E}_s$，其中，属性边集合 $\mathcal{E}_a$ 是基于消息之间的共现信息(实体、标签、用户)确定的。相反，语义边集合 $\mathcal{E}_s$ 是根据消息嵌入之间的余弦相似度确定的。

定义 4.20(增量 SED)　给定一个社交流，增量(在线)社交事件检测算法/模型

独立地在每个传入的消息块中检测事件，定义为 $E_j = f(M_j)$ ，其中，$j \in [0,1,2,\cdots,i-1,i,\cdots]$ 表示消息块的索引。$E_j = \{e_k \mid 1 \leqslant k \leqslant |E_j|\}$ 表示包含在消息块 M_j 中的事件集合。

定义 4.21(流式 SED) 给定一个社交媒体流，流式社交事件检测算法/模型持续检测新到达的消息并维护历史消息中的事件，定义为函数 $E = f(E^h, M^h, M_i)$。其中，E^h 和 E 分别表示历史消息中的事件集和当前社交流中所有消息的事件集。M^h 和 M_i 分别表示所有历史消息和第 i 个消息块。

2. 消息图构造

为了充分利用社交信息之间丰富的结构关系和语义关联，构建消息属性图和语义图，然后将二者整合到最终的消息图中。首先，从消息中提取实体、标签和用户(用户提及)集合，将它们视为关系节点并连接到相应的消息节点。通过合并相同的关系节点，构建一个包含多种节点类型的异质信息网络(HIN)。此外，连接共享相同关系节点的消息节点，从而将异质关系图转换为仅包含消息节点的同质消息属性图。属性图定义为 $G_a = \{V, \mathcal{E}_a\}$ ，其中，V 和 $\mathcal{E}_a$ 分别表示图节点和属性边。

一个结构良好的图显著提高了图分区的质量。然而，先前的语义图构建策略通常会导致模糊的图结构。为了解决这个问题，本节介绍一种权重阈值搜索策略。该策略通过确定最优阈值来过滤语义图中的低置信度边，同时最大限度地保留图信息。具体而言，首先使用 SBERT 获取消息嵌入，然后计算每对消息嵌入之间的余弦相似度，作为它们之间的边权重。给定一个搜索范围 $r = [a,b]$ 和步长，得到一组相似度阈值 $C = \{c_1,\cdots,c_i,\cdots,c_N\}$ ，其中，这些阈值从 a 到 b 均匀间隔，间隔为步长。保留权重超过当前相似度阈值的边，并计算图的一维结构熵如下。

$$H_i^{(1)}(G) = -\sum_{j=1}^{|V|} \frac{d_j}{vol_i(G)} \log \frac{d_j}{vol_i(G)} \tag{4.76}$$

其中，$H_i^{(1)}(G)$ 和 $vol_i(G)$ 分别表示在阈值 c_i 下图的一维结构熵和体积。d_j 表示节点 m_j 的度数(连接到 m_j 的所有边的权重之和)。对于所有相似度阈值，计算一维结构熵(1D SE)，将其求和并求平均值。选择与这个平均值最接近的 1D SE 对应的相似度阈值作为最终阈值。这个过程的形式化表达如下。

$$\tau = \underset{i \in C}{\operatorname{argmin}} \left| \frac{1}{N} \sum_{j=1}^{N} H_j^{(1)}(G) - H_i^{(1)}(G) \right| \tag{4.77}$$

其中，τ 代表最终的相似度阈值，C 表示阈值集合，N 是 C 中的阈值数量。确定 τ 后，在图中保留权重超过 τ 的边，构建语义图。该图定义为 $G_s=\{V,\varepsilon_s\}$，其中，ε_s 表示语义边。通过整合属性图和语义图得到最终的消息图。

4.5　本 章 小 结

本章主要介绍基于复杂图的结构熵理论。通过对多关系图结构熵计算理论、动态图结构熵高效计算理论和双曲图结构熵高效计算理论的深入探讨，希望读者们通过对复杂图结构的深入研究和理解，能够更好地认识和解释复杂系统的行为与特性。

多关系结构熵(MSE)首先从对随机冲浪的平稳分布的新视角重新解释结构熵，然后通过同时考虑节点和关系类型的选择，该方法可轻松地扩展到多关系网络，并使用一种贪婪算法优化生成的多关系结构熵，以揭示多关系网络中的基本结构。

Incred-2dSE 的新增量测量框架能够动态调整社区划分，有效计算每次更新后图的结构熵。该框架包含两种动态调整策略的增量算法，即初始调整策略和节点移位调整策略。

LSEnet 首先在连续领域引入可微结构信息(DSI)，然后通过最小化 DSI 构建了最优分区树，在双曲空间的洛伦兹模型中通过流形值图卷积，将节点特征整合到结构信息中。

第 5 章　基于结构熵的感知技术

在大数据时代，面临海量复杂数据的处理和分析挑战。传统的数据分析方法已经难以满足这些新需求，迫切需要更智能、高效的技术手段。本章将全面介绍基于结构熵的感知技术，为读者呈现一系列先进的数据分析方法，助力读者深入理解和掌握这一前沿领域。

首先，简要回顾感知技术的基本原理和发展历程。感知技术从人类感知认知的机制中汲取灵感，运用数学、计算机等学科的理论和方法，对各类复杂数据进行智能化分析和处理。在海量数据中挖掘有价值的异常模式是一项重要且极具挑战性的任务。结构熵理论提供了一种全新的数据分析视角，借助它可快速发现各类异常，包括图像分割中的异常区域、舆情监测中的异常事件，以及网络水军行为等。其次，探讨基于结构熵的半监督表示学习技术。在很多实际应用中，完整的标注数据难以获取，这就要求基于有限的标注信息，学习出更丰富、抽象的数据表示。最后，讨论时空流量的预测技术。随着物联网技术的高速发展，各类时空数据不断涌现，准确预测未来的流量走势，对资源调配、异常预警等具有重要意义。基于结构熵的时空流量预测方法，可以充分挖掘数据中复杂的时空相关性，提升预测的准确性和可靠性。

5.1　感知技术概述

感知技术是一种前沿的智能分析方法，它以人类感知认知过程为蓝本，利用数学、计算机、神经科学等学科的理论和方法，对各类复杂数据进行分析和处理。这种技术旨在通过模拟人脑的感知机制，实现对数据中潜在模式和规律的高效发现和提取。人类对外部世界的感知过程是感知技术的核心灵感来源。人类通过视觉、听觉、触觉等感官器官获取外界信息，大脑则负责对感知信号进行整合和分析，最终形成对事物的认知和理解。感知技术的关键在于模拟这一过程，利用计算机系统模拟人脑的感知和学习机制，从而实现对复杂数据的高效处理。

具体而言，感知技术主要包括以下几个核心要素：

(1) 感知模型：构建模拟人类感知过程的数学模型，如神经网络、概率图模型等，用于捕捉数据中的潜在模式。这些模型通常由大量的神经元节点和连接权重组成，能够模拟人脑神经元之间的信息交互过程。

(2) 感知算法：设计高效的算法，用于训练和优化感知模型，提取数据特征，实现对数据的分类、聚类、预测等智能分析。常见的感知算法包括反向传播算法、强化学习算法、进化算法等。

(3) 感知系统：将感知模型和算法集成到完整的计算机系统中，实现对各类复杂数据的端到端处理。感知系统通常由感知模型、数据采集、预处理、特征提取、机器学习等模块组成，能够自动完成从数据输入到分析结果输出的全流程。

从本质上讲，感知技术试图构建一种数学模型，来描述和模拟人类感知过程的关键环节。该模型通常由大量的神经元节点和连接权重组成，可以用来捕捉数据中的潜在模式。常见的感知模型包括人工神经网络、概率图模型、深度学习等。以人工神经网络为例，其基本结构可以用下式表示。

$$y = f\left(w^{\mathrm{T}} x + b\right) \tag{5.1}$$

其中，x 为输入数据；w 和 b 分别为权重向量和偏置项；f 为激活函数。通过优化这些参数，神经网络可以学习数据的内在规律，实现对复杂问题的有效建模。

除了感知模型的构建，感知技术还需要设计高效的感知算法，用于训练和优化模型，提取数据特征，实现对数据的分类、聚类、预测等智能分析。常见的感知算法包括反向传播算法、强化学习算法、进化算法等。以反向传播算法为例，其核心思想是计算模型输出与实际标签之间的误差，并将误差反向传播到模型的各层参数，从而不断优化模型性能。

感知技术广泛应用于计算机视觉、语音识别、自然语言处理、异常检测等诸多领域。利用它可以更好地理解和分析海量复杂数据，为各类智能应用提供关键支撑。例如，计算机视觉中的目标检测和图像分类，语音识别中的语音到文字转换，以及欺诈检测中的异常行为识别等，都是感知技术的典型应用。随着人工智能技术的持续进步，感知技术必将在未来扮演越来越重要的角色。在大数据时代，面临海量复杂数据的处理和分析挑战，传统的数据分析方法已经难以应对这些新需求。而感知技术凭借其模拟人类感知过程的独特优势，必将成为解决这些挑战的关键技术之一。

5.2　无监督深度图聚类技术

本节介绍一种无监督的聚类方法 DeSE[76]，通过构建增强图，采用软分配结构熵计算与结构学习层(SLL)、聚类分配层(ASS)，在无须预先指定簇数的情况下，实现优于多种基线方法的图聚类性能。DeSE 通过将结构熵转化为连续可微形式保留边界节点信息，利用 SLL 缓解原始图稀疏性问题，并借助 ASS 直接在增强图中学习节点嵌入与软分配矩阵，在 Cora、Citeseer 等数据集的 NMI、ACC 等指标均表现突出。DeSE 架构如图 5-1 所示。

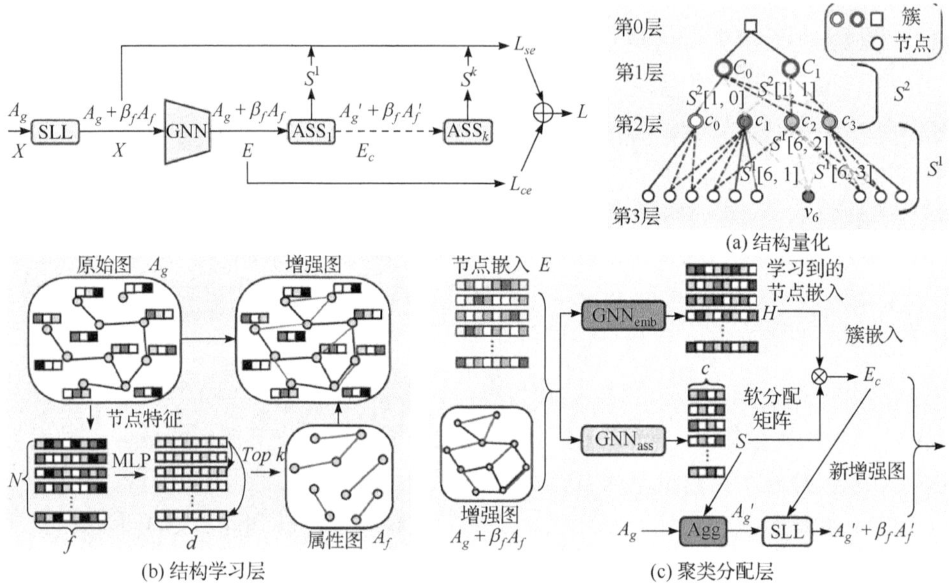

图 5-1　DeSE 架构图

5.2.1　结构量化

结构信息理论在学习图节点的层次结构与簇方面具有显著优势，它可量化图结构中的不确定性，并以数学可计算的形式表征这些结构。尽管已有研究将结构熵及其优化方法从简单的同构图扩展到多关系图和超图[77,78]，但结构熵的计算仍为离散形式。这种局限性导致当前优化方法只能依赖“合并操作”等手段(如成对贪婪合并节点)。

然而，在无监督图聚类任务中，研究者希望结构熵不仅能将节点划分为簇，还能提供可训练的反馈以增强图结构——这恰好暴露了传统结构熵的不足。

为解决该问题，本节将节点与聚类之间原本的二元“属于/不属于”关系(在分配矩阵中表现为 0 或 1 的离散值)转化为概率关系：一个节点不再被唯一分配到单个簇，而是可以以不同概率属于多个簇(例如，引文网络中的跨学科论文，虽有主类别，但也会关联其他领域，这类信息对嵌入和结构学习至关重要)。这种概率性的簇分配也被称为“软分配”。

结构熵的传统定义已在前面章节阐述。结构信息理论基于节点在边中的随机游走，量化图结构中的不确定性。当低层顶点依据第 k 层的分配矩阵 S^k 归属于父顶点时，首先将 $H^T(G)$ 表示为各层节点熵的总和，并引入直接分配矩阵的概念：

$$H_{sa}^{T}\left(G\right)=\sum_{k=1}^{h}H_{sa}\left(G;k\right) \tag{5.2}$$

$$C^{k}=S^{h}\cdot S^{h-1}\cdot\ldots\cdot S^{k+1} \tag{5.3}$$

其中，式(5.1)中的 $H_{sa}(G;k)$ 表示第 k 层(含 N_k 个顶点)的结构熵，编码树的总高度为 h；$S^k \in \mathbf{R}^{N_k\times N_{k-1}}$ 代表第 k 层顶点与第 $k-1$ 层顶点间的分配矩阵；如式(5.3)所示，$C^k \in \mathbf{R}^{N\times N_k}$ 是叶顶点(即图中的节点)与第 k 层顶点间的直接分配矩阵，表征每个节点属于第 k 层某个簇的概率。

此外，割边和体积的计算与表示重新定义：

$$vol^{k}[i]=D\left(C^{k}\right)_{i} \tag{5.4}$$

$$g_{i}^{k}=vol^{k}[i]-vol_{in}^{k}[i]=vol^{k}[i]-\left(C^{k}\right)_{i}^{\mathrm{T}}W\left(C^{k}\right)_{i} \tag{5.5}$$

其中，第 k 层顶点 i 的体积 $vol^k[i]$ 是所有节点度数上分配概率的总和，见式(5.4)；$D\in\mathbf{R}^N$ 为所有节点的度向量，可通过边的权重矩阵 $W\in\mathbf{R}^{N\times N}$ 求得，$D=\boldsymbol{I}_{\mathrm{N}}{}^{\mathrm{T}}\cdot W$；$\boldsymbol{I}_{\mathrm{N}}{}^{\mathrm{T}}$ 是全由 1 组成的长度为 N 的向量。C^k 的下标 i 指矩阵的第 i 列向量，代表图中 N 个节点对第 k 层第 i 个簇的直接聚类概率；第 k 层第 i 个顶点对应第 k 层第 i 个簇。g_i^k 代表第 k 层第 i 个顶点的割值，计算方式为顶点 i 的体积 $vol^k[i]$ 与其内部体积 $vol_{in}^k[i]$ 的差值。内部体积 $vol_{in}^k[i]$ 是所有边的加权概率之和，这里的概率指边连接的两个节点属于第 k 层同一簇 i 的可能性。

由此，结构熵的计算修正如下：

$$\begin{aligned}
H_{sa}\left(G;k\right)&=-\sum_{i=1}^{N_k}\frac{g_i^k}{vol^0}\log\frac{vol^k[i]}{\sum_{j=1}^{N_{k-1}}vol^{k-1}[j]\cdot S^k[i,j]}\\
&=-\sum_{i=1}^{N_k}\frac{vol^k[i]-\left(C^k\right)_i^{\mathrm{T}}W\left(C^k\right)_i}{vol^0}\log\frac{vol^k[i]}{vol^{k-1}\left(S^k\right)_i^{\mathrm{T}}}\\
&=-\sum_{i=1}^{N_k}\frac{D\left(C^k\right)_i-\left(C^k\right)_i^{\mathrm{T}}W\left(C^k\right)_i}{DC^0}\log\frac{D\left(C^k\right)_i}{DC^{k-1}\left(S^k\right)_i^{\mathrm{T}}}
\end{aligned} \tag{5.6}$$

在软分配方法中，原本与单个父顶点关联的体积，被替换为所有父顶点体积的概率总和 $vol^{k-1}(S^k)_i^{\mathrm{T}}$。$vol^{k-1}=[vol^{k-1}[1],\ldots,vol^{k-1}[N_{k-1}]]$ 是第 k 层所有 N_k 个顶点体积的向量表示，通过式(5.4)可进一步简化为 DC^{k-1}。

5.2.2 结构学习层

在图聚类任务中，输入通常包含节点特征 X 和邻接矩阵 A_g 。常规方法是基于原始结构对节点特征进行训练以生成嵌入。然而，A_g 中的连接并不总是与聚类目标完全匹配。例如，在引文网络中，主题相似的论文可能不存在直接关联(例如，均涉及神经网络但聚焦不同应用领域的论文)，而存在关联的论文可能不属于同一主题(例如，跨学科或采用多种方法的论文)。类似地，在产品共购网络中，一起购买的商品可能是互补品而非相似品(例如，台式电脑与显示器、相机与镜头)。原始图结构 A_g 中的这类不匹配会导致聚合过程中的信息丢失，进而影响图聚类的效果。

结构学习层旨在利用可用的特征信息 X 增强原始图结构，并在训练过程中动态优化和更新图。由于原始特征通常是高维稀疏的二进制向量，这里首先使用多层感知机(MLP)将节点特征映射到低维稠密空间。基于这些嵌入，应用 k 近邻(k-NN)算法为每个节点选择前 k 个邻居，并创建权重为 1 的边。这一过程构建出属性图，其数学表达式为：

$$A_f = \mathrm{kNN}\left(\mathrm{MLP}\left(X;\Theta_f\right);K\right), \tag{5.7}$$

其中，MLP 是多层感知机，输入大小为 f ，隐藏层和输出层大小均为 d ；$\Theta_f \in \mathbf{R}^{f\times d}$ 表示 MLP 的参数。kNN 是 k 近邻操作，得到的邻接矩阵 $A_f \in \{0,1\}^{N\times N}$ 每一行表示每个节点的邻居选择。由于 kNN 通过对节点间距离排序来选择邻居，因此，邻居可能是单向的。也就是说，如果节点 v_i 是节点 v_j 的前 k 个邻居之一，节点 v_j 不一定是节点 v_i 的前 k 个邻居之一。考虑到单向和双向邻居选择具有不同含义，这里对属性图的邻接矩阵进行如下调整：

$$A_f = \left(A_f + A_f^{\mathrm{T}}\right)/2 \tag{5.8}$$

这确保了属性图的邻接矩阵是对称的，同时仍部分保留单向和双向邻居选择。最后，将原始图邻接矩阵与属性图邻接矩阵相结合，得到增强图：

$$W = A_g + \beta_f A_f \tag{5.9}$$

其中，β_f 是超参数，用于控制属性图在融合中的权重；$W \in \mathbf{R}^{N\times N}$ 是带有边权重的新邻接矩阵，用于软分配结构熵及后续计算。

5.2.3 聚类分配层

聚类分配层利用初始嵌入和邻接矩阵学习节点的软分配和嵌入，同时在聚合后更新图结构和簇嵌入。如图 5.1(c)所示，它由三个组件组成：嵌入学习器

GNN_{emb}、软分配学习器 GNN_{ass} 和聚合器 Agg。

1. 嵌入学习器

嵌入学习器基于图神经网络(GNN)架构，其数学表达式如下：

$$H = \text{GNN}_{\text{emb}}\left(E, W; \Theta_1\right) = \text{ReLU}\left(\text{mean}\left(WE\Theta_1\right)\right) \tag{5.10}$$

其中，GNN_{emb} 对初始嵌入 E 进行线性变换，将其映射到嵌入空间。然后，聚合相连节点的平均嵌入以生成新的节点嵌入，随后应用激活函数。线性变换的可学习参数由 $\Theta_1 \in \mathbf{R}^{d\times d}$ 表示。

2. 软分配学习器

软分配学习器通过注意力机制扩展 GNN 架构，其数学表达式如下：

$$S = \text{GNN}_{\text{ass}}\left(E, W; \Theta_2\right) = \text{ReLU}\left(\left(\varGamma \circ W\right) E\Theta_2\right)$$
$$\Gamma_{i,j} = \frac{\text{LeakyReLU}\left(\left(e_i \parallel e_j\right)\Theta_3\right)}{\sum\limits_{j=1}^{N}\text{LeakyReLU}\left(\left(e_i \parallel e_j\right)\Theta_3\right)} \tag{5.11}$$

其中，GNN_{ass} 对初始嵌入 E 进行线性变换，将其映射到簇空间(即维度等于簇的数量)。然后，为每条边计算注意力矩阵 $\varGamma$ 作为聚合权重，执行非平均嵌入聚合以获得簇嵌入。GNN_{ass} 中线性变换的可学习参数由 $\Theta_2 \in \mathbf{R}^{d\times c}$ 表示。注意力的计算包括将边两端节点的拼接嵌入线性变换到一维空间(即权重空间)，随后进行激活和归一化。e_i 和 e_j 分别表示节点 v_i 和节点 v_j 的嵌入。注意力机制中线性变换的可学习参数由 $\Theta_3 \in \mathbf{R}^{2d\times 1}$ 表示。

3. 聚合器

聚合器的目的是更新簇的嵌入和邻接矩阵。这里使用节点嵌入的概率和作为簇嵌入，记为 $E_c = S^{\text{T}} H \in \mathbf{R}^{c\times d}$。新的邻接矩阵由属性图邻接矩阵和结构图邻接矩阵组合而成，类似于式(5.9)中描述的结构学习方法。具体计算过程如下：

$$A_g' = S^{\text{T}} A_g S, A_f' = \text{kNN}\left(\text{MLP}\left(E_c; \Theta_c\right); K\right) \tag{5.12}$$

其中，$\Theta_c \in \mathbf{R}^{d\times d}$ 表示用于簇的 MLP 的可学习参数，新的加权邻接矩阵为 $W' = A_g' + \beta_f A_f'$。

5.2.4 优化

DeSE 中图形聚类的整个过程为，首先，按照之前所述的详细说明对原始图进行增强，然后在新的加权邻接矩阵W上进行一轮 GNN 传播，将稀疏的高维特征向量X转换为初始节点嵌入E。接下来，使用多个 ASS 模块学习不同层的软分配矩阵$\{S^k\}$。这里，采用软分配结构熵(SE 损失)和负采样交叉熵损失(CE 损失)来优化图形聚类任务。

设正负边的集合为ε'，其中正负边的数量相等。CE 损失的计算如下：

$$p_{i,j} = \text{Sigmoid}\left(2 - \left\|e_i - e_j\right\|_2\right), l_{i,j} = \begin{cases} 1, & W_{i,j} \neq 0 \\ 0, & \text{else} \end{cases}$$
$$L_{ce} = -\frac{1}{|W|}\sum_{(i,j)\in\varepsilon'} l_{i,j}\log\left(p_{i,j}\right) + \left(1 - l_{i,j}\right)\log\left(1 - p_{i,j}\right) \tag{5.13}$$

其中，$p_{i,j}$表示节点v_i和节点v_j之间存在边的概率，基于它们的嵌入之间的距离计算得出；$l_{i,j}$表示这两个节点之间是否实际存在边的真实标签。最终损失由 SE 损失和 CE 损失组成：

$$L = \lambda_{se} H_{sa}^T + \lambda_{ce} L_{ce} \tag{5.14}$$

其中，λ_{se}和λ_{ce}分别是结构熵损失(SE loss)和交叉熵损失(CE loss)的系数超参数。

大量实验证明，DeSE 框架具有优越性和互操作性，同时其在确定聚类数量方面具有稳健性。研究结果凸显了结构信息论在图结构学习中的潜力，并可能为可训练软分配结构熵在特征与结构融合方面的研究开辟新途径。

5.3 无监督异常检测技术

无监督异常检测技术可以在无须人工标注的情况下，从原始数据特征中挖掘出异常样本，能够利用原始数据的内在特性，发现数据中罕见或不寻常的模式，为异常事件的快速发现和精准预警提供有力支撑。本节将介绍六种无监督异常检测技方法，分别为基于多尺度超像素图结构熵最小化的无监督皮肤病变分割(Unsupervised Skin Lesion Segmentation via Structural Entropy Minimization on Multi-Scale Superpixel Graph，SLED)[79]、基于结构信息理论的无监督社交机器人检测(Unsupervised Social Bot Detection via Structural Information Theory，UnDBot)[80]、通过分层和增量结构熵最小化进行无监督社交事件检测(Hierarchical and Incremental Structural Entropy Minimization for Unsupervised Social Event Detection，HISEvent)[81]、运用自适应差分隐私结构熵最小化进行无监督社交事件检测(Adaptive Differentially Private Structural Entropy Minimization for Unsupervised Social Event Detection，ADP-SEMEvent)[82]、自适应鲁棒的 DBSCAN 与多智能体强化学习(Adaptive and Robust DBSCAN with Multi-agent

Reinforcement Learning，DBSCAN)和结构信息引导的分层重构图异常检测(Structural Information Guided Hierarchical Reconstruction for Graph Anomaly Detection，SI-HGAD)[83]。SLED 通过捕捉不同尺度下皮肤病变的空间特征，利用异常检测提高分割准确性，克服了现有方法对标注数据依赖性强的问题。UnDBot 通过构建社交多关系图并优化异构结构熵，实现了对社交机器人社区的有效识别和层次聚类。HISEvent 通过构建更丰富的消息图，并利用一维和二维结构熵最小化算法有效地检测社交事件。ADP-SEMEvent 是一种无监督社交事件检测方法，可以在充分利用丰富信息并保护数据隐私的情况下进行无监督检测。DBSCAN 设计了一种递归搜索机制，在基于目标函数的参数搜索中具有较高的准确性、稳定性和效率，并且在没有外部激励的情况下仍能保持有效的参数搜索性能。SI-HGAD 引入结构信息来优化层次结构，并对异常图中的消息进行编码，检测不同结构水平的异常。

5.3.1 基于多尺度超像素图结构熵最小化的无监督皮肤病变分割

接下来，介绍基于多尺度超像素图结构熵最小化的无监督皮肤病变分割方法(SLED)[79]，其为一种图像分割方法。SLED 的架构如图 5-2 所示，由三个组件组成：超像素图构建、基于 SE 的分割、基于异常值检测的多尺度分割机制。首先，SLED 将图像划分为不同尺度的超像素，并构建超像素图。然后，利用 SE 对单尺度的超像素进行聚类，生成单尺度分割结果。最后，通过基于异常值检测的多尺度机制，整合不同尺度的分割结果，生成最终的分割结果。

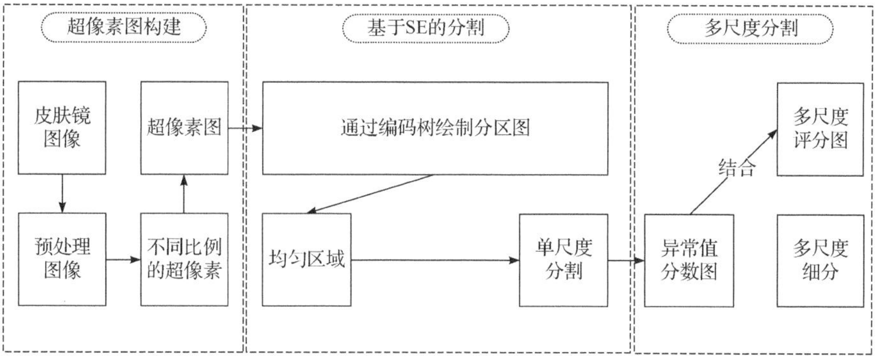

图 5-2 SLED 架构图

1. 基本符号

在本节中，通过构建超像素图对图像进行分割，所以部分符号同时指代图中的元素和图像中的元素。特别是，v 同时表示图节点和超像素，P 同时表示图划分和图像分割，X 和 Y 同时表示图划分中的模块和图像中的区域。

2. 超像素图构建

基于图的方法在图构建过程中整合了像素(或超像素)的颜色特征和空间位置信息。这使得基于图的方法能够准确地分割图像，同时保持分段的空间连续性。在基于图的方法中，基于结构熵(SE)的方法通过 SE 最小化给出了高质量的图划分。此外，基于 SE 的方法自适应地确定了划分过程中模块的数量，这些模块对应皮肤病变分割中的子区域。这使得基于 SE 的方法在准确分割病变边界像素方面具有优势。

需要构建一个图 $G=(V, E, W)$，其中，节点 $V=\{v_1,v_2,\cdots,v_N\}$ 对应由 SLIC 算法分割的超像素，边 E 连接空间上相邻的超像素，权重矩阵 W 度量超像素之间的相似度。为了利用超像素的空间信息，只连接空间距离小于阈值 r 的节点。对于连接有边的节点 v_i 和 v_j，相似度权重 $W_{i,j}$ 计算如下。

$$W_{i,j}=\exp\left(\frac{-d\left(v_i,v_j\right)^2}{\sigma_i\sigma_j}\right) \tag{5.15}$$

其中，$d(v_i,v_j)$ 是 v_i 和 v_j 之间的平均颜色距离；σ_i 和 σ_j 是节点的局部缩放参数。需要通过保留每个节点最重要的 K 条边来稀疏化这个图，避免后续 SE 最小化过程中复杂的密集图。

3. 基于结构熵的分割引导

构建超像素图之后，可以通过在这些图上进行 SE 最小化来对图像进行分割。目标是通过 SE 最小化将图划分为若干模块。由于模块中的节点表示图像的超像素，因此，这些模块代表图像中的均匀区域。可以简单地将这些区域分类为病变区域或健康皮肤区域，从而预测准确的病变边界。

最小化图 G 的 SE 以得到高质量的图划分 $P=\{X_1,X_2,\cdots,X_L\}$。贪心地对编码树应用合并算子可以得到 SE 最小化的编码树和自适应确定的 L 个模块的相应图划分。然而，贪心合并得到的划分结果可能是次优的。使用迭代优化的结构熵方法可以获得更好的结果，它由合并阶段和细化阶段组成，见算法 5.1。在合并阶段，需要合并节点以最大化 SE 下降量来获得具有多个模块的编码树。在细化阶段，贪心地调整节点到不同的模块，以实现更好的 SE 得分。

算法 5.1 迭代细化结构熵

输入 图 $G=(V, E, W)$

输出 编码树 T 及其对应的划分 P

在合并阶段，需要对包含所有图节点的初始编码树进行合并操作，得到编码树。对于包含模块 X 和 Y 的编码树 T，合并 X 和 Y 后 SE 的减少量可以由以下公式给出。

$$\begin{aligned}\Delta H_{X,Y}^{M} = \frac{1}{vol(G)}\Big[&\big(vol(X)-cut(X)\big)\log_2 vol(X)\\&+\big(vol(Y)-cut(Y)\big)\log_2 vol(Y)\\&-\big(vol(X\cup Y)-cut(X\cup Y)\big)\log_2 vol(X\cup Y)\\&+\big(cut(X)+cut(Y)-cut(X\cup Y)\big)\log_2 vol(G)\Big]\end{aligned} \tag{5.16}$$

其中，M 表示模块合并；$X\cup Y$ 是合并自 X 和 Y 的模块，包含来自 X 或 Y 的节点；$vol(X)$和 $vol(G)$分别是 X 和 G 的体积；$cut(X)$是 X 的切割。如果 $\Delta H_{X,Y}^{M}>0$，合并算子将 X 和 Y 合并为 $X\cup Y$。

在细化阶段，需要从合并阶段的编码树出发，通过迭代优化得到最终的编码树。对于图节点 v_i，从原始模块 X 中移除 v_i 所带来的 SE 下降量为

$$\begin{aligned}\Delta H_{X,v_i}^{R} = &\frac{vol(X)-cut(X)}{vol(G)}\log_2\frac{vol(X)}{vol(G)}\\&-\frac{vol(X\setminus\{v_i\})-cut(X\setminus\{v_i\})}{vol(G)}\log_2\frac{vol(X\setminus\{v_i\})}{vol(G)}\end{aligned} \tag{5.17}$$

其中，R 表示节点移除(removing)；$X\setminus\{v_i\}$ 表示从模块 X 中移除节点 v_i。将节点 v_i 插入到另一个模块 Y 中所带来的 SE 增加量为

$$\begin{aligned}\Delta H_{Y,v_i}^{I} = &-\frac{vol(Y)-cut(Y)}{vol(G)}\log_2\frac{vol(Y)}{vol(G)}\\&+\frac{vol(Y\cup\{v_i\})-cut(Y\cup\{v_i\})}{vol(G)}\log_2\frac{vol(Y\cup\{v_i\})}{vol(G)}\end{aligned} \tag{5.18}$$

其中，I 表示节点插入(inserting)；$Y\cup\{v_i\}$ 表示将节点 i 插入到模块 Y 中。需要注意的是，构建的图 G 不含自环，因此，对于图节点 v_i，$g_i=d_i$。在每次迭代过程中，需要从原始模块中移除节点，并找到能使 SE 最小化的模块。

在合并阶段，只有当 $\Delta H_{X,Y}^{M}>0$ 时才执行合并操作，因此，在每次合并迭代后 $H^{P}(G)$ 都会减小，直到不存在这样的模块对。在细化阶段，在每次迭代过程中，节点 v_i 都会从模块 X 转移到使 $\Delta H_{X,v_i}^{R}-\Delta H_{Y,v_i}^{I}$ 最大的模块 Y 中，因此，在每次细化迭代后 $H^{P}(G)$ 要么减小，要么保持不变，直到无法再改进。

合并阶段的时间复杂度为 $O(N\log^2 N)$。在细化阶段，对于每个节点 v_i 和每个

可能的模块 Y，计算 $\Delta H_{X,v_i}^R$ 和 $\Delta H_{Y,v_i}^I$ 需要 O(NL)的时间。同时，更新每个模块的切割和体积也需要 O(NL)的时间。因此，算法 5.1 的总时间复杂度为 $O(N\log^2 N+NLT)$，其中，N 是节点数，L 是模块数，T 是迭代次数。

接下来，需要将这些分割区域分类为病变区域和健康皮肤区域。可以采用广泛用于皮肤病变分割的类间方差最大化方法。具体来说，需要从图像的 RGB 通道中选择一个颜色通道 c，得到灰度图像，并使用灰度图像的亮度值将区域分为类 C_0 和类 C_1。为了更好地分离区域，可以选择使 σ_B^2 最大的 RGB 通道 c。对于每个区域 X_i，其出现概率 ω_{X_i} 和平均亮度 μ_{X_i} 表示为

$$\omega_{X_i}=\frac{|X_i|}{M} \tag{5.19}$$

$$\mu_{X_i}=\frac{\sum\limits_{\text{pixel}_{j\in X_i}} I_j}{|X_i|} \tag{5.20}$$

其中，I_j 是像素 j 的强度；$|X_i|$ 是区域 X_i 中的像素数量；M 是图像中总像素数。区域的类间方差表示为

$$\sigma_B^2=\omega_0\left(\mu_0-\mu_T\right)^2+\omega_1\left(\mu_1-\mu_T\right)^2 \tag{5.21}$$

其中，ω_k 是类 C_k 的出现概率，定义为

$$\omega_k=\sum_{X_i\in C_i}\omega_{X_i} \tag{5.22}$$

μ_k 是类 C_k 的平均强度，定义为

$$\mu_k=\sum_{X_i\in C_k}\omega_{X_i}\mu X_i \tag{5.23}$$

μ_T 是 C_0 和 C_1 的总平均强度，定义为

$$\mu_T=\sum_{X_i\in C_{0,1}}\omega X_i\mu X_i \tag{5.24}$$

在实践中，需要按 μ_{X_i} 的升序排列，并使用阈值 τ 将这些区域划分为两个类，即 $C_0=\{X_i\mid\mu_{X_i}\leqslant\tau\}$ 和 $C_1=\{\mu_{X_i}>\tau\}$，其中，τ 使 σ_B^2 最大化。较暗的类 C_0 即为病变区域。

4. 多尺度分割机制

由于不同皮肤镜图像的复杂情况，SE 引导的分割可能会出现误分割。下面介绍一种基于多尺度超像素的分割机制来提高分割精度。事实上，可以观察到健康

皮肤像素的特征是一致的。因此，将健康皮肤区域的超像素视为正常，而病变区域的超像素则视为异常值,可以使用异常值检测方法来区分健康皮肤和病变区域。直观地说，超像素的异常值评分越高，越有可能属于病变区域。

1) 使用隔离森林进行异常值检测

隔离森林(iForest)通过构建二叉树集合(iTrees)来检测异常值。数据点成为异常值的可能性由其在 iTrees 上的平均遍历路径长度来衡量。基于平均遍历路径长度的 iForest 异常值评分是分等级的。这些分等级的评分有助于在后续二分类分割过程中，通过设置阈值，正确地重新分类误分割的超像素。

给定包含病变区域和健康皮肤的皮肤镜图像，需要使用健康皮肤区域的超像素$\{s_i, \mathrm{i}=1,\cdots,K\}$来训练包含多个 iTrees 的 iForest 模型,其属性为平均 RGB 颜色。基于 iTrees 集合,可以计算所有超像素$\{s_i, i=1,\cdots,N\}$的平均遍历路径长度 $h(s_i)$，并计算超像素 s_i 的异常值分数为

$$o(v_i,\psi)=2^{-\frac{E(h(s_i))}{c(\psi)}} \tag{5.25}$$

其中，$E(h(s_i))$是从 iTrees 集合中计算得到的 $h(s_i)$的平均值；ψ 是健康皮肤区域的超像素数量；$c(\psi)$是归一化常数。所有超像素的异常值分数都从 iTrees 中得到，形成与图像大小相同的分数映射 O。

2) 多尺度整合

需要对来自不同超像素尺度的异常值分数进行整合，形成多尺度分数映射。像素 j 的加权异常值分数定义为

$$O(j)=\frac{\sum_{\varepsilon\in\gamma}\left(\omega^{\varepsilon}O^{\varepsilon}(j)\right)}{\sum_{\varepsilon\in\gamma}\left(\omega^{\varepsilon}\right)} \tag{5.26}$$

其中，$O\epsilon(j)$是像素 j 在尺度 ε 的分数；γ 是不同尺度的数量；ω^{ε} 是尺度 ε 的权重。需要使用公式(5.21)中的 σ_B^2 来表示单尺度分割的置信度，较大的 σ_B^2 应该对应较大的权重。具体地，尺度 ε 的权重定义为

$$\omega^{\varepsilon}=\exp\left\{\frac{\sigma_B^2(\varepsilon)-\min_{\varepsilon\in\gamma}\sigma_B^2(\varepsilon)}{\min_{\varepsilon\in\gamma}\sigma_B^2(\varepsilon)}\right\} \tag{5.27}$$

其中，$\sigma_B^2(\varepsilon)$是尺度 ε 的类间方差。

最终的二值分割结果通过对多尺度分数映射应用广义霍夫变换(GHT)阈值化得到。还需要进行填孔操作，以避免病变区域出现小孔洞。需要计算每个连通域的区域得分，该得分与区域大小和与图像中心的接近程度有关，区域越大得分越

高，越接近图像中心得分越高。这通过使用二维高斯滤波器对每个连通域滤波实现。最终选择得分最高的连通域作为病变区域。

5.3.2 基于结构信息理论的无监督社交机器人检测

接下来，介绍另一种无监督异常检测方法，基于结构信息理论的无监督社交机器人检测(UnDBot)[80]，此方法通过构建社交多关系图并优化异构结构熵，实现对社交机器人社区的有效识别和层次聚类。UnDBot 架构如图 5-3 所示。

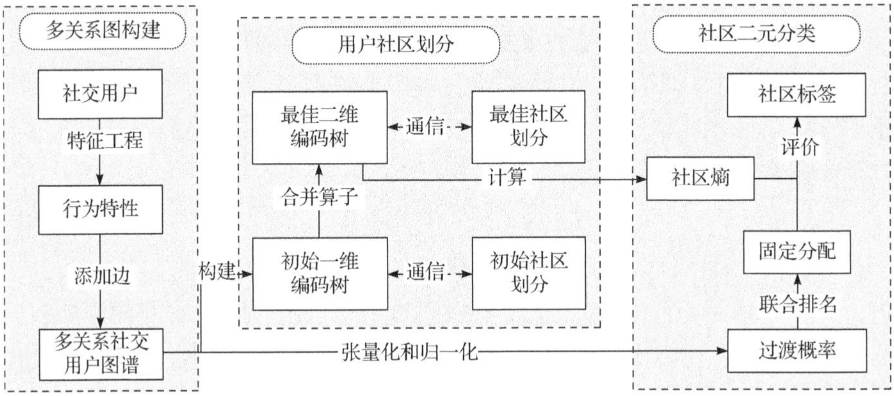

图 5-3　UnDBot 架构图

UnDBot 包含三个关键模块：

(1) 多关系图构建。根据机器人行为特征的相似性，将社交用户构建为多关系图。

(2) 用户社区划分。完成多关系图构建之后，基于结构熵最小化原理创建最优二维编码树。社交用户被分配到编码树的不同子树上，从而实现社区划分。

(3) 社区二元分类。对于每个社区，利用平稳分布和社区熵来量化社区的影响力和凝聚力，根据量化结果将社区分类为机器人账户或人类账户。

1. 多关系社交用户图

首先定义所使用的多关系社交用户图，并将其与其他模型中使用的关系图进行比较，详细描述 UnDBot 中构建多关系图的过程。

定义 5.1(社交机器人检测中的多关系图)　在社交机器人检测中，需要定义多关系图 $G^r = \{V, \varepsilon_k |_{k=1}^R\}$，其中，$V$ 表示用户集合 $\{v_1, v_2, \cdots, v_N\}$，$N$ 为社交网络中的总用户数量，ε_k 表示第 k 种关系下的边集合 $e_{i,j}^k = (v_i, v_j, w_{ij}^k) \in \varepsilon_k$，$w_{ij}^k$ 为第 k 种关系下用户 i 和 j 之间的相似度权重，R 为不同关系的总数量。

在构建社交机器人检测的多关系图时，关系通常指用户之间的直接交互，如关注、回复、转发、提及、点赞等。这种建模方法可能适合基于图神经网络的邻居聚合架构，但对于基于结构的检测模型并不友好。随着社交机器人的智能性不断提高，其与人类用户的交互越来越频繁。仅凭用户的交互关系或基本信息(如ID、个人资料、推文数量等)很难直接识别出社交机器人。因为社交机器人会伪装成普通用户进行交互，因此，社交机器人和人类用户之间也存在大量关注、回复等连接。尽管如此，社交机器人的存在通常是为了某些特定目的，如传播恶意信息、引导舆论或充当假粉丝。而这些目的通常是通过发推文、关注、评论、转发、点赞等社交行为实现的。传统基于社交行为的多关系图建模在实践中很难实现有效的机器人检测性能。

因此，本节摒弃传统多关系图建模方法，而是从社交机器人的行为特征出发构建多关系图，将社交机器人检测问题转化为顶点二分类问题。选择的连接与社交机器人密切相关，将社交行为划分为发帖类型(发推文、转发、评论)、发帖影响力(转发、点赞、评论)和关注数/粉丝数比(关注)。这些社交行为涵盖主动和被动两种类型。直观来看，社交机器人行为特征越突出，多关系图中被怀疑节点周围的信息越丰富。

在发帖行为方面，发帖类型可以分为原创推文、转发和评论。社交垃圾账号通常会大量传播垃圾推文和推广性内容，以吸引互联网用户。相反，某些类型的社交机器人则会过度转发和评论特定主题的推文，以影响公众舆论趋势。因此，认为发帖类型分布是与社交机器人密切相关的特征。为此，使用一种新的边缘类型，聚合每种推文类型的比例信息。使用向量 $Pt_i=[pt_i^1,pt_i^2,pt_i^3]$ 来表示每个用户的发帖类型分布，其中，Pt_i^1 表示原创推文的比例，Pt_i^2 表示转发的比例，Pt_i^3 表示评论的比例。由于发帖类型分布不是离散值，还需要使用曼哈顿距离来计算两个用户发帖类型分布向量的相似度，从而确定发帖类型分布是否相似。Pt_i 和 Pt_j 的距离及权重如下：

$$d_{i,j}=|pt_i^1-pt_j^1|+|pt_i^2-pt_j^2|+|pt_i^3-pt_j^3|, w_{ij}^1=1-d_{i,j} \tag{5.28}$$

其中，$d_{i,j}\leqslant 1$，是发帖类型分布的曼哈顿距离；w_{ij}^1 是用户 v_i 和用户 v_j 之间边的权重，由发帖类型分布的相似性定义。$d_{i,j}$ 的值越大，w_{ij}^1 的权重就越小。当曼哈顿距离 $d_{i,j}$ 小于阈值 ξ 时，认为这两个用户有相似的发帖类型分布，表示他们有相似的发帖偏好。这种情况下，会在多关系图 G^r 上添加一条边 $e_{i,j}^1=(v_i,v_j,w_{ij}^1)$。

就社交影响力而言，用户推文获得的评论数、点赞数和转推数反映了其在社交网络上的影响力。一般来说，最有影响力的用户是一些官方媒体或社交媒体意见领袖，但社交机器人也潜伏在社交网络中，通过长期与普通用户的互动积累了一定的影响力。因此，发帖影响力也是社交机器人检测的一个重点。在本节介绍的方法中，将用户发帖的影响力 Inf_i 定义为原创推文的平均评论数、点赞数和转推数之和。与发帖类型分布 Pt_i 不同，这里定义的 Inf_i 没有上限。如果在使用曼哈顿距离确定两个用户的影响力相似性之前进行归一化，可能会使那些点赞、评论和转推数远低于最大值的用户处于劣势。这是因为归一化会缩小用户之间的影响力差距。因此，使用用户之间影响力的偏差比来计算权重，如下所示。

$$\Delta_{i,j} = \frac{\left|Inf_i - Inf_j\right|}{\max\left(Inf_i, Inf_j\right)}, \quad w_{ij}^2 = 1 - \Delta_{i,j} \tag{5.29}$$

其中，Δ_{ij} 是两个用户影响力的偏差比；w_{ij}^2 是用户 v_i 和用户 v_j 之间边的权重，由发帖影响力的相似性定义。当偏差比小于阈值 ξ 时，认为这两个用户的发帖影响力相似。这种情况下，会在多关系图 G^r 上添加一条边 $e_{i,j}^2 = (v_i, v_j, w_{i,j}^2)$。

除了发推文，关注其他用户的行为也会影响社交网络。而一些不道德的个人或商业组织意识到拥有大量粉丝的商业价值。“假粉丝”指通过使用机器人、虚拟身份等方式人工创造的关注者，这些关注者通常不与其他账户互动。因此，关注数/粉丝数比也是分析社交用户行为的一个重要指标。为了适应没有任何粉丝的用户，将关注数/粉丝数比定义如下。

$$ff_i = \frac{num - following_i + 1}{num - follower_i + 1} \tag{5.30}$$

其中，ff_i 是关注数/粉丝数比；$num - following_i$ 和 $num - follower_i$ 分别是用户 v_i 的关注数和粉丝数。与发帖影响力类似，ff_i 也没有上限，因此，需要使用偏差比来计算权重：

$$w_{ij}^3 = 1 - \frac{|\, ff_i - ff_j \,|}{\max\left(ff_i, ff_j\right)} \tag{5.31}$$

这里，w_{ij}^3 是用户 v_i 和用户 v_j 之间边的权重，由关注数/粉丝数比的相似性定义。当偏差比小于阈值 ξ 时，认为这两个用户的关注数/粉丝数比相似。为了优先考虑用户的关注行为，在建立边的规则中添加一个限制条件 φ：只有当用户对(i, j)的 ff_i 和 ff_j 都大于 φ 时，才会在多关系图 G^r 上添加一条边 $e_{i,j}^3 = (v_i, v_j, w_{ij}^3)$。

综上，介绍了三个社交关系度量指标，捕捉了社交机器人行为的各个方面：发帖类型分布、发帖影响力和关注数/粉丝数比，以建模多关系社交用户图。

2. 用户社区划分

相比其他聚类方法，编码树聚类方法在选择社区数量和大小方面表现出优秀的适应性。然而，需要注意的是，这种方法仅适用于同构和简单的图。为了应对在多关系图上构建编码树和划分社区的挑战，首先将结构熵的概念扩展到覆盖多关系图，然后，构建多关系图的最优编码树，以有效地划分社交用户社区。

1) 多关系图结构熵

在构建基于社交行为相似性的多关系社交用户图后，目标是基于结构信息理论将具有相似社交行为的用户划分到同一社区中。然而，初始的结构熵分析是在同构图上进行的。因此，使用基于编码树 T 的多关系图优化结构熵 $H^T(G^r)$ 。这通过将边上的所有变量表示为三种关系权重之和来实现，包括顶点度(d_i)、社区体积($vol(\alpha)$)和割边(g_α)。

$$
\begin{aligned}
&d_i = \omega_1 d_i^1 + \omega_2 d_i^2 + \omega_3 d_i^3 \\
&vol(\alpha) = \omega_1 vol^1(\alpha) + \omega_2 vol^2(\alpha) + \omega_3 vol^3(\alpha) \\
&g_\alpha = \omega_1 g_\alpha^1 + \omega_2 g_\alpha^2 + \omega_3 g_\alpha^3
\end{aligned}
\tag{5.32}
$$

所得到的结构熵融合了三种新定义的社交关系，提供了更全面的多关系图结构描述。

2) 优化编码树

计算结构熵时会构建一个最优的分层编码树。这个编码树的叶节点代表图中的顶点。如果两个叶节点共享同一个父节点，则表示对应的图顶点属于同一个社区。最初的一维编码树表示最简单的两级结构，图中的叶节点直接连接到根节点。Merge 操作将节点合并，采用贪心搜索策略构建最优编码树。Merge 操作将同一父节点下的两个子树合并成一个子树，在图中表现为两个小社区的合并。在最优编码树中，图结构具有最小的不确定性，节点达到平衡和稳定状态，从而实现用户顶点的最优划分。Merge 操作的步骤如下：

(1) 设标签 $T_\alpha = \{x_1, x_2, \cdots, x_M, y_1, y_2, \cdots, y_N\}$ ，将节点 β 的标签并入节点 α 。

(2) 对于每个子树 $\alpha_s, s \in \{1, 2, \cdots, M\}$，定义 $T_{\alpha_s} = \{x_s\}$ ，将级别 $h(\alpha_s) \longleftarrow h(\alpha) + 1$。

(3) 对于每个子树 α_t , $M + 1 \leqslant t \leqslant M + N$，定义 $T_{\alpha_t} = \{y_t - M\}$ ，将级别 $h(\alpha_t) \longleftarrow h(\alpha) + 1$。

(4) 删除子树节点 β 及其所有子树。

步骤(1)更新节点 α 的标签为合并后的标签，步骤(2)和(3)定义合并节点 α 的子节点。记 $T_{mg}(\alpha, \beta)$ 为运行 $\mathrm{Mg}(T; \alpha, \beta)$ 后得到的编码树，图 G^r 的结构熵差异为

$$
\begin{aligned}
\Delta_{G^r}^{Mg}(T;\alpha,\beta) = &\left(H^{T_{mg}(\alpha,\beta)}(G^r;\alpha) + \sum_{\delta^- = \alpha} H^{T_{mg}(\alpha,\beta)}(G^r;\delta) \right) \\
&- \left(H^T(G^r;\alpha) + H^T(G^r;\beta) + \sum_{\delta^- = \alpha \,\mathrm{or}\, \delta^- = \beta} H^T(G^r;\delta) \right)
\end{aligned}
\tag{5.33}
$$

其中，$H^T(G^r;\alpha)$ 是子树 α 的结构信息；$H^T(G^r;\beta)$ 是子树 β 的结构信息；$H^T(G^r;\delta)$ 是 α 和 β 的子树 δ 的结构信息；$H^{T_{mg}(\alpha;\beta)}(G^r;\delta)$ 是将子树 β 合并到 α 后，子树 α 的结构信息，类似地，$H^{T_{mg}(\alpha;\beta)}(G^r;\delta)$ 是将子树 β 合并到 α 后，子树 δ 的结构信息。式(5.20)计算了在对节点 α 和 β 运行 Merge 操作前后，相关子树结构熵的变化。如果 $\Delta_{G^r}^{Mg}(T;\alpha,\beta)\leqslant 0$，则 Merge 操作成功执行，记为 $\mathrm{Mg}(T;\alpha,\beta)\downarrow$。根据式(5.20)，$\Delta_{G^r}^{Mg}(T;\alpha,\beta)$ 是可局部计算的。Merge 操作只是将两个子树合并为一个子树，不会改变编码树中的其他节点。对于二维编码树，Merge 操作后的结构熵差异可展开为

$$\begin{aligned}\Delta_{G^r}^{Mg}(T;\alpha,\beta)=&-\frac{g_{\alpha'}}{vol(G^r)}\log_2\frac{vol(\alpha')}{vol(G^r)}+\sum_{v_i\in\alpha'}-\frac{d_i}{vol(G^r)}\log_2\frac{d_i}{vol(\alpha')}\\&-\left(-\frac{g_{\alpha}}{vol(G^r)}\log_2\frac{vol(\alpha)}{vol(G^r)}+\sum_{v_i\in\alpha}-\frac{d_i}{vol(G^r)}\log_2\frac{d_i}{vol(\alpha)}\right)\\&-\left(-\frac{g_{\beta}}{vol(G^r)}\log_2\frac{vol(\beta)}{vol(G^r)}+\sum_{v_i\in\beta}-\frac{d_i}{vol(G^r)}\log_2\frac{d_i}{vol(\beta)}\right)\end{aligned}\tag{5.34}$$

其中，g_α 是顶点子集 T_α 的割边权重之和；d_i 是顶点 v_i 的度，即其边权重之和；$vol(G^r)$是根节点的体积，即所有顶点度之和；$vol(\alpha)$是节点 α 的体积，即 T_α 中所有顶点度之和。

该初始一维编码树意味着每个用户顶点 v_i 都形成了独立的社区。接下来，需要计算在任意两个节点执行 Merge 操作前后的结构熵差异，并从结构熵减少最多的节点对中选择不超过最大操作数的节点对来执行合并操作。继续这个过程，直到找不到任何一对节点允许成功执行 Merge 操作。每次迭代中 max_operate 的值由公式 ceil((current_num −1) × p)决定，其中，current_num 表示当前的社区/节点数量，p 是 0～1 的超参数，用于控制 Merge 操作的并行化速度。ceil 是向上取整的数学函数。最终的最优二维编码树将用户划分为不同的社区。和信息熵一样，结构熵量化了图划分带来的不确定性。更低的结构熵意味着更低的不确定性和更稳定的图结构，从而实现最佳的用户节点划分。

3. 社区二元分类

至此，已经成功地将多关系图上的社交用户划分到不同的社区中。下面介绍一种量化社区影响力的方法，通过结合社区影响力和凝聚力的社区标签策略。

1) 平稳分布

MultiRank 是一种设计用于多关系图中顶点和边 co-ranking 的框架。它在计算

多关系数据的概率分布时评估用户和关系的重要性。多关系图 G^r 上的用户通过不同的关系连接在一起，因此，可以用三维张量 $A=(a_{i,j,k})$ 来表示这个多关系图，其中，$a_{i,j,k}$ 是节点 v_i 和 v_j 在第 k 种关系下的权重。当用户节点 v_i 和 v_j 在第 k 种关系下没有边相连时，(i, j, k)项为 0，这一步称为张量化。

$$A=\left(a_{i,j,k}\right)=\begin{cases}1, \exists e_{i,j}^{k} \\ 0, \notin e_{i,j}^{k}\end{cases} \tag{5.35}$$

为了通过 co-ranking 获得社交用户在整个多关系图上的影响力，需要根据节点和关系分别对张量 A 进行归一化，这个过程会得到两个新的张量 O 和 S。

$$\begin{aligned}
O=\left(o_{i,j,k}\right)&=\begin{cases}\dfrac{a_{i,j,k}}{\sum\limits_{j=1}^{N} a_{i,j,k}}, \exists e_{i,j}^{k} \\ \dfrac{1}{N}, \forall j \in\{1,2,\cdots,N\}, \notin e_{i,j}^{k}\end{cases} \\
S=\left(s_{i,j,k}\right)&=\begin{cases}\dfrac{a_{i,j,k}}{\sum\limits_{k=1}^{3} a_{i,j,k}}, \exists e_{i,j}^{k} \\ \dfrac{1}{3}, \forall k \in\{1,2,3\}, \notin e_{i,j}^{k}\end{cases}
\end{aligned} \tag{5.36}$$

这里，$o_{i,j,k}$ 表示从顶点 v_i 出发，经过第 k 种关系的边到达顶点 v_j 的概率，为单次转移概率；$s_{i,j,k}$ 表示从顶点 v_i 出发，经过第 k 种关系的边到达顶点 v_j 的可能性，为路径存在性或累积可能性。特别地，如果节点 v_i 在第 k 种关系下没有任何边（$\sum_{j=1}^{N} a_{i,j,k}=0$），或者节点对$(v_i, v_j)$在任何关系下都没有边（$\sum_{k=1}^{3} a_{i,j,k}=0$），则使用平均值。张量 O 和 S 代表了在多关系图 G^r 上进行随机游走的转移概率。用 t–1 表示随机游走前一时刻的状态，用 t 表示当前时刻状态。那么，到达用户 v_j 的可能性 $\operatorname{Pr}ob_O[j;t]$ 和当前时刻经过第 k 条边的可能性 $\operatorname{Pr}ob_S[k;t]$ 可以用以下式子表示。

$$\begin{aligned}
\operatorname{Pr}ob_O[j;t]&=\sum_{i=1}^{N}\sum_{k=1}^{3} o_{i,j,k}\times \operatorname{Pr}ob_O[i;t-1]\times \operatorname{Pr}ob_S[k;t] \\
\operatorname{Pr}ob_S[k;t]&=\sum_{i=1}^{N}\sum_{j=1}^{N} s_{i,j,k}\times \operatorname{Pr}ob_O[i;t-1]\times \operatorname{Pr}ob_O[j;t]
\end{aligned} \tag{5.37}$$

时刻 t 到达用户 v_j 的可能性($\operatorname{Pr}ob_O[j;t]$)表示为，在前一时刻 t–1 到达用户 v_i

的可能性($\mathrm{Pr}ob_O[i;t-1]$)和在当前时刻 t 经过边 k 的可能性($\mathrm{Pr}ob_S[k;t]$)的累积。而时刻 t 经过第 k 条边的可能性($\mathrm{Pr}ob_S[k;t]$)表示为，在前一时刻 t–1 到达用户 v_i 的可能性($\mathrm{Pr}ob_O[i;t-1]$)和在当前时刻 t 到达用户 v_j 的可能性($\mathrm{Pr}ob_O[j;t]$)的累积。经过持续的随机游走，到达用户 v_j 和经过第 k 条边的可能性会达到稳态，即 $\mathrm{Pr}ob_O[j;t]\approx \mathrm{Pr}ob_O[j;t-1]$ 。记 $\overline{x}_j=\lim_{t\to\infty}\mathrm{Pr}ob_O[j;t]$ 和 $\overline{y}_k=\lim_{t\to\infty}\mathrm{Pr}ob_s[k;t]$ ，当时间无限时，式(5.37)可以表示为

$$\begin{aligned}\overline{x}_j&=\sum_{i=1}^{N}\sum_{k=1}^{3}o_{i,j,k}\times\overline{x}_i\times\overline{y}_k\\ \overline{y}_k&=\sum_{i=1}^{N}\sum_{j=1}^{N}s_{i,j,k}\times\overline{x}_i\times\overline{x}_j\end{aligned}\tag{5.38}$$

用张量 $X=[x_1,x_2,\cdots,x_N]$ 和 $Y=[y_1,y_2,y_3]$ 表示稳态分布。迭代初始分布张量，直到两个张量趋于稳定，可以从式(5.26)得到稳态分布 X。

$$\begin{aligned}X&=XOY^{\mathrm{T}}\\ Y&=XSX^{\mathrm{T}}\end{aligned}\tag{5.39}$$

不断更新张量 X 和张量 Y，直到 $|X_{\text{new}}-X_{\text{old}}|+|Y_{\text{new}}-Y_{\text{old}}|<\rho$ 时停止更新，ρ 为收敛阈值。

2) 社区标签

稳态分布 X 代表每个用户节点在整个网络的影响力分布。用户影响力的平均值可以量化社区影响力 x_{comm}^{α}。

$$x_{\text{comm}}^{\alpha}=\mathrm{avg}\left(\overline{x}_i,v_i\in T_\alpha\right)\tag{5.40}$$

其中，x_{comm}^{α} 是社区影响力；T_α 是由节点 α 代表的社区；avg 是计算平均值的数学函数。前述内容中构建的多关系图基于用户行为的相似性，顶点影响力分布 X 被解释为每个用户与其他用户的相似度，社区影响力的程度被解释为社区内用户行为相似度的程度。

除了社区影响力，社区内部的内聚力也是分析社区的一个重要指标。编码树上社区节点的熵 $H(G^r;\alpha)$ 可以量化社区的内聚力。

$$H\left(G^r;\alpha\right)=-\frac{g_\alpha}{vol\left(G^r\right)}\log_2\frac{vol(\alpha)}{vol\left(G^r\right)}\tag{5.41}$$

社区内用户之间的相似度越高，社区内部的连边越多，社区节点的熵越高，社区的内聚力也就越强，这种情况类似于社交机器人社区。将社区影响力和社区内聚力结合起来，定义社区标签函数如下：

$$Ev(\alpha)=(1-\pi)\frac{x_{\text{comm}}^{\alpha}}{x_{\text{comm}}^{\lambda}}+\pi\frac{H(G^{r};\alpha)}{\sum\limits_{\beta^{-}=\lambda}H(G^{r};\beta)} \tag{5.42}$$

其中，π是一个权重参数，用于平衡社区影响力和社区凝聚力这两个维度在社区评估中的相对重要性。如果社区α的评估指标$Ev(\alpha)$大于阈值θ，则将其判断为社交机器人社区，否则为人类社区。

5.3.3　层次增量结构熵最小化用于无监督社交事件检测

接下来，介绍另一种无监督的异常检测方法，通过分层和增量结构熵最小化的无监督社交事件检测(HISEvent)[81]。HISEvent 通过构建信息更丰富的消息图并采用定制的一维结构熵(1D SE)和二维结构熵(2D SE)最小化算法，在无须预先知道事件数量的情况下，实现优于图神经网络方法的社交事件检测性能。HISEvent 架构如图 5-4 所示。

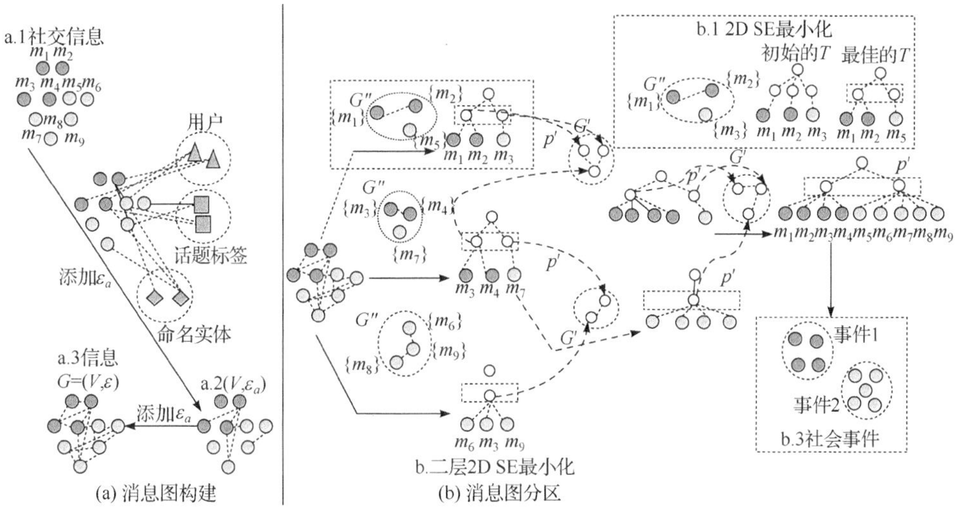

图 5-4　HISEvent 架构图

继续采用之前的方法，即采用一种两步的消息图构建-分区策略。首先，正式定义任务，并使用一种新颖的基于语义相似性的方法来构建消息图。然后，介绍无监督消息图分区方法。作为一种批处理(回顾性)方法，HISEvent 可以很容易地扩展到流式场景。

1. 问题形式化

给定社交消息序列$m_1,\cdots,m_N$作为输入，社交事件检测的任务可以通过构建和分区消息图$G=(V,E)$来完成。节点集$V=\{m_1,\cdots,m_N\}$，边集E最初是空的，需要通过消息图构建过程进行扩展。对 G 进行分区会得到$\{e_1,\cdots,e_M\}$，$e_i \subset V$，$e_i \cap e_j =$空集，这是一个包含 M 个消息簇(集合)的 V 的分区，对应检测到的 M 个社交事件。

2. 基于增量 1D SE 最小化的消息图构建

理想情况下，消息图中的边应该忠实地反映可靠的消息相关性，同时消除噪声。继续采用基于 GNN 的研究，可以捕获基于共同属性的消息相关性，如图 5-3(a)所示。具体来说，对于每条消息 m_i，需要提取其属性 $A_i=\{u_i\}\cup\{um_{i_1},um_{i_2},\cdots\}\cup\{h_{i_1},h_{i_2},\cdots\}\cup\{ne_{i_1},ne_{i_2},\cdots\}$，等号右侧表示发送者、提及的用户、话题标签和命名实体的并集。如果 m_i 和 m_j 共享一些公共属性，即 $A_i\cap A_j\neq\varnothing$，就在 ε_a 中添加一条边(m_i,m_j)，其中，$\varepsilon_a=\{(m_i,m_j)| A_i\cap A_j\neq\varnothing\}$。

然而，单独的 ε_a 可能会遗漏有用的相关性，因为存在一些具有相似语义但无公共属性的消息。为了解决这一问题，可以用基于语义相似性的边缘 ε_s 来补充消息图。两个消息的相似度可以通过使用预训练语言模型(如 SBERT)对它们进行嵌入，并计算它们表示的余弦相似度来衡量。这个想法是将每条消息链接到它的 k 个最近邻，其中，k 需要仔细选择以保持可靠的连接。1D SE 最小化已在生物医学研究中应用来选择最相关的邻居。然而，有些研究人员为每个候选 k 从头计算 1D SE，这是低效的。这里使用增量 1D SE 最小化方法选择相关邻居。具体来说，从 $\varepsilon_s=\varnothing$开始，增量地将边集插入 G 中，其中，第 k 个集合(称为 k-NN 边集)包含每个节点与其第 k 个最近邻之间的边。初始的 1D SE($k=1$)为

$$H^{(1)}(G)=-\sum_{i=1}^{|V|}\frac{d_i}{vol(\lambda)}\log\frac{d_i}{vol(\lambda)} \tag{5.43}$$

后续更新如下：

$$\begin{aligned}H^{(1)'}(G)=&\frac{vol(\lambda)}{vol'(\lambda)}\left(H^{(1)}(G)-\log\frac{vol(\lambda)}{vol'(\lambda)}\right)\\&+\sum_{j=1}^{|a_k|}\left(\frac{d_j}{vol'(\lambda)}\log\frac{d_j}{vol'(\lambda)}-\frac{d'_j}{vol'(\lambda)}\log\frac{d'_j}{vol'(\lambda)}\right)\end{aligned} \tag{5.44}$$

其中，d_i 和 d'_i 分别表示在插入 k-NN 边集前后节点 i 的(加权)度数，a_k 是一个节点集，其度数受 k-NN 边集插入的影响。$vol(\lambda)$和 $vol'(\lambda)$分别表示插入 k-NN 边集前后 G 的体积。$H^{(1)}(G)$ 和 $H^{(1)'}(G)$ 分别表示原始和更新后的 1D SE。

根据上述初始化和更新规则，选择合适的 k 值按照算法 5.1 进行。检查每个候选 k 值所需的时间从 $O(|V|)$减少到 $O(|a_k|)$(其中，$|a_k|\leqslant|V|$)。另一个区别

是，HISEvent 只使用 ε_s 作为 ε_a 的补充。因此，需要采用首个稳定点而不是全局最优点。

算法 5.2　通过增量 1D SE 最小化确定 ε_s

输入　消息图节点集 V

输出　基于语义相似性的边集 ε_s

最后，将 E 设置为 $\varepsilon_s \cup \varepsilon_s$ 。对于每条边 (m_i, m_j)，设置其权重为 $w_{ij} = \max(\cos(h_{m_i}, h_{m_j}), 0)$，其中，$h_{m_i}$ 和 h_{m_j} 是通过预训练语言模型学习得到的 m_i 和 m_j 的嵌入向量。这样完成了消息图的构建。与之前的研究相比，HISEvent 不仅利用了基于共同属性的消息关联，还利用了基于语义相似性的关联，构建了信息更丰富的消息图。

3. 基于层次 2D SE 最小化进行事件检测

消息图划分将图 G 解码为 P，其中包含以消息簇的形式检测到的事件。忠实地解码图 G 中的消息关联将相关消息分配到同一个簇，将无关的消息分配到不同的簇。之前基于 GNN 的检测器通过训练学习如何正确划分消息图，但需要耗费大量的样本标注，同时事先需知道事件数量。为解决这一问题，HISEvent 在 2D SE 最小化的指导下进行无监督划分，消除噪声并揭示原始图潜在的第二阶段(簇级)结构，无须事先知道事件簇的数量。

2016 年，Li 等提出一种普通的贪婪 2D SE 最小化算法，它反复合并编码树 T 中任意两个节点，使 2D SE 最小化，直到达到可能的最小值。因此，它在没有监督或预先确定的簇数量的情况下对图进行划分。然而，这种普通的 2D SE 最小化算法需要 $O(|V|^3)$ 的运行时间。尽管它可以用于小型生物信息图，但对于大型复杂的消息图来说太慢了。为了解决这个问题，需要使用一种分层的方式来最小化 2D SE 并检测事件。具体而言，每个消息最初都在自己的簇中。需要将簇划分为大小为 n 的子集，并使用普通的贪婪算法合并每个子集中涉及的簇，以获得新的簇。然后将新的簇传递给下一次迭代。这个过程一直重复，直到考虑包含所有消息的簇。如果在某一点，任何子集中的簇都无法合并，就增加 n，以便在同一个子集中考虑更多的簇，从而可能进行合并。图 5-4(b)对上述过程进行可视化，m_1 ～ m_9 最初都在自己的簇中。每次考虑 n=3 个簇来形成一个 G'。然后通过普通的 2D SE 最小化合并 G'中的簇，得到 P'(图 5-4(b.1))。前一次迭代得到的分区传递给后续迭代，如图 5-4(b.2)中的虚线箭头所示。该过程在确定涉及所有消息的 P' 时终止。由于 n 是一个可以设置为远小于$|V|$的超参数，因此，它比其原始前身

高效得多。总之，HISEvent 以有效和无监督的方式从复杂的消息图中检测社交事件。

5.3.4　自适应差分隐私结构熵最小化用于无监督社交事件检测

目前大多数方法是监督的，需要访问大量数据。这些方法需要对事件有先验知识，并存在泄漏消息中敏感信息的高风险，使其在开放环境中的适用性较低。因此，在充分利用消息中丰富信息并保护数据隐私的情况下进行无监督检测仍然是重要挑战。为此，下面介绍一种新颖的社交事件检测框架，ADP-SEMEvent，这是一种注重隐私的无监督社交事件检测方法。具体而言，ADP-SEMEvent 分为两个阶段，即构建私密消息图的阶段和私密消息图的聚类阶段。在第一阶段，采用自适应差分隐私方法构建私密消息图。在这个过程中，该方法可以根据每天在开放环境中发生的事件自适应地应用差分隐私，以最大限度地利用隐私预算。在第二阶段，为了解决噪声导致的数据效用降低，该方法使用基于最优子图的新颖二维结构熵最小化算法来检测消息图中的事件。

1. 基本概念

1) 差分隐私消息图

消息图的发布是指通过算法 R 将一系列社交消息集合 $D=\{m_1,\cdots,m_N\}$ (通常使用预训练语言模型将消息转换为嵌入向量)转换为消息图 $G=(V,E)$ 的过程。消息图 G 用于社交事件检测。在隐私保护的背景下，对于算法 R，给定社交消息集合 D 和 D' (D 和 D' 是相邻数据集，仅相差一条消息)，以及任何输出 $G\subseteq \mathrm{range}(D)$。对于任意 $\epsilon>0$，如果算法 R 满足：

$$\Pr\left[R(D)\subseteq G\right]\leqslant e^{\epsilon}\Pr\left[R(D')\subseteq G\right]+\delta \tag{5.45}$$

其中，ϵ 是隐私预算。特别地，如果 $\delta=0$，算法 R 满足 ϵ-DP。在发布消息图的过程中，R 能够保护消息中包含的敏感信息。

考虑一个函数 R，其输入是一个消息集合，输出在 R^k 中。函数 R 的灵敏度 S_R 定义为

$$S_R=\max\left\|R(D)-R(D')\right\|_1 \tag{5.46}$$

灵敏度用于确定随机扰动噪声的大小，以保护私人信息。

然后，使用余弦相似度来衡量任意两条消息之间的相似性，应用拉普拉斯机制生成噪声，扰动相似度如下：

$$\cos_{\mathrm{Lap}}\left(m_i, m_j\right) = \cos\left(m_i, m_j\right) + \mathrm{Lap}\left(\frac{S}{\epsilon}\right) \tag{5.47}$$

其中，S 通常使用全局灵敏度进行计算，但该方法为 S 设计了一种新颖的混合灵敏度方法。$\mathrm{Lap}\left(\frac{S}{\epsilon}\right)$ 表示从均值为 0 且尺度因子为 S 的拉普拉斯分布中采样。

2) 结构熵

消息图 $G=(V,E)$ 的编码树 T 是 G 的分层聚类分区。编码树 T 包含所有消息节点作为叶节点。T 中的每个节点 α 对应于消息节点的分区，其中，集合 $T_\alpha = v_a^1, \cdots, v_a^j$，表示节点 α 的后继节点。编码树 T 的根节点 λ 具有集合 $T_\lambda = V$，表示没有分区。对于 T 中的每个节点 α (不包括 λ)，其高度 $h(\alpha)$ 比其父节点的高度小 1。根节点 λ 的高度为 0。T 的高度是 T 中所有节点的最大高度。

对于具有 n 个顶点的消息图 $G=(V,E)$，其一维结构熵定义为

$$H^{(1)}(G) = -\sum_{i=1}^{n} \frac{d_i}{2m} \log \frac{d_i}{2m} \tag{5.48}$$

其中，d_i 表示节点 i 的加权度；m 表示所有节点的加权度之和。

对于具有 n 个顶点的消息图 $G=(V,E)$，$P=\{p_1, \cdots, p_L\}$ 是 V 的一个分区，p_j 表示消息图中的一个事件簇。二维结构熵定义为

$$H^{(2)}(G) = -\sum_{j=1}^{L} \frac{V_j}{m} \sum_{i=1}^{n_j} \frac{d_i^j}{V_j} \log \frac{d_i^j}{V_j} - \sum_{j=1}^{L} \frac{P_{\mathrm{cut}_j}}{m} \log \frac{V_j}{m} \tag{5.49}$$

其中，n_j 是分区 p_j 中节点的数量；d_i^j 是 p_j 中第 i 个节点的加权度；V_j 是分区 p_j 中所有节点的加权度之和；P_{cut_j} 是 p_j 中切边的权重之和。

2. ADP-SEMEvent 架构

1) 问题形式化

给定一系列社交消息 $m_1, \cdots, m_N$ 组成消息图 $G=(V,E)$，其中节点集合 $V=\{v_1, \cdots, v_N\}$，边集 E 表示消息之间的相关性。社交事件检测的任务需要将消息图 G 划分为几个分区，表示为 $\{e_1, \cdots, e_M\}$，其中，$e_i \subset V$，$e_i \cap e_j = \varnothing$，$e_1 \cup \cdots \cup e_M = V$。这些分区代表 M 个检测到的消息簇。具体来说，消息图 G 包含私有信息，并存在被攻击的风险。

2) 自适应差分隐私策略

接下来，介绍混合灵敏度差分隐私策略，并证明该策略在最坏情况下满足 (ϵ, δ)-DP。

(1) 混合灵敏度策略。为了防止全局灵敏度远大于特定数据集中局部灵敏度导致隐私预算 ϵ 浪费，该方法设计了混合灵敏度策略，以防止隐私预算的浪费和不必要噪声的添加。

S_{global} 指的是在任何数据集中对任意两个不同数据记录进行查询的结果之间的最大差异。S_{global} 与数据集无关，仅与计算方法本身有关。S_{local} 摒除了全局灵敏度的定义中对任何数据集的限制，仅考虑当前数据集。S_{local} 可通过有限次计算获得。一般来说，不能直接在拉普拉斯机制中使用 S_{local}，因为如果一个恶意攻击者知道了在特定数据集上函数 f 的局部灵敏度，他仍然可以推断出关于数据集的一些信息。因此，为了防止恶意攻击者推断出局部灵敏度，必须对 S_{local} 进行平滑处理。这是通过使用平滑灵敏度实现的，表示为 S_{smooth}，计算如下。

$$S_{\text{smooth}} = 2\exp\left(-\frac{\epsilon}{2}\log\left(\frac{2}{\delta}\right)\right)S_{\text{local}} \tag{5.50}$$

其中，δ 通常设置为 $1/|D|^2$ ($|D|$ 是 D 的大小)。

然后，该方法设计混合灵敏度(S_{mixed})策略，S_{mixed} 的计算如下：

$$S_{\text{mixed}} = \min\left\{S_{\text{global}}, S_{\text{smooth}}\right\} \tag{5.51}$$

在隐私预算 ϵ 不变的情况下，该策略可以根据每日事件自动确定适应性灵敏度，实现自适应噪声扰动。

(2) 差分隐私证明。该方法证明了策略在最坏情况下满足 (ϵ,δ)-DP，包括证明全局灵敏度满足 ϵ - DP，并且平滑灵敏度满足 (ϵ,δ)-DP。

在该策略中，$\delta = 1/|D|^2$，是一个很小的概率。对于 S_{smooth}，该方法提供以下证明：

对于 D 和 D'，P_D 和 $P_{D'}$ 分别表示在它们各自数据集上计算的消息相似性的概率分布。对于数据集中的任意两条消息 m_i 和 m_j，相似性表示为 $z = \cos\left(m_i, m_j\right) + Y$，其中，$Y$ 服从参数为 $S_{\text{mixed}} / \epsilon$ 且均值为 0 的拉普拉斯分布。因此，有

$$P_D(z) = \frac{\epsilon}{2S_{\text{mixed}}}\exp\left(-\frac{\epsilon\left|\cos_D\left(m_i, m_j\right) - z\right|}{S_{\text{mixed}}}\right) \tag{5.52}$$

$$P_{D'}(z) = \frac{\epsilon}{2S_{\text{mixed}}}\exp\left(-\frac{\epsilon\left|\cos_{D'}\left(m_i, m_j\right) - z\right|}{S_{\text{mixed}}}\right) \tag{5.53}$$

接下来，通过分发验证其是否符合差分隐私：

$$
\begin{aligned}
\frac{P_D(z)}{P_{D'}(z)} &= \frac{\exp\left(-\dfrac{\epsilon\left|\cos_D\left(m_i,m_j\right)-z\right|}{S_{\text{mixed}}}\right)}{\exp\left(-\dfrac{\epsilon\left|\cos_{D'}\left(m_i,m_j\right)-z\right|}{S_{\text{mixed}}}\right)} \\
&= \exp\left(\frac{\epsilon\left(\left|\cos_{D'}\left(m_i,m_j\right)-z\right|-\left|\cos_D\left(m_i,m_j\right)-z\right|\right)}{S_{\text{mixed}}}\right) \\
&\leqslant \exp\left(\frac{\epsilon\left(\left|\cos_{D'}\left(m_i,m_j\right)\right|-\left|\cos_D\left(m_i,m_j\right)\right|\right)}{S_{\text{mixed}}}\right) \leqslant \exp(\epsilon)
\end{aligned} \tag{5.54}
$$

在证明过程中，最后两个步骤遵循三角不等式，该策略满足 ϵ -DP。总之，该策略在最坏情况下满足 (ϵ,δ) -DP。

3) 私密消息图合成

为了确保生成丰富且私密的消息图，该方法提出一种基于结构熵边 E_s 和属性边 E_a 的消息图合成方法，并通过自适应差分隐私策略来保护隐私，同时计算边权重。

对于 E_s，该方法将每条消息与其 k 个最近邻相连，其中，距离利用自适应差分隐私策略下的余弦相似度：

$$
\cos_{\text{Lap}}\left(m_i,m_j\right)=\frac{m_i \cdot m_j}{\left|m_i\right|\cdot\left|m_j\right|}+\text{Lap}\left(\frac{S_{\text{mixed}}}{\epsilon}\right) \tag{5.55}
$$

其中，m_k 表示通过预训练语言模型获得的与消息节点对应的语义向量。值得注意的是，由于余弦相似度的范围为[−1, 1]，$S_{\text{global}}=2$。逐渐增加邻居的数量，从 $k=1$ 开始，然后在不同的 k 邻居下计算一维结构熵，选择具有最小一维结构熵的连接方法作为最终的 E_s。具体来说，为了减少算法开销，该方法贪婪地选择局部最小 E_s 的第一次出现作为目标，而不是使用全局最优目标。对于 E_a，从大多数基于 GNN 的社交事件检测方法中汲取灵感，提取社交事件的常见属性，如实体、用户提及和用户 ID。将共享相同属性的节点 v_i 和 v_j 之间的边权重设置为对应节点的余弦相似度 $\cos_{\text{Lap}}\left(m_i,m_j\right)$。最后，将 E_a 和 E_s 结合为最终私密图的所有边。

4) 通过二维结构熵最小化进行事件检测

为了在嘈杂的消息图 G 上高效进行聚类，该方法设计了一种名为基于最优子图的二维结构熵最小化算法。现有方法采用贪婪方法反复合并编码树 T 中的任意两个节点进行二维结构熵最小化，在大型图上耗时。曾提出一种增量方法，通过将大型消息图顺序划分为多个子图来减少运行时开销。虽然这些方法解决了高时间复杂度的问题，但简单地划分子图是不明智的。初始分区至关重要，因为它可能会导致强相关的消息节点被划分到不同部分，最终阻止它们合并到同一簇。因此，该方法通过构建最优子图来防止强相关的消息节点被强制分开。

具体来说，假设一个图 $G=(V,E)$，分区 $P=\{p_1,\cdots,p_m\}$ (其中，$p_m \subset V, p_i \cap p_j = \varnothing$)，子图大小 q 作为输入。在每次迭代中，首先基于原始图和初始分区构建超图，将同一分区中的节点视为单个新节点，并将分区之间切割边的总和作为新节点之间的边权重。然后，通过贪婪方法，获得最优子图，尽可能将权重较高的边包含在同一子图中。最后，对每个子图执行二维结构熵最小化，通过优化每个编码树，实现最终的聚类结果。

5.3.5　自适应鲁棒的 DBSCAN 与多智能体强化学习

DBSCAN 是一种广为人知的基于密度的聚类算法，由于其在识别任意形状的聚类和处理噪声数据方面的有效性，得到广泛应用。然而，当面对具有不同密度尺度的数据集时，DBSCAN 经常会产生不令人满意的聚类结果。所以，提出一种新的 DBSCAN 聚类框架 AR-DBSCAN，具有更高的适应性和鲁棒性。

首先将初始数据集建模为二层，并根据信息不确定性将数据顶点分类为不同的密度分区。每个分区分配给一个智能体，以无人工干预地寻找最佳聚类参数。然后设计一种基于多智能体深度强化学习的自动参数搜索过程。最后提出一种递归搜索机制，能够高效、可控地探索大参数空间，适应不同数据规模。

1. 基于结构熵的 Agent 分配

当处理不同密度的集群时，现有的参数搜索策略依赖于单一参数组合，可能无法准确识别它们。为了解决参数搜索中不同密度聚类的碰撞问题，给出一种新的基于结构熵的 Agent 分配方法。

将初始数据集转化为结构化图 $G=\{V,E,W\}$，其中，V 是数据点的集合，E 通过使用欧几里得距离的 k 近邻(k-NN)算法来确定。欧几里得距离定义如下：

$$D_{ij} = \left\| r_i - r_j \right\|_2 \tag{5.56}$$

其中，r_i 和 r_j 是两个顶点 v_i 和 v_j 的坐标或特征向量；$\|\cdot\|_2$ 是 L2 范数。边权重 W 也称为相似度，基于欧几里得距离，并在边的数量和距离总和上进行归一化。具体而言，顶点 v_i 和 v_j 之间的边权重计算如下。

$$w_{i,j} = \exp\left(-D_{ij} \cdot \frac{|E|}{\sum_{e_{m,n} \in E} D_{m,n}}\right) \tag{5.57}$$

其中，$e_{m,n}$ 是边集 E 中的边；$D_{m,n}$ 是顶点 v_m 和 v_n 之间的欧几里得距离；$|E|$ 是边集的大小。边权重(相似度)与欧几里得距离成反比。直观上，随着顶点之间距离的减小，相似度增加，导致边权重变大。

选择 k-NN 中的核心参数 k 是关键挑战。较大的 k 可能会产生过多的边，使图 G 变得嘈杂。相反，较小的 k 值可能无法捕捉到聚类的实际邻域结构。与之前基于一维结构熵最大化的 k 选择算法不同，考虑数据规模的影响，并对一维结构熵进行归一化，公式如下：

$$H_{\text{norm}}^1(G) = \frac{H^1(G)}{k \times |V|} \tag{5.58}$$

其中，$|V|$ 是 V 的大小。$H_{\text{norm}}^1(G)$ 缓解了数据规模和 k 的影响，帮助提高模型性能。然后，遍历 k 从 1 到 $|V|$，构建相应的 k-NN 图 G_k 并计算 $H_{\text{norm}}^1(G_k)$。通过比较找到最小的 $H_{\text{norm}}^1(G)$，确定最优的 k。最后，获得最优的 k-NN 图 G_k 作为结构化图 G。

为了获得数据集的最佳层次抽象，并揭示其潜在的密度分布，通过最小化结构图 G 中的二维结构熵来优化图的二层。最优的二层表示如下：

$$T = \underset{\forall T:\text{height}(T) \leqslant 2}{\operatorname{argmin}} H^T(G) \tag{5.59}$$

其中，$H^T(G)$ 是结构熵。递归地使用两个优化操作符，即合并(Merge)和组合(Combine)，基于贪心策略优化编码树。合并操作符 $M(T;\alpha,\gamma)$ 将同一父节点下的两个子树合并为一个子树，而组合操作符 $C(T;\alpha,\gamma)$ 为两个子树构建一个共同的新父节点。如果在执行 $M(T;\alpha,\gamma)$ 或 $C(T;\alpha,\gamma)$ 之后，编码树 T 的结构熵 $H^T(G)$ 减少，认为该操作成功执行，并表示为 $M(T;\alpha,\gamma)\downarrow$ 或 $C(T;\alpha,\gamma)\downarrow$。最终，生成最优的二层 T。

为了应对数据集中不同密度的问题，主要解决方案是根据密度分布对初始数据进行分区，并对每个分区执行独立的智能体参数搜索。由于中间节点 α 的结构熵与其子节点数量成正比，对其进行归一化，并给出信息不确定性的公式。

$$H^T(G;\alpha) = \frac{H^T(G;\alpha)}{N_\alpha \times k} \tag{5.60}$$

其中，N_α 是节点 α 的直接后继节点数量。归一化的信息不确定性 H^T 在不同数据集之间显示出相似的数值范围。

2. 每个智能体的参数搜索

为了应对数据集中不同密度的问题，提出 DRL-DBSCAN，这是一种基于深度强化学习的自动参数搜索框架。DRL-DBSCAN 的核心模型构建是一个马尔可夫决策过程(MDP)，包括状态集、动作空间、奖励函数和策略优化算法(S、A、R、P)。该过程将 DBSCAN 参数搜索视为参数空间中的迷宫游戏问题，目标是训练智能体在环境中迭代地导航参数。

具体而言，搜索过程的状态表示如下。

首先，利用 7 元组描述第 e 次 $(e=1,2,\cdots)$ 步骤的全局状态。

$$s_{\text{global}}^{(e)(i)} = P^{(e)(i)} \cup D_b^{(e)(i)} \cup \left\{R_{cn}^{(e)(i)}\right\} \tag{5.61}$$

其中，$P^{(e)(i)} = \left\{Eps^{(e)(i)}, MinPts^{(e)(i)}\right\}$ 表示当前的 DBSCAN 参数。$D_b^{(e)(i)}$ 表示一个四元组距离的集合，包括 $Eps^{(e)(i)}$ 与其对应的空间边界 $B_{Eps,1}$ 和 $B_{Eps,2}$ 之间的距离，以及 $MinPts^{(e)(i)}$ 与其对应边界 $B_{MinPts,1}$ 和 $B_{MinPts,2}$ 之间的距离。比率 $R_{cn}^{(e)(i)} = \dfrac{\left|C^{(e)(i)}\right|}{|P|}$ 对应于聚类数量 $\left|C^{(e)(i)}\right|$ 与数据分区中对象总数 $|P|$ 的比值。

其次，为了描述每个聚类的状态，定义第 i 个聚类 $c_n \in C$ 的局部状态的 $\{d+2\}$ 元组如下：

$$s_{\text{local},n}^{(e)(i)} = X_{\text{center},n}^{(e)(i)} \cup \left\{D_{\text{center},n}^{(e)(i)}, \left|c_n^{(e)(i)}\right|\right\} \tag{5.62}$$

其中，$X_{\text{center},n}^{(e)(i)}$ 表示聚类 c_n 中心对象特征；d 是其特征维度；$D_{\text{center},n}^{(e)(i)}$ 表示聚类中心对象与整个数据分区中心对象之间的欧几里得距离；$\left|c_n^{(e)(i)}\right|$ 表示聚类 $c_n^{(e)(i)}$ 中包含的对象数量。

最后，考虑到参数搜索过程中聚类数量的变化，使用注意力机制将全局状态和多个局部状态整合为固定长度的状态表示：

$$s^{(e)(i)} = \sigma\left(F_G\left(s_{\text{global}}^{(e)(i)}\right) \| \sum_{c_n \in C} \alpha_{att,n} \cdot F_L\left(s_{\text{local},n}^{(e)(i)}\right)\right) \tag{5.63}$$

其中，F_G 和 F_L 分别表示全连接网络用于全局状态和局部状态的处理；σ 是 ReLU 激活函数；$\|$ 表示拼接操作；$\alpha_{att,n}$ 表示分配给聚类 c_n 的注意力权重，公式如下。

$$\alpha_{att,n}=\frac{\sigma\left(F_S\left(F_G\left(s_{\text{global}}^{(e)(i)}\right)\|F_L\left(s_{\text{local},n}^{(e)(i)}\right)\right)\right)}{\sum_{c_n\in C}\sigma\left(F_S\left(F_G\left(s_{\text{global}}^{(e)(i)}\right)\|F_L\left(s_{\text{local},n}^{(e)(i)}\right)\right)\right)} \tag{5.64}$$

将全局状态与每个聚类的局部状态分别合并，并输入到全连接网络 F_S 进行评分，利用每个聚类的归一化评分作为其注意力权重。这种方法在表示局部聚类的同时，增强了对全局搜索环境的关注。此外，它在最终状态表示中对于不同类型的聚类信息分配了不同的权重，从而增加了重要聚类对状态的影响。

1) 动作

在第 e 次和第 i 步中，动作 $a^{(e)(i)}$ 对应于参数搜索方向。动作空间 A 定义为 $\{left,right,down,up,stop\}$ 。动作确定为

$$a^{(e)(i)}=Actor\left(s^{(e)(i)}\right) \tag{5.65}$$

其中，$Actor$ 是一个三层的多层感知器(MLP)。从第 i 步到第 $i+1$ 步的动作转换过程定义为

$$P^{(e)(i)}\overset{a^{(e)(i)},\theta}{\rightarrow}P^{(e)(i+1)} \tag{5.66}$$

其中，$P^{(e)(i)}$ 和 $P^{(e)(i+1)}$ 分别表示第 i 步和第 $i+1$ 步的参数组合；θ 是参数调整步长。

2) 奖励

奖励在激励智能体改进参数搜索策略中至关重要。第 i 步的即时奖励函数为

$$R\left(s^{(e)(i)},a^{(e)(i)}\right)=\text{NMI}\left(\text{DBSCAN}(X,P^{(e)(i+1)})',Y'\right) \tag{5.67}$$

其中，$\text{NMI}(,)$ 表示外部指标函数，即 DBSCAN 聚类的归一化互信息；X 表示特征集；$\text{DBSCAN}(X,P^{(e)(i+1)})'$ 表示部分标记数据的预测标签；Y' 是数据分区的部分真实标签。

对于一个回合的最优参数搜索动作序列，提出使用后续步骤的最大即时奖励和终点即时奖励作为第 i 步的奖励：

$$r^{(e)(i)}=\beta\cdot\max\left\{R\left(s^{(e)(m)},a^{(e)(m)}\right)\right\}\Big|_{m=i}^{I}+\delta\cdot R\left(s^{(e)(I)},a^{(e)(I)}\right) \tag{5.68}$$

其中，$R\left(s^{(e)(I)},a^{(e)(I)}\right)$ 是终点的即时奖励；max 计算当前回合 e 中停止搜索前的未来最大即时奖励；β 和 δ 是奖励影响因子。

3) 终止

为了提高搜索过程的效率，设计了三个终止条件，包括参数搜索超出边界、

搜索步骤超过回合的最大步骤限制，以及动作转为停止，见式(5.69)。

$$\begin{cases} \min\left(D_b^{(e)(i)}\right) < 0 & \text{超出边界停止} \\ i \geqslant I_{\max} & \text{超时停止} \\ a^{(e)(i)} = stop, i \geqslant 2 & \text{动作停止} \end{cases} \tag{5.69}$$

其中，$I_{\max}$ 是回合中的最大步骤限制。

4) 优化

为了增强策略网络 *Actor* 的性能，需要从网络中提取特定组件，并使 *Critic* 网络能够评估和调整 *Actor* 网络。第 e 次回合的参数搜索过程描述如下。

(1) 观察 DBSCAN 聚类的当前状态 $s^{(e)(i)}$。

(2) 基于 $s^{(e)(i)}$ 通过 *Actor* 网络预测参数调整方向的动作 $a^{(e)(i)}$。

(3) 获取新状态 $s^{(e)(i+1)}$。

(4) 重复上述步骤直到回合结束，并为每一步获得奖励 $r^{(e)(i)}$。

因此，第 i 步的核心元素被提取为 *RL* 元组：

$$T^{(e)(i)} = \left(s^{(e)(i)}, a^{(e)(i)}, s^{(e)(i+1)}, r^{(e)(i)}\right) \tag{5.70}$$

将每一步的 T 存储在记忆缓冲区中，并抽样 M 个核心元素以优化策略网络 *Actor*。*Actor* 和 *Critic* 的损失函数定义如下：

$$\begin{aligned} L_c = \sum_{T\in\text{buffer}}^{M} \Big(& r^{(e)(i)} + \gamma \cdot Critic\left(s^{(e)(i+1)}, a^{(e)(i+1)}\right) \\ & - Critic\left(s^{(e)(i)}, a^{(e)(i)}\right)\Big)^2 \end{aligned} \tag{5.71}$$

$$L_a = -\frac{\sum_{T\in\text{buffer}}^{M} Critic\left(s^{(e)(i)}, Actor\left(s^{(e)(i)}\right)\right)}{M} \tag{5.72}$$

其中，γ 表示奖励衰减因子。需要注意的是，采用双延迟深度确定性策略梯度算法(TD3)进行政策优化，该算法可以替换为其他深度强化学习策略优化算法。

在此定义智能体的参数空间和递归搜索机制。首先，为了应对数据分布导致的参数范围波动，将 *Eps* 参数的最大搜索范围归一化为 $\left(0, \sqrt{d}\right]$，其中，d 是数据特征的维度。由于 *MinPts* 必须是大于 0 的整数，根据数据集大小定义 *MinPts* 的粗粒度最大搜索范围。

其次，为了平衡搜索效率与精度，提出递归的渐进搜索机制，逐层缩小搜索范围并提高精度。当前一层的智能体达到终止条件后，用新智能体替换，并根据当前层的要求搜索最优参数组合 $P_o^{(l)}=\left\{Eps_o^{(l)}, MinPts_o^{(l)}\right\}$。

参数 $p\in\{Eps, MinPts\}$ 在第 l 层的最小和最大搜索边界 $B_{p,1}^{(l)}$ 和 $B_{p,2}^{(l)}$ 定义如下：

$$B_{p,1}^{(0)}: B_{Eps,1}^{0}=0, B_{MinPts,1}^{0}=1 \tag{5.73}$$

$$B_{p,2}^{(0)}: B_{Eps,2}=\sqrt{d}, B_{MinPts,2}=|P| \tag{5.74}$$

$$B_{p,1}^{(l)}: \max\left(B_{p,1}^{(0)}, p_o^{(l-1)}-\frac{\pi_p}{2}\cdot\theta_p^{(l)}\right) \tag{5.75}$$

$$B_{p,2}^{(l)}: \min\left(p_o^{(l-1)}+\frac{\pi_p}{2}\cdot\theta_p^{(l)}, B_{p,2}^{(0)}\right) \tag{5.76}$$

其中，d 代表数据特征的维度；$|P|$ 是分配给智能体的数据分区大小；$B_{p,1}^{(0)}$ 和 $B_{p,2}^{(0)}$ 是第 0 层的参数边界，决定了参数搜索的最大范围；π_p 表示每层中可以搜索的参数数量；$p_o^{(l-1)}\in P_o^{(l-1)}$ 表示前一层搜索到的最优参数。此外，$\theta_p^{(l)}$ 是控制第 l 层参数 p 搜索精度的步长，定义如下：

$$\theta_p^{(l)}=\begin{cases}\dfrac{\theta_p^{(l-1)}}{\pi_p}, & p=Eps\\ \max\left\{\left\lfloor\dfrac{\theta_p^{(l-1)}}{\pi_p}+\dfrac{1}{2}\right\rfloor, 1\right\}, & \text{其他}\end{cases} \tag{5.77}$$

其中，$\theta_p^{(l-1)}$ 表示前一层的搜索步长；而 θ_p^{0} 是手动定义的值；符号 $\lfloor\cdot\rfloor$ 表示向下取整到最近的整数。

5.3.6　结构信息引导的层次重构用于图异常检测

图中的异常涉及属性和结构，并可能发生在不同层次(如节点或社区)。现有的基于 GNN 的检测方法通常仅关注单个节点或邻域的异常，难以应对复杂和有组织的网络。为此，本节提出 SI-HGAD，一种利用层次信息进行异常检测的新型图异常检测(GAD)方法。基于结构信息，SI-HGAD 能够挖掘最优的图抽象，同时实现层次子结构建模。此外，设计了一个图变换器，以挖掘节点的多范围结构和属性模式。解码器以自下而上的方式重构节点属性和多级子图。

1. 结构-属性(SA)编码器

本节设计了一个结构-属性(SA)编码器，用于建模局部-全局模式。然后，基于结构信息，进行层次抽象，自适应地获取多级子图(即树节点)，以支持层次重构。记录每个树节点的结构熵，统计估计它们的边分布，并将其编码为子图嵌入。在重构阶段，基于每个顶点的隐藏状态，不仅解码原始属性，还从下到上重构其所属的整个层次分支。

该方法需要通过节点的隐藏状态重构多样的子结构。因此，设计了 SA 编码器来捕捉局部和全局的依赖关系。采用 Transformer 架构作为 SA 编码器。使用两个不同的 GNN 网络来代替全连接层，以投影查询 Q 和键 K，从而嵌入局部结构位置信息。编码器可以表示为

$$Q = \text{GNN}\left(x, G, \theta_Q\right), K = \text{GNN}\left(x, G, \theta_K\right), V = \text{MLP}\left(x, \theta_V\right) \tag{5.78}$$

$$h = \text{Norm}\left(\text{ReLU}\left(W_{\text{out}}\left(\text{softmax}\left(QK^{\text{T}} / \sqrt{d}\right)V + Q + K\right)\right)\right) \tag{5.79}$$

其中，$x \in \mathbf{R}^{n\times D}$ 是输入顶点特征；G 是图结构；θ_Q、θ_K 和 θ_V 是对应于 Q、K 和 V 的可学习参数。最终的合并层使用线性变换 $W_{\text{out}} \in \mathbf{R}^{D\times d}$、激活函数 ReLU 和批量归一化 Norm，输出维度为 d 的隐藏状态 h。这个隐藏状态 h 将用于后续的层次建模和属性重构。因此，该模型能够通过局部结构和全局注意力聚合捕捉多范围的结构和属性依赖关系。

2. *层次结构编码器*

为了获得辅助图层次结构，引入了结构熵最小化算法，以获得最小熵的编码。与其他方法不同，这里采用递归优化而非全局优化，以提高效率和可控性。具体而言，首先生成图的二层编码树。然后，为了扩展树的深度，每个内部一级子树(一个子图)类似地衍生出一个二层编码树。该过程递归执行 N 次，以生成具有 N+1 层的编码树。

对于每个非叶子编码树节点 α 及其对应的子图 SG_α，需要获取它们的嵌入向量、结构熵和结构采样，以便进行后续的重构。采用一个简单的 GNN 编码器(如 GCN)和随后的均值池化层来获取每个子图 SG_α 的嵌入 H_α，其公式为

$$H_\alpha = \text{Mean\_Pooling}(\text{GCN}(\{h_i \mid v_i \in SG_\alpha\}, SG_\alpha, \theta_{sg})) \tag{5.80}$$

其中，h_i 是子图 SG_α 中节点 v_i 的隐藏状态；θ_{sg} 是所有子图编码的共享可学习参数。

节点 α 在树 T 中的结构熵 $SE_\alpha = H^T\left(G;\alpha\right)$ 可以在编码树生成阶段根据公式计算并记录，其表明了子图的重要性和信息内容。此外，NWR-GAE 和 GAD-NR 的研究启发我们可以通过重构图分布 $\mathbb{R}_\alpha$ 来重构子图。将边嵌入集 $E_\alpha = \{x_e \mid e \in SG_\alpha\}$ 视为来自 $\mathbb{P}_\alpha$ 的独立同分布样本。边嵌入 x_e 定义为

$$x_e = \mathrm{CAT}\left(x_{v_1} \| x_{v_2} \| e_{\mathrm{attr}}\right) \tag{5.81}$$

其中，$\mathrm{CAT}(\cdot)$是拼接操作；x_{v_1}和x_{v_2}是有向边的起始节点和终止节点；e_{attr}是边属性，如权重。从边集E_α中抽样大小为n_α的样本，以进一步重构α。需要注意的是，采样变体应停止梯度传播，仅用作监督信号。

3. 重建与异常检测

为了检测顶点属性中的异常，隐藏状态h将通过前馈网络进行解码，并计算属性重构损失。

$$L_{\mathrm{attr}}(v_i) = \mathrm{Dist}(x_i, \hat{x}_i) \tag{5.82}$$

其中，$\mathrm{Dist}(\cdot)$是L_2距离函数；x_i和$\hat{x}_i$分别是顶点v_i的原始属性和重构属性。

为了识别各个层次的图异常，尽可能从底部向上重构每个物理顶点的祖先树节点。考虑到不同层次子图的大小差异以及确定节点位置的难度，几乎无法完全重构这些子图。因此，假设单个子图SG_α内的边遵循相同的分布$\mathbb{P}_\alpha$，将子图重构转化为重构结构分布，特别是重构$\hat{\mathbb{P}}_\alpha$的多元高斯近似。从SG_α中采样边嵌入集E_α，并通过以下方式估计子图边表示的均值和协方差矩阵。

$$\mu_\alpha = \frac{1}{n_\alpha} x_e, \sigma_\alpha = \frac{1}{n_\alpha - 1} \sum_{x_e \in E_\alpha} (x_e - \mu_\alpha)(x_e - \mu_\alpha)^{\mathrm{T}} \tag{5.83}$$

然后，通过 MLP 网络重构关键参数$\hat{\mu}$和$\hat{\sigma}$的$\hat{\mathbb{P}}_\alpha$，其公式为

$$\hat{\mu}_{\alpha^-} = \mathrm{MLP}(H_\alpha, \theta_\mu), \hat{\sigma}_{\alpha^-} = \mathrm{diag}\left(\exp\left(\mathrm{MLP}(H_\alpha, \theta_\sigma)\right)\right) \tag{5.84}$$

其中，$\hat{\mu}_{\alpha^-}$和$\hat{\sigma}_{\alpha^-}$表示重构的节点α的父节点的均值和协方差矩阵。此外，结构熵SE_α也通过 MLP 重构，$\widehat{SE}_\alpha = \mathrm{MLP}(H_\alpha, \theta_{se})$。

因此，可以定义树节点α的损失，以重构其结构熵和其父节点α^-的分布：

$$L_{se}(\alpha) = \mathrm{Dist}\left(\widehat{SE}_\alpha, SE_\alpha\right) \tag{5.85}$$

$$L_{sg}(\alpha) = KL\left(N(\mu_{\alpha^-}, \sigma_{\alpha^-}) \| N(\hat{\mu}_{\alpha^-}, \hat{\sigma}_{\alpha^-})\right) \tag{5.86}$$

$$L_{\mathrm{hier}}(v_i) = \sum_{\beta; v_i \subseteq SG_\beta \subset G_\lambda} \frac{d_{v_i}}{vol(SG_\beta)} \left(L_{sg}(\beta) + \xi_1 L_{se}\right) \tag{5.87}$$

其中，Dist 是L_2距离函数；KL是 KL 散度。考虑到重构更高层次的子图更具

挑战性，并可能导致过大的损失，引入 $\frac{d_{v_i}}{vol\left(SG_\beta\right)}$ 来平衡各层之间的损失，其表明 v_i 通过中心性重构 SG_β 的难度。ξ_1 是控制 L_{se} 的超参数。最后，总体重构损失表示为

$$L\left(v_i\right)=\left(1-\xi_2\right)\cdot L_{\text{attr}}\left(v_i\right)+\xi_2\cdot L_{\text{hier}}\left(v_i\right) \tag{5.88}$$

其中，ξ_2 是权衡超参数。整体损失 $\sum_{v_i\in V} L\left(v_i\right)$ 用于优化，$L\left(v_i\right)$ 用于表征顶点的异常性。得分越高，表明该顶点的属性和其所属的多级子图越难以重构，越有可能是异常。

5.4 半监督表示学习及检测技术

半监督表示学习是一种机器学习方法，旨在从有标记和无标记的数据中学习有效的表示，并将其应用于不同的任务，如分类、聚类和异常检测等。传统的监督学习方法通常要求大量标记数据来训练模型，但在现实世界的许多场景中，获取大量标记数据可能非常昂贵或困难。半监督学习的主要思想是利用未标记的数据来辅助学习过程。未标记数据是指没有人工标记类别的数据，而有标记数据则包含输入样本及其对应的类别标签。通过结合有标记数据和未标记数据，半监督学习可以利用未标记数据中的隐含信息来提高模型的性能。除了半监督表示学习，半监督检测技术也是半监督学习的重要应用之一。传统的异常检测方法通常依赖于有标记的正常样本和异常样本，但获取大量的异常样本可能是困难的。半监督检测技术通过利用未标记的数据来辅助异常检测任务，能够有效提高检测性能。本节将介绍几种基于结构熵的半监督表示学习和异常检测方法，进一步加深对结构熵的了解和认识。

5.4.1 基于结构熵优化的通用有效图结构学习框架

图神经网络是处理结构化数据学习的事实标准解决方案。然而，它容易受到低质量和不可靠的结构的影响，在现实世界的图中这种情况已是常态而非例外。现有的图结构学习(Graph Structure Learning，GSL)框架仍然缺乏鲁棒性和可解释性。这里介绍一个通用的 GSL 框架——SE-GSL[84]，通过结构熵和编码树中抽象的图层次来实现。该方法利用一维结构熵来最大化融合辅助邻域属性以增强原始图的嵌入信息内容。本节提出一种构建最优编码树的新方案，以最小化图中的不确定性和噪声，同时确保层次抽象中的适当社区划分，并提出一种基于样本的机制，通过节点结构熵分布来恢复图的结构，增加了较低层次社区中不确定性较大

的节点之间的连通性。SE-GSL 架构如图 5-5 所示。

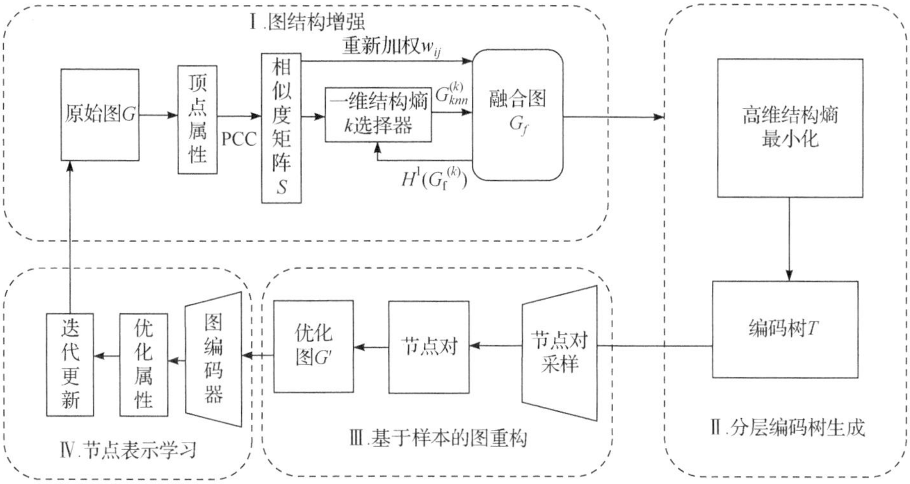

图 5-5　SE-GSL 架构图

1. 问题定义

1) 图和图结构学习

设 $G=\{V,E,X\}$ 表示一个图，其中，V 是 n 个顶点的集合，E 是边集，X 是顶点属性集。A 表示 G 的邻接矩阵，其中，A_{ij} 被称为 G 中顶点 i 和顶点 j 之间边的权重。特别地，如果 G 是未加权的，则 $A\in\{0,1\}^{n\times n}$ 和 A_{ij} 只表示边的存在。本节只考虑无向图，其中，$A_{ij}=A_{ji}$。对于任何顶点 v_i，v_i 的度定义为 $d(v_i)=\sum_j A_{ij}$，并且 $D=\operatorname{diag}(d(v_1),d(v_2),\cdots,d(v_n))$ 为度矩阵。

假设 $P=\{P_1,P_2,\cdots,P_L\}$ 是 V 的一个划分，其中，每个 P_i 被称为一个社区(也称为模块或簇)，表示具有共同特征的一组顶点。由于真实世界网络的分组特性，图的每个社区可以被分层地划分为多层子社区。这样的分层社区划分(即分层语义)本质上可以抽象为编码树，每个树节点表示一个具体的社区。

对于给定的图 G，图结构学习(GSL)的目标是同时学习一个针对特定下游任务优化的最优图结构 G^* 和相应的图表示 Z。通常，GSL 的目标可以总结为 $L_{\text{gsl}}=L_{\text{task}}(Z,Y)+\alpha L_{\text{reg}}(Z,G^*,G)$，其中，$L_{\text{task}}$ 是关于学习表示 Z 和真实标签 Y 的任务特定目标函数，L_{reg} 是对学习到的图结构和表示施加约束，α 是一个超参数。

2) 结构熵

不同于信息理论中用于衡量概率分布的不确定性的信息熵(也称为香农熵)，

结构熵衡量的是结构系统的多样性，例如，嵌入在一个图中的不确定性。

形式上，图 $G=(V,E)$ 的编码树 T 具有以下属性：

(1) 根节点 λ 在 T 中具有标签 $T_\lambda=V$，其中，V 表示图 G 中的所有顶点的集合。

(2) 每个非根节点 α 具有标签 $T_\alpha \subset V$。此外，如果 α 是一个叶节点，则 T_α 是一个包含图 G 中一个顶点的单例集。

(3) 对于每个非根节点 α，在 T 中它的父节点表示为 α^-。

(4) 对于每个非叶节点 α，它的第 i 个子节点表示为 $\alpha^{\langle i\rangle}$，按照 i 的增加从左到右进行排序。

(5) 对于每个非叶节点 α，假设 α 的子节点数为 N，所有顶点子集 $T_{\alpha^{\langle i\rangle}}$ 构成 T_α 的一个分区，表示为 $T_\alpha=\bigcup_{i=1}^{N} T_{\alpha^{\langle i\rangle}}$，并且 $\bigcap_{i=1}^{N} T_{\alpha^{\langle i\rangle}}=\varnothing$。如果编码树的高度限制为 K，称之为 K 维编码树。可以对不同的编码树进行熵的计算。

在单层编码树 T 中，其结构熵退化为无结构的香农熵，公式为

$$H^1(G)=-\sum_{v\in V}\frac{d_v}{vol(G)}\log\frac{d_v}{vol(G)} \tag{5.89}$$

其中，d_v 是顶点 v 的度数；$vol(G)$ 是 G 中所有顶点度数的总和。一维结构熵 $H^1(G)$ 衡量了图 G 中顶点集 V 的不确定性，也是嵌入在 G 中的信息量的上限。

对于编码树 T 中，定义 G 的高维结构熵为

$$H^K(G)=\min_{T:\text{height}(T)\leqslant K}\left\{H^T(G)\right\} \tag{5.90}$$

$$H^T(G)=\sum_{\alpha\in T,\alpha\neq\lambda}H^T(G;\alpha)=-\sum_{\alpha\in T,\alpha\neq\lambda}\frac{g_\alpha}{vol(G)}\log\frac{V_\alpha}{V_{\alpha^-}} \tag{5.91}$$

其中，g_α 是切割边集合 $[T_\alpha,T_\alpha/T_\lambda]$ 的权重和，即连接 T_α 内部顶点与 T_α 外部顶点的所有边的权重之和；V_α 是 T_α 中所有顶点的度数之和；$H^T(G;\alpha)$ 是节点 α 的结构熵；$H^T(G)$ 是编码树 T 的结构熵；$H^K(G)$ 是 K 维结构熵，是 K 维最优编码树。

2. SE-GSL 架构

SE-GSL 的核心是结构优化过程，用于转换和增强图的结构。具体而言，它包括多个阶段：图结构增强、层次编码树生成和基于采样的结构重构，然后进行迭代表示优化。首先，该方法将原始的拓扑信息与顶点属性以及附近邻域进行整合，采用基于相似度的边重新加权机制，并结合 k-NN 图结构化方法提供辅助边信息。在一维结构熵最大化策略的指导下选择最合适的 k 值。在增强的图上，本节提出一种层次抽象机制，进一步抑制边噪声并揭示高层次的层次社区结构(编码

树)，同时设计一种基于采样的方法，通过从编码树中恢复边连接性来构建新的图拓扑结构，其核心思想是减弱高层次社区之间的关联，同时在低层次社区内建立密集而广泛的连接。该方法将节点结构熵转化为概率，拒绝确定性阈值，通过多次迭代的随机采样，更有可能找到适合 GNN 的有利图结构。然后，基于该方法重新构建的图将被输入到下游的通用 GNN 编码器中。

1) 图结构增强

为了将顶点属性和邻域信息充分整合到图结构中，该方法进行特征融合和边重新加权，以便将拓扑结构和信息丰富的顶点邻接相似性传递给编码树生成器。首先，该方法计算图 G 中顶点之间的两两相似性矩阵 S 。为了更好地描述两个顶点属性之间的线性相关性，采用皮尔逊相关系数(PCC)作为相似性度量，即

$$S_{ij} = PCC\left(x_i, x_j\right) = \frac{E\left(\left(x_i - u_i\right)\left(x_j - u_j\right)\right)}{\sigma_i \sigma_j} \tag{5.92}$$

其中，x_i 和 x_j 分别表示顶点i和j的属性向量；u_i 和 σ_i 表示 x_i 的均值和方差；$E(\cdot)$ 是点乘函数。基于 S ，可以构建 k-NN 图 $G_{knn} = \{V, E_{knn}\}$ ，其中，E_{knn} 中的每条边表示一个顶点及其 k 个最近邻。将 G_{knn} 和原始图 G 融合为 $G_f = \{V, E_f = E \cup E_{knn}\}$ 。

接下来的关键步骤是确定最合适的最近邻数量 k。k 值过大会使得 G_f 噪声过大且计算效率低下，而 k 值过小则会导致信息不足并且难以提取层次结构。

较大的一维结构熵表示 G_f 可能携带更多信息。因此，该方法的目标是最大化一维结构熵 $H^1\left(G_f\right)$ 来指导选择较大的编码信息所对应的 k 值。在实践中，逐渐增加整数参数 k，生成相应的 $G_f^{(k)}$ 并计算 $H^1\left(G_f^{(k)}\right)$。当 k 达到阈值 k_m 时，$H^1\left(G_f^{(k)}\right)$ 趋于平稳，没有明显增加，这促使我们将临界点 k_m 视为目标参数。此外，顶点 v_i 和 v_j 之间的边 e_{ij} 被重新加权为

$$w_{ij} = S_{ij} + M, M = \frac{1}{2|V|}\frac{1}{|E|}\sum_{1<i,j<n} S_{ij} \tag{5.93}$$

其中，M 是修正因子，它放大了微不足道的边权重，从而使k选择器对噪声更敏感。

2) 层次编码树生成

该步骤的目标是最小化图的不确定性(即边噪声)，同时最大化嵌入在高维层次结构中的知识(如最优分区)。相应地，结构熵最小化的目标是找到编码树 T ，使得 $H^T\left(G_f\right)$ 最小化。由于图语义复杂性的量化存在困难，将优化目标限制在具有超参数 K 的 K 层树上。最优的 K 维编码树表示为

$$T^* = \underset{T:\mathrm{height}(T)\leqslant K}{\operatorname{argmin}} \left(H^T(G)\right) \tag{5.94}$$

为了解决这个优化问题，该方法设计了一种基于贪心的启发式算法来近似 $H^K(G)$。为了辅助贪心启发式算法，定义了两个基本操作。

定义 5.2(合并算子)　给定图 $G=(V,E)$ 的编码树 T，设 α 和 β 是 T 中具有相同父节点 γ 的两个节点。合并算子 $CB_T(\alpha,\beta)$ 更新编码树如下：$\gamma \leftarrow \delta^-;\delta \leftarrow \alpha^-$；$\delta \leftarrow \beta^-$。插入一个新节点 δ 在 γ 和其子节点 α、β 之间。

定义 5.3(升级算子)　给定图 $G=(V,E)$ 的编码树 T，设 α、β 和 γ 是 T 中的节点，满足 $\beta^-=\gamma$ 和 $\alpha^-=\beta$。提升算子 $LF_T(\alpha,\beta)$ 更新编码树如下：$\gamma \leftarrow \alpha^-$；如果 $T_\beta=\varnothing$，那么删除 (β)。将以 α 为根的子树升级，将自身作为 γ 的子节点。如果升级后没有更多的子节点存在，则从 T 中删除 β。

根据高维结构熵最小化原理，该方法首先通过贪心地执行合并操作来构建一个完整高度的二叉编码树。迭代地将根节点的两个子节点合并形成一个新的分区，直到结构熵不再减小。为了满足高度限制，该方法进一步通过将子树升级到更高层级来压缩编码树。为此，该方法选择并执行升级操作，使非根节点和其父节点之间的结构熵最大程度减小。重复进行上述步骤，直到编码树的高度小于 K 且结构熵无法再减小。最终，会得到一个具有特定高度 K 且具有最小结构熵的编码树。

3) 基于采样的图重构

接下来的步骤是从层次结构中恢复拓扑结构，同时保证在最优编码树 T^* 中建立的层次语义。图的重构关键在于确定增强或削弱哪些边。直观上，现实生活中不同社区中的节点往往具有不同的标签。然而，对于层次社区来说，简单地移除跨社区的边会损害较高层次社区的完整性。在社区内添加边也可能导致降低较低层次划分的额外边噪声。

本节通过研究以两个相关节点之间的结构熵作为边重构的准则，优化具有社区保持性的图结构。

定义 5.4(推导的结构熵)　设 T 是图 G 的一个编码树，将非叶节点 λ 到其后代 α 的推导的结构熵定义为

$$H^T\left(G_f;(\lambda,\alpha]\right)=\sum_{\beta,T_\alpha\subseteq T_\beta\subset T_\lambda} H^T(G;\beta) \tag{5.95}$$

这个节点结构熵定义利用了编码树的层次结构，并提供了一种从上到下的推导的通用度量，用于确定图中的社区或顶点。

从信息传递的角度来看，具有更高推导结构熵的顶点产生更多的多样性和不确定性，需要更多的监督信息。因此，在图的重构过程中，这些顶点需要扩展连

接域，通过广泛的边来聚合更多信息。为了实现这一点，本节提出一种基于模拟抽样的图重构方法，其思想是在叶节点层级(最低语义层级)探索节点对，并根据推导结构熵的概率随机为给定的节点对生成一条边。

具体而言，对于给定的编码树 T，假设节点 δ 具有一组子节点 $\left\{\delta^{\langle 1\rangle},\delta^{\langle 2\rangle},\cdots,\delta^{\langle n\rangle}\right\}$。子节点 $\delta^{\langle i\rangle}$ 的概率定义为 $P\left(\delta^{\langle i\rangle}\right)=\sigma_{\delta}\left(H^{T}\left(G_f;\left(\lambda,\delta^{\langle i\rangle}\right]\right)\right)$，其中，$\lambda$ 是 T 的根节点，$\sigma_{\delta}(\cdot)$ 表示一个分布函数。以 softmax 函数为例，$\delta^{\langle i\rangle}$ 的概率可以计算为

$$P\left(\delta^{\langle i\rangle}\right)=\frac{\exp\left(H^{T}\left(G_f;\left(\lambda,\delta^{\langle i\rangle}\right]\right)\right)}{\sum_{j=1}^{n}\exp\left(H^{T}\left(G_f;\left(\lambda,\delta^{\langle j\rangle}\right]\right)\right)} \tag{5.96}$$

非根节点的概率可以递归地获得。为了生成新的边，采用自顶向下的方法通过单一的采样流程来对叶节点对进行采样，具体步骤如下：

(1) 对于根节点 δ 的编码树(或子树)，根据 $P\left(\delta^{\langle i\rangle}\right)$ 和 $P\left(\delta^{\langle j\rangle}\right)$ 进行采样，选择两个不同的子节点 $\delta^{\langle i\rangle}$ 和 $\delta^{\langle j\rangle}$。令 $\delta_1 \leftarrow \delta^{\langle i\rangle}$ 和 $\delta_2 \leftarrow \delta^{\langle j\rangle}$。

(2) 如果 δ_1 是一个非叶节点，对以 δ_1 为根的子树进行一次采样，得到 $\delta_1^{\langle i\rangle}$，然后更新 $\delta_1 \leftarrow \delta_1^{\langle i\rangle}$。对 δ_2 进行相同的操作。

(3) 在递归执行步骤(2)之后，采样两个叶节点 δ_1 和 δ_2，并将连接顶点 $v_1=T_{\delta_1}$ 和 $v_2=T_{\delta_2}$ 的边添加到重构图 G' 的边集合 E' 中。

为了在所有层级建立广泛的连接，对所有编码子树进行多次采样。对于以 δ 为根的每个子树，独立地进行 $\theta\times n$ 次采样，其中，n 是 δ 的子节点数，θ 是与重构图密度正相关的超参数。

5.4.2　基于不同约束结构熵的半监督聚类

半监督聚类技术已成为利用先验信息提高聚类质量的重要工具。尽管这种方法已广泛应用，但它在无缝集成各种约束类型方面仍有局限性。结构熵作为一种强大的聚类方法，广泛应用于多个领域，但其变体缺乏适应不同约束类型的能力。本节介绍一种通过不同约束结构熵的半监督聚类(SSE)[85]，它能够结合不同来源的不同类型约束进行分层和划分聚类。具体而言，该方法结合了常见的成对约束和标签约束，设计了将这些约束整合到结构熵目标中的方法，并开发了相应的优化算法。SSE 架构如图 5-6 所示。

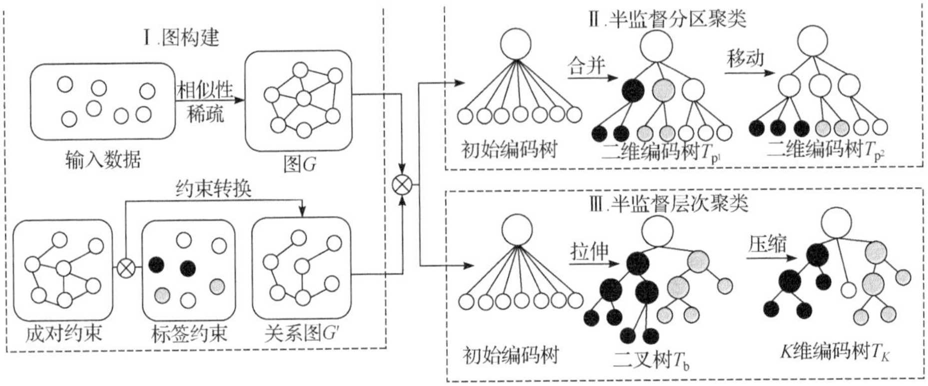

图 5-6　SSE 架构图

1. 结构熵

在介绍模型之前，先简要回顾一下结构熵。直观地说，结构熵方法通过描述层次拓扑的不确定性来对树结构进行编码。图 G 的结构熵被定义为确定图中节点的编码字所需的最小总比特数。通过最小化给定图 G 的结构熵，与之相关的编码树保留了图中顶点的层次聚类结果。

假设 $G=(V,E,W)$ 是一个无向加权图，其中，$V=\{v_1,\cdots,v_n\}$ 是顶点集合，E 是边集合，W 是边权重矩阵。图 G 的编码树 T 被定义为一个层次根树，具体定义如下。

(1) 对于每个树节点 $\alpha\in T$，与之关联的是一个顶点子集 $T_\alpha\in V$。

(2) 编码树 T 的根节点 λ 与顶点集合 V 相关联，即 $T_\lambda=V$。

(3) 对于每个 $\alpha\in T$，它的直接后继按照 $\alpha\wedge\langle i\rangle$ 的顺序从左到右标记，其中，i 递增，并且它的直接前驱标记为 α^-。

(4) 对于每个 $\alpha\in T$，具有 L 个直接后继，顶点子集 $T_{\alpha\wedge\langle i\rangle}$ 是不相交的，且 $T_\alpha=\bigcup_{i=1}^{L}T_{\alpha\wedge\langle i\rangle}$。

(5) 对于每个叶节点 $v\in T$，T_v 中只包含 V 中的一个顶点。

给定图 G 的任意根编码树 T，图 G 在编码树 T 上的结构熵衡量了通过 T 减小后 G 中剩余的复杂度。对于每个非根节点 $\alpha\in T$，其分配的结构熵定义如下：

$$H^T(G;\alpha)=-\frac{g_\alpha}{V_G}\log\frac{V_\alpha}{V_{\alpha^-}} \tag{5.97}$$

其中，g_α 为割边，即在 T_α 中和不在 T_α 中的节点之间的边的权值和；V_α 和 V_G 表示 T_α 和图 G 的体积，即 T_α 和 G 中节点度数的总和。给定编码树 T，图 G 的结构

熵定义如下：

$$H^{T}(G)=\sum_{\alpha\in T,\alpha\neq\lambda}H^{T}(G;\alpha) \tag{5.98}$$

为了满足下游应用的需求，图 G 的 K 维结构熵被定义为

$$H^{K}(G)=\min_{T}\left\{H^{T}(G)\right\} \tag{5.99}$$

其中，T 取遍所有高度不超过 K 的编码树。

K 维结构熵的一个特殊情况是二维结构熵，其中编码树表示图的分区。一个二维编码树 T 可以被表示为图的分区 $P=\{X_1,X_2,\cdots,X_L\}$，其中，X_i 是与根节点 λ 的第 i 个子节点相关联的顶点子集，称为模块。给定分区 P，图 G 的结构熵定义如下：

$$H^{P}(G)=\sum_{X\in P}\sum_{v_i\in X}\frac{g_i}{V_G}\log\frac{d_i}{V_X}-\sum_{X\in P}\frac{g_X}{V_G}\log\frac{V_X}{V_G} \tag{5.100}$$

其中，d_i 是顶点 v_i 的度数；g_i 是割集，即连接 v_i 和其他顶点的边的权重总和；V_X 和 V_G 表示模块 X 和图 G 的体积，即模块 X 和图 G 中节点度数的总和；g_X 是割集，即在模块 X 中顶点之间和不在模块 X 中顶点之间的边的权重总和。

2. SSE 算法

接下来介绍将用于半监督聚类的 SSE 算法。SSE 包含三个步骤：图构建、半监督分区聚类和半监督层次聚类。SSE 的输入数据和约束被转换为两个不同的图，它们共享相同的顶点集，并通过二维 SSE 和高维 SSE 最小化来执行半监督分区聚类和半监督层次聚类。

1) 约束的统一表达

考虑一个与给定数据集 $X=\{x_1,x_2,\cdots,x_n\}$ 相关联的图 $G=(V,E,W)$，其中，x_i 是一个数据点，$V=\{v_1,v_2,\cdots,v_n\}$ 对应于 X 中的数据点，E 中的边连接相似的数据点，边权重 W 表示数据点的相似性。该方法的目标是在 G 中使用一定的先验信息约束来对图的顶点进行划分，以实现半监督数据聚类。将成对约束和标签约束定义如下。

成对约束揭示了 G 中一对顶点之间的关系。它们包括一组必连约束 $M=\left\{(v_i,v_j):l_i=l_j\right\}$，表示顶点对 (v_i,v_j) 必须属于同一个簇，和一组禁连约束 $M=\left\{(x_i,x_j):l_i\neq l_j\right\}$，表示顶点对 (v_i,v_j) 必须属于不同的簇，其中，l_i 是 v_i 的簇指示符。成对约束可以存储在一个关系图 $G'=(V,E',W')$ 中，该图与 G 共享相同的顶点集。如果存在顶点对 $(v_i,v_j)\in M$，则在 E' 中存在一条边，其边权重 W'_{ij} 增加

一个正值 γ_M 。如果存在顶点对 $(v_i,v_j)\in C$ ，则在 E' 中存在一条边，其边权重 W'_{ij} 增加一个负值 γ_C 。

标签约束揭示了 G 中顶点与地面真实类标签之间的关系。它们包括一组正标签约束 $P=\{(v_i,y_m):v_i\in y_m\}$ ，表示 v_i 的真实类标签是 y_m ，和一组负标签约束 $N=\{(v_i,y_m):v_i\notin y_m\}$，表示 v_i 的真实类标签不是 y_m 。为了形成统一的约束表示，该方法将标签约束转化为更适用于结构熵的成对约束。对于两个顶点 v_i 和 v_j ，转换规则如下：

(1) 如果它们都具有相同标签的正约束，则在 E' 中存在一条边，其边权重 W'_{ij} 增加一个正值 γ_M 。

(2) 如果它们都具有不同标签的正约束，则在 E' 中存在一条边，其边权重 W'_{ij} 增加一个负值 γ_C 。

(3) 如果它们分别具有相同标签的正约束和负约束，则在 E' 中存在一条边，其边权重 W'_{ij} 增加一个负值 γ_C 。

构建后，约束被存储在关系图 G' 中，其中正值表示必连关系，负值表示禁连关系。然而，利用约束的传递性和蕴含性，可以进一步改进这个关系图。

2) 二维 SSE

接下来，介绍了从二维结构熵修改而来的二维 SSE，用于进行半监督分区聚类。对于一个与数据集 X 相关联的图 G 和不同类型的约束，将所有类型的约束转化为统一的形式，并将它们存储在一个关系图 G' 中。目标是找到一个图 G 的划分 P ，使得 G 的结构熵最小化，并同时尽量减少违反的约束数量。二维结构熵的优化目标定义如下。

$$L^P(G,G')=H^P(G)+\phi\varepsilon^P(G,G') \tag{5.101}$$

其中，$\varepsilon^P(G,G')$ 是违反约束的惩罚项，定义为

$$\varepsilon^P(G,G')=-\sum_{X\in P}\frac{g'_X}{V_G}\log\frac{V_X}{V_G} \tag{5.102}$$

其中，g'_X 是 G' 中在模块 X 内和不在模块 X 内的顶点之间的边的权重之和。

惩罚项的直观意义是根据约束修改模块 X 中的截距 g_X ，当违反必连约束时惩罚项增加，当满足禁连约束时惩罚项减少。在 G' 中，W'_{ij} 的正值意味着 v_i 和 v_j 应该属于同一个模块，如果它们不属于同一个模块，$\varepsilon^P>0$，导致 L^P 增加一个惩罚项。在 G' 中，W'_{ij} 的负值意味着 v_i 和 v_j 应该属于不同的模块，如果它们属于不同的模块，$\varepsilon^P<0$，导致 L^P 增加一个奖励项。当不存在约束时，即 $\varepsilon^P=0$，只最小

化无监督的二维结构熵。总之，ε^P 对违反必连约束的模块进行惩罚，并对满足禁连约束的模块进行奖励。

通过在编码树 T 上进行两个操作(合并和移动)来最小化二维 SSE。对于与顶点子集 X 和 Y 相关联的两个姐妹节点 α、$\beta \in T$，节点合并定义如下：

(1) 设置 $X = X \cup Y$。

(2) 删除 β。

$L^P(G,G')$ 的减少量由以下公式给出：

$$\Delta L_{X,Y}^{M} = \frac{1}{V_G}\Big[\big(V_X - g_X - g'_X\big)\log V_X + \big(V_Y - g_Y - g'_Y\big)\log V_Y - \big(V_{X\cup Y} - g_{X\cup Y} - g'_{X\cup Y}\big)\log V_{X\cup Y} + \big(g_X + g_Y + g'_X + g'_Y - g'_{X\cup Y}\big)\log V_G\Big] \tag{5.103}$$

其中，M 表示合并操作；V_X 是 X 在 G 中的体积；V_G 是 G 的体积；g_X 和 g'_X 分别是 X 在 G 和 G' 中的截距。对于与模块 X 相关联的节点 $\alpha \in T$ 和属于 X 的顶点 $v_i \in X$，移动操作旨在找到一个新节点 $\beta \in T$，其关联的模块为 Y，并将 v_i 从 X 移动到 Y。通过将 v_i 从 X 中移除，$L^P(G,G')$ 的减少量由以下公式给出。

$$\Delta L_{X,v_i}^{R} = \frac{V_X - g_X - g'_X}{V_G}\log\frac{V_X}{V_G} - \frac{V_{X\setminus\{v_i\}} - g_{X\setminus\{v_i\}} - g'_{X\setminus\{v_i\}}}{V_G}\log\frac{V_{X\setminus\{v_i\}}}{V_G} \tag{5.104}$$

其中，R 表示顶点移除操作；$X\setminus\{v_i\}$ 表示从 X 中移除顶点 v_i。通过将 v_i 插入 Y，$L^P(G,G')$ 的增加量由以下公式给出。

$$\Delta L_{Y,v_i}^{I} = \frac{V_Y - g_Y - g'_Y}{V_G}\log\frac{V_Y}{V_G} - \frac{V_{Y\cup\{v_i\}} - g_{Y\cup\{v_i\}} - g'_{Y\cup\{v_i\}}}{V_G}\log\frac{V_{Y\cup\{v_i\}}}{V_G} \tag{5.105}$$

其中，I 表示顶点插入操作；$Y\cup\{v_i\}$ 表示将 v_i 插入 Y。初始化 T，其中包含一个根节点 λ 和 n 个叶节点，每个叶节点与 G 中的一个顶点相关联，然后依次应用合并和移动操作直到收敛。

3) 高维 SSE

接下来，将二维 SSE 推广为高维 SSE，以进行半监督的分层聚类。对于由数据集 X、存储约束的关系图 G' 共同关联构建的图 G，目标是找到一个高度为 $K > 2$ 的编码树，以形成 G 中顶点的半监督分层聚类。将高维 SSE 的优化目标定义如下。

$$L^T(G,G') = H^T(G) + \phi\varepsilon^T(G,G') \tag{5.106}$$

其中，$\varepsilon^T(G,G')$ 是违反约束的惩罚项，定义如下。

$$\varepsilon^{T}\left(G,G'\right)=\sum_{\alpha\in T,1<\left|T(\alpha)\right|<|V|}-\frac{g'_{\alpha}}{V_{G}}\log\frac{V_{\alpha}}{V_{\alpha^{-}}}\tag{5.107}$$

其中，g'_{α}是G'中α的截距；$\left|T(\alpha)\right|$是与α相关联的子集$T(\alpha)$中的顶点数。对于T中除叶节点之外的每个节点，惩罚项惩罚违反必连约束，并奖励满足必连约束。

然后，该方法通过在编码树T上进行两个操作(拉伸和压缩)来最小化高维SSE。对于一个姐妹节点对$(\alpha,\beta)\in T$，其父节点为γ，节点拉伸定义为在γ和(α,β)之间插入一个新节点δ，即设置$\alpha^{-}=\delta$，$\beta^{-}=\delta$，$\delta^{-}=\gamma$。$L^{T}\left(G,G'\right)$的减少量由以下公式给出：

$$\Delta L_{\alpha,\beta}^{S}=\frac{g_{\alpha}+g_{\beta}-g_{\delta}+g'_{\alpha}+g'_{\beta}-g'_{\delta}}{V_{G}}\log\frac{V_{\gamma}}{V_{\delta}}\tag{5.108}$$

其中，S表示节点拉伸。将拉伸应用于初始的编码树，迭代地形成一个二叉编码树T_{b}。对于一个节点$\alpha\in T$，它包含一组子节点$\left\{\beta_{1},\cdots,\beta_{m}\right\}$，并且它的父节点是$\gamma$，节点压缩定义为：

(1) 移除节点α。

(2) 对于α的每个子节点β_{i}，设置$\beta_{i}^{-}=\gamma$。

ΔL_{α}^{C}的减少量由以下公式给出。

$$\Delta L_{\alpha}^{C}=\frac{\sum\limits_{i}g\beta_{i}+\sum\limits_{\left|T(\beta_{i})\right|>1}g'_{\beta_{i}}-g_{\alpha}-g'_{\alpha}}{V_{G}}\log\frac{V_{\alpha}}{V_{\gamma}}\tag{5.109}$$

其中，C表示节点压缩。将压缩应用于二叉编码树，可以得到一个多叉编码树。通过限制编码树的高度小于所需的高度K，可以获得K维编码树。

5.4.3 结构熵引导的多视角对比学习用于社交机器人检测

最新的社交机器人检测方法借助图神经网络取得了重大进展。社交图中包含正常用户和机器人账户之间相互影响的信息。过去基于图的检测方法通常采用转导式传递信息的方式，但可能未充分利用隐藏在图中的信息，容易受到对抗性机器人行为的影响。传统的信息传递方式可能导致不同类别和社区之间信息传递过于同质化，从而降低社交机器人检测器的准确性。本节将介绍一种名为SeBot的新型社交机器人检测器——结构熵引导的多视角对比学习用于社交机器人检测[86]。具体来说，该方法利用结构熵来衡量不确定性，优化整个图的结构及子图级别的信息，揭示隐含的层次化社区结构。同时，该方法设计了一个编码器，使得信息传递超越了同质性假设，增强了对社交机器人对抗行为的鲁棒性。最后，采用多视角对比学习，通过多任务学习来最大化不同视图间的信息，提高检测性能。SeBot

架构如图 5-7 所示。

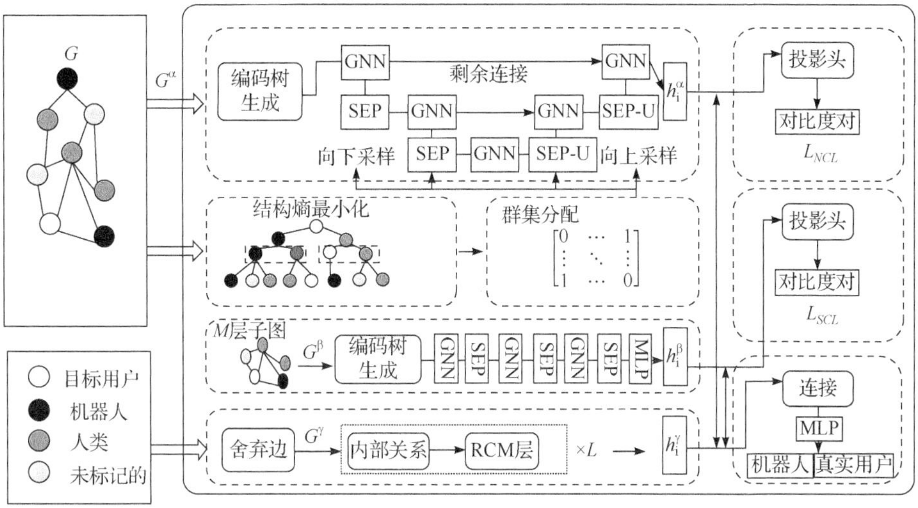

图 5-7　SeBot 架构图

1. 问题概念

首先介绍基于图的社交机器人检测任务，然后介绍图对比学习的定义。

定义 5.5(基于图的社交机器人检测)　基于图的社交机器人检测可以被看作在多关系图上的半监督节点二分类问题。它涉及将社交平台上的账户视为节点，将“关注”和“粉丝”等互动行为视为不同关系的边。用该方法构建的图可以表示为 $G=\{V,\varepsilon,X\}$，其中，$V=\{v_i \mid i=1,2,\cdots,n\}$ 是所有节点的集合，$\varepsilon=\bigcup_{r=1}^{R}\varepsilon_r$ 表示由 R 个关系形成的边的集合，而 X 是特征矩阵。X 的第 i 行表示第 i 个节点的特征向量。整个检测过程是利用图 G 和训练节点的标签 Y_{train} 来预测测试节点的标签 Y_{test}。

$$f\left(G,Y_{\text{train}}\right)\to \bar{Y}_{\text{test}} \tag{5.110}$$

定义 5.6(图对比学习)　在节点分类的一般图对比学习范式中，使用不同的图增强方法对输入图 G 进行增强，生成两个增强图 G^{α} 和 G^{β}。随后，采用由多层图神经网络组成的编码器，生成包含图结构中拓扑信息的节点表示。在第一阶段的训练中，通过共享的投影头将这些表示映射到嵌入空间，进行对比学习。典型的图对比损失函数 InfoNCE 将不同视图中的相同节点 v_i^{α} 和 v_i^{β} 视为正样本，其他节点视为负样本。节点 v_i 的图对比学习损失函数 L_i 和总损失函数 L 可以表示为

$$L_i^\alpha = -\log\left(\frac{e^{\mathrm{sim}\left(z_i^\alpha, z_i^\beta\right)/\tau}}{\sum_{j=1}^{N} \boldsymbol{1}_{j\neq i} e^{\mathrm{sim}\left(z_i^\alpha, z_j^\alpha\right)/\tau} + e^{\mathrm{sim}\left(z_i^\alpha, z_j^\beta\right)/\tau}}\right) \tag{5.111}$$

$$L = \mathrm{InfoNCE}\left(Z^\alpha, Z^\beta\right) = \sum_{i=1}^{N} L_i^\alpha + L_i^\beta \tag{5.112}$$

其中，N 是批量大小，τ 是温度系数，当 $j \neq i$ 时，$\boldsymbol{1}_{j\neq i} = 1$，$\mathrm{sim}(\cdot,\cdot)$ 表示余弦相似度函数。

2. SeBot：基于结构熵的多视角图对比学习社交机器人检测

SeBot 的整体流程如图 5-7 所示。首先，通过将社交网络互动表示为边来构建带属性的多关系图 G。随后，将多关系图 G 输入三个不同的模块，以在不同的感受野范围获得多粒度级别的表示 $h_i = \left[h_i^\alpha \parallel h_i^\beta \parallel h_i^\gamma\right]$。用于构建整个图视图 G_α 编码树的模块、用于构建 m 阶子图视图 G_β 编码树的模块负责通过最小化整个视图 G^α 和 m 阶子视图 G^β 的结构熵来构建编码树。G^β 由目标节点和周围邻居节点组成。视图 G^γ 通过边的删除生成。然后，根据这些编码树进行自下而上的信息传播，以获得节点嵌入 h_i^α 和 h_i^β。在第三个模块中，为了对抗社交机器人的有意逃避行为，该方法设计了一个图卷积层，可以在保持归一化的同时，使邻居节点适应性地变得相似或有区分性。同时，该方法提出一种关系通道混合(RCM)层，用于整合不同关系的信息，以获得 h_i^γ。最后，三个模块的融合包括计算分类的交叉熵损失，并利用图自监督对比学习损失来捕捉三个视图之间的共享信息，增强分类学习过程。

1) 社区感知的分层增强

在社交网络中，由于共同的兴趣、事件等，一些账户之间的连接可能更为显著，从而形成社区。然而，先前的检测方法并没有有效地利用社交网络中的社区结构信息。为了揭示图中的分层结构，该方法利用结构熵最小化方法获得固定高度的编码树，其中每个节点的子节点属于同一个社区。为了清晰起见，首先介绍结构熵的定义及其最小化算法。

结构熵用于衡量图结构信息的不确定性。给定图 $G = \{V, E, X\}$ 及其编码树 T，图 G 在编码树上的结构熵定义为

$$H^T(G) = -\sum_{v_\tau \in T} \frac{g_{v_\tau}}{vol(V)} \log \frac{vol\left(v_\tau\right)}{vol\left(v_\tau^+\right)} \tag{5.113}$$

其中，v_τ 是 T 中的一个节点，除了根节点，也代表一个子集 $V_\tau \in V$，g_{v_τ} 是连接 V_τ 内外的节点的边的数量，v_τ^+ 是 v_τ 的直接前驱节点，$vol(v_\tau)$、$vol(v_\tau^+)$ 和 $vol(V)$ 分别是 v_τ、v_τ^+ 和 V 中节点度数的总和。图 G 的结构熵是具有最小结构熵的编码树的熵，$H(G)=\min_{\forall T}\left\{H^T(G)\right\}$。根据这个定义，结构熵可以用来将给定图的分层结构解码成编码树，作为社区划分的度量。此外，生成的编码树 T 可以被视为自然的多粒度分层社区划分结果。

除了具有最小结构熵的最优编码树，特定场景中还希望进行固定层次的社区划分。考虑到这一点，G 的 K 维结构熵被定义为具有固定高度 k 的最优编码树。

$$H^{(k)}(G)=\min_{\forall T:\mathrm{Height}(T)=k} H^T(G) \tag{5.114}$$

生成具有固定高度 k 的编码树的总过程可以分为两个步骤：

(1) 构建完全高度的二叉编码树。

(2) 将二叉编码树压缩到高度 k。

给定编码树 T 的根节点 v_τ，图 $G=(V,E)$ 中的所有原始节点被视为叶节点。首先定义编码树 T 上的两个迭代操作。

假设 v_c^1 和 v_c^2 是根节点 v_τ 的两个子节点，函数 $children\left(v_c^1,v_c^2\right)$ 定义为将一个新节点 v_i 添加为 v_r 的子节点，并将 v_c^1 和 v_c^2 作为 v_i 的父节点。

$$v_i.children=\left\{v_c^1,v_c^2\right\} \tag{5.115}$$

$$v_r.children=\left\{v_i\right\}\cup v_r.children \tag{5.116}$$

给定编码树 T 中的节点 v_τ 及其父节点 v_τ^+，函数 $Drop(v_\tau)$ 定义为将 v_τ 及其子节点添加到 v_τ^+ 的子节点集合中。

$$v_\tau^+.children=v_\tau^+.children\cup v_\tau.children \tag{5.117}$$

生成具有固定高度 k 的编码树主要涉及通过两个操作的迭代来获得最小的结构熵。首先，通过将 V 中的所有节点视为根节点 v_r 的子节点，初始化一个编码树 T。在第一步中，进行迭代的 $children\left(v_c^1,v_c^2\right)$ 操作旨在最小化结构熵，获得一个没有高度限制的二叉编码树。通过这种方式，选定的叶节点被组合成具有最小结构熵的新社区划分。然后，为了将高度压缩到特定的超参数 k，利用 $Drop(v_\tau)$ 操作将小的划分合并为较大的划分，从而减小编码树的高度，仍然遵循结构熵最小化策略。最终，获得具有固定高度 k 和最小结构熵的编码树。

以这种方式获得的编码树也可以被视为以无监督的方式包含最小但足够重要信息的锚视图。图增强技术生成的视图质量在学习信息丰富的表示中起着关键作用。根据图信息瓶颈理论(GIB)，在图视图中保留重要信息应该涉及最大化输出与标签之间的互信息，同时减小输入与输出之间的互信息，可以形式化地表示为

$$\text{GIB}:\max I\big(f(G);Y\big)-\beta I\big(G;f(G)\big) \tag{5.118}$$

其中，$I(\cdot;\cdot)$ 表示输入之间的互信息。许多图增强方法已经被提出，包括边缘删除、特征遮蔽、图扩散等。然而，这些方法不能确保保留下游任务相关的基本信息，并可能引入类冗余噪声。

2) 在编码树上进行消息传递

为了获得节点表示和子图表示，编码树上的消息传递是自底向上进行的，生成的父节点从其子节点中聚合信息。这个过程从叶节点(即 V 中的节点)开始，在第一层中，叶节点将信息传递给它们的第二层父节点。具体而言，给定聚类分配矩阵 $S_t \in \mathbf{R}^{n_t \times n_{t+1}}$，其中，$n_t$ 和 n_{t+1} 分别是第 t 层中的节点数和分配的聚类数(即下一层的节点数)，S_t 中的元素等于 1 表示该节点属于相应的聚类。通过矩阵乘法，可以得到邻接矩阵 $A_{t+1} \in \mathbf{R}^{n_{t+1} \times n_{t+1}}$ 和 $(t+1)$ 层的隐藏层表示 $P_{t+1} \in \mathbf{R}^{n_{t+1} \times d}$。

$$\text{SEP}: A_{t+1}=S_t^{\mathrm{T}} A_t S_t ; P_{t+1}=S_t^{\mathrm{T}} H_t \tag{5.119}$$

其中，A_t 是邻接矩阵；H_t 表示第 t 层的隐藏特征矩阵。随着汇聚的进行，节点数量减少。为了获得 V 中节点的表示，进一步采用反汇聚操作，以确保节点的数量与 V 中的节点数量匹配。

$$\text{SEP-U}: A_{t+1}=S_t A_t S_t^{\mathrm{T}} ; P_{t+1}=S_t H_t \tag{5.120}$$

其中，S_t 是在先前的汇聚层中使用的相同矩阵。通过多层的 SEP 操作获得高阶社区表示和多层 SEP-U 重构，可以获得节点级表示 h_i^{α}。

为每个目标用户提取的每个子图的表示，可以通过连接 SEP 汇聚层的结果来获得：

$$\text{SEP-G}: h_i^{\beta,t}=\text{Readout}\Big(\text{SEP}_t\big(GCN_t(H_t, A_t), S_t\big)\Big) \tag{5.121}$$

$$h_i^{\beta}=\text{Concat}\left(h_i^{\beta,1}, \cdots, h_i^{\beta,l}\right) \tag{5.122}$$

其中，$\text{SEP}_t(\cdot)$ 表示第 t 层的 SEP 操作；$\text{Readout}(\cdot)$ 可以选择平均汇聚或求和汇聚。通过这种方式获得的高阶表示使得社交机器人检测可以通过子图分类实现。

3) 关系信息聚合

为了减轻社交机器人(即积极与人类建立关系)对图的对抗攻击，该方法提出一种超越同质性的关系信息聚合机制，并引入一种关系通道混合层。

由于 RGCN 的信息聚合是基于同质性假设的(即属于同一类别的节点倾向于连接在一起)，而高级机器人可能有意识地与人类进行更多互动。考虑到这个问题，

该方法通过生成负注意力系数将高频信息(即节点之间的差异)纳入到 RGCN 的信息聚合策略中。然而，通过 tanh 激活函数直接生成的正负权重无法进行归一化。为了确保信息聚合的一致性，进一步引入 Gumbel-Max 重参数化技巧，使权重接近 1 或–1。具体而言，关系 r 和层 l 中边 e_{ij} 的注意力权重 $w_{ij}^{r,\{l\}}$ 通过以下方式生成。

$$w_{ij}^{r,\{l\}} = \tanh((g_r^{\{l\},T}[h_i^{\{l-1\}} \| h_j^{\{l-1\}}] + \log\epsilon - \log(1-\epsilon)) / \tau_G) \tag{5.123}$$

其中，$g_r^{\{l\}}$ 表示可训练的参数；$\epsilon \sim \text{Uniform}(0,1)$ 是采样的 Gumbel 随机变量；τ_G 是用于放大 $w_{ij}^{r,\{l\}}$ 的小温度。通过这种方式，当权重接近 1 时，它保留与邻居的相似信息，而当权重接近–1 时，它保留不相似的信息。此外，归一化可以直接基于邻居的数量来执行。

$$h_i^{r,\{l\}} = \frac{1}{|N_r(v_i)|} \sum_{v_j \in N_r(v_i)} w_{ij}^{r,\{l\}} h_j^{\{l-1\}} W_r^{\{l\}} \tag{5.124}$$

其中，$N_r(v_i)$ 表示 v_i 的邻居；$W_r^{\{l\}}$ 是权重矩阵。由于采用参数化技巧，归一化近似满足 $|N_r(v_i)| \approx \sum_{v_j \in N_r(v_i)} |w_{ij}^{r,\{l\}}|$。

在跨不同关系独立聚合信息后，需要对这些关系信息进行合并，以获得具有更丰富语义的表示。该方法提出一种关系通道自适应融合层。具体而言，给定在每个关系和层 l 中生成的嵌入 $h_i^{r,\{l\}}$，首先计算关系的权重向量。

$$\hat{u}_i^{r,\{l\}} = \left[h_i^{1,\{l\}} \| \cdots \| h_i^{R,\{l\}}\right] \hat{W}_r^{\{l\}} \tag{5.125}$$

其中，$\hat{W}_r^{\{l\}}$ 是权重矩阵，$[\cdot\|\cdot]$ 表示连接操作。

然后，对每个特征通道的权重系数应用 softmax 函数进行归一化：

$$\left[u_i^{1,\{l\}} \| \cdots \| u_i^{R,\{l\}}\right] = \text{softmax}\left(\left[\hat{u}_i^{1,\{l\}}, \cdots, \hat{u}_i^{R,\{l\}}\right]\right) \tag{5.126}$$

最后，$u_i^{r,\{l\}}$ 可以用于混合来自不同关系的表示，并添加转换后的原始特征：

$$h_i^{\{l\}} = h_i^{\{l-1\}} W_{\text{root}}^{\{l\}} + \sum_{r=1}^{R} h_i^{r,\{l\}} \odot u_i^{r,\{l\}} \tag{5.127}$$

其中，$\odot$ 表示 Hadamard 乘积操作；$W_{\text{root}}^{\{l\}}$ 是用于转换原始特征的权重矩阵。

实际上，当每个边的权重 $w_{ij}^{r,\{l\}} = 1$ 且 $u_i^{r,\{l\}} = 1$ 时，所提出的编码器等同于 RGCN，因此可以看作对 RGCN 的扩展。此外，上述两个网络的 L 层被用来生成 G^γ 上的 h_i^γ。

4) 多任务优化和学习

在从三个模块中获得节点表示之后，需要设计损失函数作为学习目标。模型的主要目标仍然是分类，即识别机器人账号。该方法使用一个两层的多层感知器(MLP)作为连接层，对连接结果 $h_i = \left[h_i^{\alpha} \| h_i^{\beta} \| h_i^{\gamma} \right]$ 进行分类，并使用二元交叉熵计算分类损失。

$$L_{CE} = -\sum_{u_i \in V_t} \left[y_i \log(p_i) + (1 - y_i) \log(1 - p_i) \right] \tag{5.128}$$

$$p_i = \text{softmax}\left(\sigma\left(h_i W_1 + b_1 \right) + W_2 + b_2 \right) \tag{5.129}$$

此外，在现实世界的场景中，社交网络中存在分层的社区结构和异质性。本节的目标是学习统一的节点表示，可以同时融合两种类型的信息。然而，目前没有同时捕捉这两种类型信息的方法。因此，该方法使用三个模块分别获取三种表示：h_i^{α}，h_i^{β} 和 h_i^{γ}，每个表示包含不同的语义信息。具体而言，h_i^{α} 包含全局的分层结构信息，h_i^{β} 包含局部的分层结构信息，h_i^{γ} 包含邻居的特定类别信息。

然而，通过独立模块获得的表示往往是片面的。因此，该方法进一步使用自监督对比学习来捕捉不同表示之间的一致性。具体而言，通过最大化不同表示之间的互信息。本节所提出的两级对比学习损失 L_{NCL} 和 L_{SCL} 是基于不同视图下所有节点(即 H^{α}，H^{β} 和 H^{γ})的表示来计算的。

$$L_{\text{NCL}} = \text{InfoNCE}\left(\psi_N\left(H^{\alpha} \right), \psi_N\left(H^{\gamma} \right) \right) \tag{5.130}$$

$$L_{\text{SCL}} = \text{InfoNCE}\left(\psi_S\left(H^{\beta} \right), \psi_S\left(H^{\gamma} \right) \right) \tag{5.131}$$

其中，$\psi_N(\cdot)$ 和 $\psi_S(\cdot)$ 被定义为节点级和子图级对比学习的投影头。通过这种方式，两个看似矛盾的挑战被统一并以自监督的方式解决，而不是简单地独立解决。

最终，该方法的总损失通过将上述三个学习损失相加来计算。

$$L = L_{\text{CE}} + \lambda_1 L_{\text{NCL}} + \lambda_2 L_{\text{SCL}} \tag{5.132}$$

其中，λ_1 和 λ_2 是两个超参数，范围为 0～1，用于调整不同损失的幅度和权重。

5.4.4　基于不同约束结构熵的可扩展半监督聚类

半监督聚类利用约束形式的先验信息，实现更高质量的聚类结果。然而，大多数现有方法在处理大规模数据集时面临高时间和空间复杂性的困难。此外，它们遇到无缝集成等各种约束的挑战，从而限制了适用性。本节介绍一种基于不同约束结构熵的可扩展半监督聚类(SSSE)的新方法，该方法处理来自不同来源的不同类型约束的可扩展数据集，执行半监督分区和分层聚类，相较于基于深度学习的方法，其完全可解释。具体来说，该方法设计了基于结构熵的目标，将约束集成到半监督分区和分层聚类中。为了在数据量上实现可扩展性，该方法基于图采样开发了高效算法，以减少时间和空间复杂性。为了在约束类型上实现泛化，对广泛使用的成对和标签约束制定了统一视图。

1. 概念定义

1) 问题公式化

半监督聚类旨在根据以不同形式的约束给定的先验信息，将输入数据 $X=\{x_1,x_2,\cdots,x_n\}$ 中的数据点分组成子集，即聚类。对于分区聚类，数据点被分组到某个不重叠的分区 $P=\{X_1,X_2,\cdots,X_L\}$ 中，其中，X_i 是第 i 个聚类，L 是总聚类数。对于分层聚类，数据点被组织为一个聚类树 T 中的嵌套聚类，其中，树上的每个 α 聚类都是其子节点的并集。半监督聚类形成分区或聚类树，同时整合约束以提高聚类准确性并符合用户偏好。本节，专注于两种代表性约束类型：

(1) 成对约束，揭示了数据点对之间的关系。

(2) 标签约束，揭示了数据点与基本真实类标签之间的关系。

成对约束包括必须链接约束 $M=\{(x_i,x_j):l_i=l_j\}$，表示数据点对 (x_i,x_j) 必须属于同一聚类，以及不可链接约束 $C=\{(x_i,x_j):l_i\neq l_j\}$，表示数据点对 (x_i,x_j) 必须属于不同聚类，其中，l_i 是 x_i 的聚类指示符。标签约束包括正约束 $P=\{(x_i,y_m):,x_i\in y_m\}$，表示 x_i 的真实类标签是 y_m，以及负约束 $N=\{(x_i,y_m):x_i\notin y_m\}$，表示 x_i 的真实类标签不是 y_m。标准化这两种约束类型并将它们存储在关系图 G' 中。结合输入数据 X 中的数据图 G，基于结构熵对目标进行优化，进行半监督分区和分层聚类。

2) 结构熵

设 $G=(V,E,W)$ 为一个无向加权图，其中，$V=\{v_1,\cdots,v_n\}$ 是顶点集，E 是边集，W 是边权重矩阵。图 G 的编码树 T 是一个分层根树，其中，每个树节点 α 与一个顶点集 T_α 相关联。树的根节点 λ 与 $T_\lambda=V$ 相关联，每个叶节点 υ 与包含 V 中仅有一个顶点的 T_υ 相关联。对于 T 中的每个非叶节点 α，α 的后继节点与不相交的顶点子集相关联，这些子集的并集是 T_α。给定 T 的 G 的结构熵定义如下。

$$H^T(G)=\sum_{\alpha\in T,\alpha\neq\lambda}H^T(G;\alpha)=\sum_{\alpha\in T,\alpha\neq\lambda}-\frac{g_\alpha}{V_G}\log\frac{V_\alpha}{V_{\alpha^-}} \tag{5.133}$$

其中，$H^T(G;\alpha)$ 是节点 α 的结构熵；g_α 是割边，即在 T_α 中的顶点和不在 T_α 中的顶点之间边权重的总和；V_α 和 V_G 表示体积，即 T_α 和 G 中顶点度的总和。图 G 的结构熵定义如下。

$$H(G)=\min_{T}\left\{H^{T}(G)\right\} \tag{5.134}$$

其中，T 取值于所有可能的编码树。与树节点相关联的顶点集形成 V 中顶点的分层聚类。

K 维结构熵是由高度最多为 K 的编码树给出的结构熵。当 $K=2$ 时，编码树表示图的分区，可用于执行分区聚类。一个二维编码树 T 可以被指定为 V 的图分区 $P=\left\{X_1,X_2,\cdots,X_L\right\}$，其中，$X_i$ 是与根 λ 的第 i 个子节点相关联的模块的顶点子集。给定 P 的 G 的结构熵定义如下：

$$H^{P}(G)=-\sum_{X\in P}\sum_{v_i\in X}\frac{g_i}{V_G}\log\frac{d_i}{V_X}-\sum_{X\in P}\frac{g_X}{V_G}\log\frac{V_X}{V_G} \tag{5.135}$$

其中，d_i 是顶点 v_i 的度；g_i 是割边，即连接 v_i 和其他顶点的边权重之和；V_X 和 V_G 分别是体积，即模块 X 和图 G 中顶点度的总和；g_X 是割边，即在模块 X 中的顶点和不在模块 X 中的顶点之间边权重的总和。

2. 基于结构熵的可扩展半监督聚类

接下来，详细阐述基于结构熵的可扩展半监督聚类方法(SSSE)，该方法通过图抽样解决了半监督聚类的可扩展性问题。SSSE 的主要思想是在抽样子图上执行聚类，并将获得的簇插入剩余图中作为新数据点。

对于给定先验信息的数据集 X，该方法首先构建一个数据图 G 和一个关系图 G'。然后，通过图抽样获得一个数据子图和一个关系子图，并在这两个子图上执行半监督聚类。在本轮中获得的簇被聚合成新数据点并插入回 G 和 G' 中。这种抽样和聚类步骤将一直进行，直到剩余图足够小以进行快速聚类。最后，在剩余图上执行半监督聚类，并从之前的步骤中恢复簇。

SSSE 的三个关键组成部分包括图构建、基于半监督分区聚类的二维 SSSE 和基于半监督分层聚类的高维 SSSE。在图构建部分中，该方法从数据集 X 构建一个 p-最近邻相似性图作为数据图 G，并从给定的先验信息构建关系图 G'。在二维 SSSE 组件中，设计了一个基于二维结构熵的目标函数，以实现半监督分区聚类，并通过合并和移动两个操作符进行优化。在高维 SSSE 组件中，该方法进一步扩展目标函数，用于半监督分层聚类，并通过拉伸和压缩两个操作符进行优化。

1) 图构建

该方法提出的 SSSE 需要从输入数据和先验信息中获得一个数据图 G 和一个关系图 G'。数据图 G 衡量了输入数据集 X 的内在邻域结构，而关系图 G' 存储了来自给定先验信息的约束信息。该方法通过构建 p-最近邻数据图来解决可扩展性问题，以避免复杂的密集图。该方法还采用基于图抽样的可扩展性策略，以避免在大图上进行目标优化。

考虑一个数据集 $X=\{x_1,x_2,\cdots,x_n\}$，包含 n 个数据点，构建一个数据图 $G=(V,E,W)$，其中，$V=\{v_1,\cdots,v_n\}$ 是与数据点 X 对应的顶点集，E 是连接顶点的边的集合，W 是衡量数据点相似性的边权重集合。对于两个数据点 x_i，$x_j\in X$，通过径向基函数(RBF)核或余弦相似度来度量它们的相似性 W_{ij}，具体取决于不同任务的需求。

先验信息以约束形式提供给半监督聚类。该方法对广泛使用的成对约束和标签约束进行统一形式化，并将它们存储在一个关系图中。对于与数据图 G 相关联的数据集 X，使用提供的约束构建关系图 $G'=(V,E',W')$，其中，G' 与 G 共享相同的顶点集。

成对约束包括一组必须链接约束 $M=\{(x_i,x_j):l_i=l_j\}$ 和一组不可链接约束 $C=\{(x_i,x_j):l_i\neq l_j\}$。如果存在一对数据点 $(x_i,x_j)\in M$，那么在 E' 中存在一条边，其边权重 W'_{ij} 增加正值 γ_M。如果存在一对数据点 $(x_i,x_j)\in C$，那么在 E' 中存在一条边，其边权重 W'_{ij} 增加负值 γ_C。参数 γ_M 和 γ_C 控制约束的作用。对于具有相似性 W_{ij} 的数据点对 (x_i,x_j)，设置 $\gamma_M=\max(W)-W_{ij}$，其中，$\max(W)$ 是所有数据点对中的最大相似性。为了平衡当必须链接约束和不可链接约束的数量不同时，G' 中正值和负值的影响，设置 $\gamma_C=\rho(\min(W)-W_{ij})$，其中，$\rho$ 是 G' 中正值和负值的比率。

标签约束包括一组正约束 $P=\{(x_i,y_m):x_i\in y_m\}$ 和一组负约束 $N=\{(x_i,y_m):x_i\notin y_m\}$。为了形成约束的统一表示，该方法将标签约束转换为更适合 SSSE 的成对约束。对于两个数据点 x_i 和 x_j，转换规则如下：

(1) 如果它们具有相同标签的正约束，那么在 E' 中存在一条边，其边权重 W'_{ij} 增加正值 γ_M。

(2) 如果它们具有不同标签的正约束，那么在 E' 中存在一条边，其边权重 W'_{ij} 增加负值 γ_C。

(3) 如果它们分别具有正约束和负约束，且带有相同的类标签，则第一个数据点属于该类，而第二个数据点不属于该类。在这种情况下，在 E' 中存在一条边，其边权重 W'_{ij} 增加负值 γ_C。标签约束转换倾向于生成密集的关系图 G'，其中具有标签约束的顶点连接到所有其他具有标签约束的顶点。为了避免复杂的密集关系图，在执行约束转换时，最多只保留每个顶点在 G' 中的两条正边和两条负边。

为了实现可扩展的半监督聚类，该方法采用一种基于采样的可扩展性策略，避免在大图上对 SSSE 进行目标优化。在构建数据图之后，该方法将其采样成一组子图，并在这些子图上执行半监督聚类。子图中的聚类收缩为数据点，从而减小图的大小。这种图采样步骤提高了 SSSE 的可扩展性。然而，简单的随机图采样会破坏数据图中的最近邻结构，从而影响 SSSE 的性能。该方法提出一种保持邻域结构的图采样策略，这种采样策略生成更小的子图，并同时保留图的内在邻域结构。

具体来说，给定一个具有关联关系图 $\hat{G}'$ 的完整数据图 $\hat{G}$ ，该方法随机选择 n_{seed} 个采样中心顶点作为存储在当前选定顶点集 S_{select} 中的采样种子。对于每个选定的顶点，根据 $\hat{G}$ 扩展到其 p 个最近邻顶点。直到 S_{select} 的大小达到采样阈值 n_s 。进行无替换的顶点集列表采样，将 $\hat{G}$ 中剩余的顶点分配给最终的顶点集。每个顶点集对应于一个数据子图 G 和一个关系子图 G' ，分别来自 $\hat{G}$ 和 $\hat{G}'$ 。这些子图用于通过目标优化形成聚类。在 $\hat{G}'$ 中的约束与图采样输出之间可能存在冲突。例如，具有必须连接约束的两个顶点可能被采样到不同的子图中。这使得约束在当前轮中无效。然而，当 $\hat{G}'$ 更新并且具有约束的顶点被采样到同一个子图中时，这些约束可以在后续轮中变得有效。

2) 二维 SSSE

图的二维结构熵代表了通过图分区可以实现的最低可能结构熵。因此，它可以有效地用于分区聚类。该方法提出了基于二维结构熵的二维 SSSE，用于半监督分区聚类。

给定大小为 n 的数据集 X ，构建一个数据图 $\hat{G}$ 和一个关系图 $\hat{G}'$ 。在这些子图上进行聚类，并将获得的聚类作为新数据点插入 $\hat{G}$ 和 $\hat{G}'$ 。假设获得一个包含 n_s 个顶点的数据子图 G 以及通过图采样获得的关系子图 G' ，打算在这两个图上执行半监督分区聚类。为了将给定的约束集成到聚类过程中，该方法提出了在这两个图上定义的正则化项。在 G 和 G' 上的二维 SSSE 的目标函数定义如下。

$$L^P(G,G') = H^P(G) + \phi E^P(G,G') \tag{5.136}$$

其中， $H^P(G)$ 为二维结构熵； $E^P(G,G')$ 是约束违反的正则化项，定义如下。

$$E^P(G,G') = -\sum_{X\in P}\frac{g'_X}{V_G}\log\frac{V_X}{V_G} \tag{5.137}$$

其中， g'_X 是 G' 中在分区 X 内和不在分区 X 内的顶点之间的边权重之和。

正则化项的直观理解是，根据约束修改模块 X 中的割边 g_X ，当违反必须链接约束时增加，当满足不可链接约束时减少。在 G' 中 W'_{ij} 的正值表示 v_i 和 v_j 应属于同一分区，如果它们不属于同一分区，则 $E^P>0$ ，导致对 L^P 进行惩罚。在 G' 中 W'_{ij} 的负值表示 v_i 和 v_j 应属于不同分区，如果它们属于同一分区，则 $E^P<0$ ，导

致对 L^P 进行奖励。当不存在约束时，即 $E^P=0$，只最小化无监督的二维结构熵。总的来说，E^P 对违反必须链接约束的模块进行惩罚，并对满足不可链接约束的模块进行奖励。

给定数据子图 G 和关系子图 G'，通过在编码树 T 上使用两种操作符——合并和移动来最小化二维 SSSE 目标。合并操作符旨在合并两个兄弟节点的顶点子集并删除一个节点。对于关联顶点子集 X 和 Y 的两个兄弟节点 $\alpha,\beta\in T$，合并操作符定义如下：

(1) 设置 $X=X\cup Y$。

(2) 删除 β。

$L^P\left(G,G'\right)$ 的减少量由下式给出。

$$\begin{aligned}\Delta L_{X,Y}^{M}=\frac{1}{V_G}\Big[&\left(V_X-g_X-g_X'\right)\log V_X+\left(V_Y-g_Y-g_Y'\right)\log V_Y-\left(V_{X\cup Y}-g_{X\cup Y}\right.\\&\left.-g_{X\cup Y}'\right)\log V_{X\cup Y}+\left(g_X+g_Y-g_{X\cup Y}+g_X'+g_Y'-g_{X\cup Y}'\right)\log V_G\Big]\end{aligned}\tag{5.138}$$

其中，M 表示合并操作符；V_X 是 G 中 X 的体积；V_G 是 G 的体积；g_X 和 g_X' 分别是 G 和 G' 中 X 的割边。移动操作符旨在通过将顶点从一个模块移动到另一个模块来为顶点找到更好的模块。对于与模块 X 关联的节点 $\alpha\in T$ 和模块 X 中的顶点 $v_i\in X$，找到与 v_i 通过 G 中的边连接的模块 Y 的目标节点 $\beta\in T$，移动操作符定义如下：

(1) 从 X 中移除 v_i。

(2) 将 v_i 插入 Y。

通过从 X 中移除 v_i，$L^P\left(G,G'\right)$ 的减少量由下式给出。

$$\Delta L_{X,v_i}^{R}=\frac{V_X-g_X-g_X'}{V_G}\log\frac{V_X}{V_G}-\frac{V_{X\setminus\{v_i\}}-g_{X\setminus\{v_i\}}-g_{X\setminus\{v_i\}}'}{V_G}\log\frac{V_{X\setminus\{v_i\}}}{V_G}\tag{5.139}$$

其中，R 表示删除顶点；$X\setminus\{v_i\}$ 表示从 X 中移除顶点 v_i。通过将 v_i 插入到 Y 中，$L^P\left(G,G'\right)$ 的增加量如下所示。

$$\Delta L_{Y,v_i}^{I}=\frac{V_Y-g_Y-g_Y'}{V_G}\log\frac{V_X}{V_G}-\frac{V_{Y\cup\{v_i\}}-g_{Y\cup\{v_i\}}-g_{Y\cup\{v_i\}}'}{V_G}\log\frac{V_{Y\cup\{v_i\}}}{V_G}\tag{5.140}$$

其中，I 表示顶点插入；$Y\cup\{v_i\}$ 表示将 v_i 插入到 Y 中。初始化 T 包含一个根节点 λ 和 n 个叶子，其中，每个叶子与 G 中的一个顶点相关联，然后依次应用合并和移动操作，直到收敛。

3) 高维 SSSE

高维结构熵表示由分层编码树给出的最低可能结构熵。通过高维结构熵的最小化可以实现分层聚类。

给定数据集 X 以及构建的数据图 $\hat{G}$ 和关系图 $\hat{G}'$，将 $\hat{G}$ 划分成一系列子图。该方法首先应用拉伸运算符实现二元分层聚类，然后应用压缩运算符获取聚类。这些聚类被插入 $\hat{G}$ 和 $\hat{G}'$ 中作为下一次分层聚类的新数据点。对于包含 n_s 个顶点的数据子图 G 和通过图采样得到的对应关系子图 G'，在这两个图上进行半监督分层聚类。高维 SSSE 的目标是在 T 中的所有内部树节点上应用约束，即 T 中除根节点和叶节点以外的所有树节点。目标函数定义如下。

$$L^T(G,G') = H^T(G) + \phi E^T(G,G') \tag{5.141}$$

其中，$E^T(G,G')$ 是约束违反的正则化项，定义如下。

$$E^T(G,G') = -\sum_{\alpha\in T,1<|T(\alpha)|<|V|} -\frac{g'_\alpha}{V_G}\log\frac{V_\alpha}{V_{\alpha^-}} \tag{5.142}$$

其中，g'_α 是 G' 中 α 的割边；$|T(\alpha)|$ 是与 α 相关联的子集 $T(\alpha)$ 中顶点的数量。对于 T 中的每个内部节点，惩罚项对违反必须链接约束进行惩罚，并奖励不可链接约束的满足。

给定数据子图 G 和关系子图 G'，通过对编码树 T 采用拉伸和压缩两种操作符来最小化高维 SSSE 目标。拉伸操作符旨在通过在一对兄弟节点上方添加一个父节点来拉伸编码树。对于父节点为 γ 的一对兄弟节点 $(\alpha,\beta)\in T$，节点的拉伸被定义为在 γ 和 (α,β) 之间插入一个新节点 δ，即设置 $\alpha^- = \delta$，$\beta^- = \delta$，$\delta^- = \gamma$。$L^T(G,G')$ 的减少量由下式给出。

$$\Delta L^S_{\alpha,\beta} = \frac{g_\alpha + g_\beta - g_\delta + g'_\alpha + g'_\beta - g'_\delta}{V_G}\log\frac{V_\gamma}{V_\delta} \tag{5.143}$$

其中，S 表示节点拉伸。对初始编码树进行迭代拉伸会得到二叉编码树 T_b。压缩操作旨在通过删除某些内部树节点来限制编码树的高度。对于 T 中包含一组子节点 $\{\beta_1,\cdots,\beta_m\}$ 且其父节点是 γ 的节点 α，节点压缩定义为：

(1) 移除节点 α。

(2) 对于 α 的每个子节点 β_i，设置 $\beta_i^- = \gamma$。

$L^T(G,G')$ 的减少量由下式给出。

$$\Delta L^C_\alpha = \frac{\sum_i g\beta_i + \sum_{|T(\beta_i)|>1} g'_{\beta_i} - g_\alpha - g'_\alpha}{V_G}\log\frac{V_\alpha}{V_\gamma} \tag{5.144}$$

其中，C 表示节点压缩。在二叉编码树上应用压缩会得到多叉编码树。通过限制编码树的高度小于所需的高度 K，可以获得 K 维编码树。

5.4.5 利用结构信息对基于图的假新闻检测器进行子图攻击

尽管图神经网络(GNN)在假新闻检测中展现出良好的潜力，但它们在社交网络中的对抗性操作仍然十分脆弱。现有针对基于 GNN 的检测器的攻击主要集中于在恶意账户与单个目标新闻帖子之间建立连接，而忽略了它们与周围帖子的结构关系，这限制了攻击的整体有效性。本节，提出一种新颖的基于结构信息原则的对抗攻击框架，称为 SI2AF，旨在有效挑战基于 GNN 的检测器，以检验其鲁棒性。

具体而言，引入结构熵来量化社交互动中嵌入的动态不确定性。通过最小化高维熵，识别出涵盖所有用户账户和新闻帖子的层次社区。提出一种影响度量，用于衡量每个账户参与随机互动的概率，从而设计出多个管理不同恶意账户的智能体。针对每个目标新闻帖子，开发三种攻击策略，通过在相关子图内的多智能体协作优化对黑盒检测器的规避。

1. 概念定义

1) 基于 GNN 的假新闻检测

用户-帖子图记作 G_{up}，是一个二分图，定义为元组 $\{U,P,E_{up},X_u,X_p,Y\}$，其中，$U=(u_0,\cdots,u_m)$ 表示用户集合，$P=(p_0,\cdots,p_n)$ 表示新闻帖子集合。用户和帖子的特征矩阵分别用 X_u 和 X_p 表示。标签集合 Y 包含帖子标签，其中，1 表示假新闻，0 表示真实新闻。边 $e_{ij}=(u_i,p_j)\in E_{up}$，表示用户 u_i 与帖子 p_j 之间的社交互动。

在标准检测框架中，图神经网络(GNN) f_θ 通过递归聚合邻接顶点的信息来处理 G_{up}，以获得每个帖子 p 的表示 h_p。为了对给定的新闻帖子 $p\in P$ 进行分类，将 GNN 表示 h_p 输入到分类器 f 中，映射为预测标签 $\hat{y}\in(0,1)$。对于 P 的交叉熵损失定义如下。

$$L_{\text{GNN}}\left(G_{up},f_\theta\right)=\sum_{p_i\in P}\left[-\log\left(y_i\cdot\sigma\left(f_\theta\left(X_p,E_{up}\right)_{p_i}\right)\right)\right] \tag{5.145}$$

其中，σ 表示用于新闻帖子二分类的 Sigmoid 函数。

2) 针对基于 GNN 的新闻检测器的攻击

针对基于 GNN 的检测器的对抗攻击旨在利用恶意账户 $U_m\subset U$ 来传播新帖子，从而改变目标新闻帖子 $P_t\subset P$ 的分类结果。在本研究中，GNN 模型 f_θ 最初在一个干净的数据集上进行训练，并假设在攻击过程中模型的参数保持未知。攻击目标是最大化 P_t 中的错误分类率，其表达如下。

$$\begin{aligned} &\max_{E'_{up}} \sum_{p_i \in P_t} \boldsymbol{1}\left(f_{\theta^*}\left(X_p, E'_{up}\right)_{p_i} \neq y_i\right), \\ &\text{s.t.} \quad \theta^* = \operatorname{argmin} L_{\text{GNN}}\left(G_{up}, f_\theta\right), \qquad \left|U_m\right| \leqslant \Delta_u \end{aligned} \tag{5.146}$$

其中，E'_{up} 表示被操控的边；Δ_u 表示攻击预算，定义为可控用户的最大数量。

2. SI2AF

在本研究中，利用社交网络中的结构信息来识别涵盖用户账户和新闻帖子的层次社区结构，并进一步利用多智能体协调实现对基于 GNN 的新闻检测器的有效攻击。SI2AF 框架由三个主要模块组成：层次结构识别、多个智能体设计和目标子图攻击。在结构识别模块，从历史互动中构建一个二分用户-帖子图，并生成其最优编码树，以表示所有用户和帖子的层次社区结构。在智能体设计模块，提出一种影响度量来评估用户账户，将其分类为恶意账户和真实账户两种类型。为每个目标帖子协调多个智能体，以在相关子图内与目标帖子和非目标帖子建立新连接，旨在优化在基于 GNN 的检测模型下的规避效果。

1) 层次结构识别

与之前的研究中独立分析单个目标新闻不同，本节通过最小化社交互动中的动态不确定性来识别社交账户和新闻帖子的层次社区结构，从而促进在 SI2AF 框架内的有效子图攻击。为此，首先提取用户账户 U 和新闻帖子 P 之间的历史互动，以构建一个无向二分用户-帖子图 $G_{up}=\left(U,P,E_{up}\right)$。使用预训练的语言模型来获得用户表示 X_u，通过嵌入他们的历史帖子。类似地，通过嵌入每个新闻帖子的内容来创建帖子表示 X_p。

对于每条边 $e_{ij}=\left(u_i,p_j\right)\in E_{up}$，计算表示 $h_{u_i}\in X_u$ 和 $h_{p_j}\in X_p$ 之间的余弦相似度，这是捕捉嵌入空间语义相似性的标准度量。得到的相似度用于计算边权重 $w_{ij}\in[0,1]$，其公式如下：

$$w_{ij}=\frac{1}{2}\left(\cos\left(h_{u_i},h_{p_j}\right)+1\right) \tag{5.147}$$

直观上，较高的权重 w_{ij} 表示用户 u_i 和帖子 p_j 之间的相关性较大，而较低的权重则反映出不相似性。

在二分图 G_{up} 中，将社交互动建模为用户和帖子顶点之间的随机游走，用结构熵来量化这些互动的动态不确定性。结构熵量化了在随机社交互动中确定可访问用户或帖子的最小信息量(以 bit 为单位)。通过最小化 G_{up} 的高维结构熵，生成其最优编码树，捕获用户账户 U 和新闻帖子 P 的层次社区结构。首先初始化一个

单层编码树 T_{up} 用于 G_{up}，其中，每个叶节点 v 的树根 λ 是其父节点，记作 $v^{-}=\lambda$。使用 HCSE 算法，应用两个操作——拉伸和压缩，迭代并贪婪地将编码树 T_{up} 从单层优化到 K 层，最终得到最优的 K 层编码树 T_{up}^{*}。在树 T_{up}^{*} 中，根节点 λ 对应于用户和帖子集合的并集 $V_{\lambda}=U\cup P$。每个叶节点 v 对应于一个包含单个用户或帖子的单例，而中间节点则对应于不同层次级别的社区。

最后，对于每个目标帖子 $p\in P_t$，提取其对应的 k 层社区 V_{α}，在 T_{up}^{*} 的第 k 层压缩用户子集 $U_{\alpha}\subset U$ 和帖子子集 $P_{\alpha}\subset P$。将用户子集 $U_{\alpha}\subset U$ 扩展为包含整个用户集合 U，并导出相关的二分子图 $G_{\alpha}=\left(U,P_{\alpha},E_{\alpha}^{up}\right)$。扩展的顶点子集由两部分组成：整个账户集 U 和帖子子集 $P_{\alpha}\subset P$。边子集 E_{α}^{up} 捕获用户 U 中的账户与帖子 P_{α} 之间的局部结构关系，突显它们在子图中的互动。

在本研究中，默认将高度参数 k 设置为 $K-1$，使得能够从与根节点直接的子节点对应的顶点社区中导出所有目标子图。

2) 多智能体设计

基于这种层次社区结构，提出一种度量指标来衡量每个用户账户的网络影响力，并设计多个合作智能体来管理恶意账户，考虑到它们各自的影响力和预算。在编码树 T_{up}^{*} 中，分配给每个非根节点 α 的结构熵衡量了随机游走从父社区 $V_{\alpha^{-}}$ 转移到子社区 V_{α} 的不确定性。对于任何用户 $u\in U$，随机互动到达该用户的概率由从根节点 λ 到叶节点 v 经过的所有节点 α 的累积熵决定，其中，$V_v=\{u\}$。因此，定义影响度量 I 为每个用户账户在 G_{up} 中参与随机互动的可能性，如下所示。

$$I\left(G_{up};u\right)=\sum_{V_v\subseteq V_{\alpha}\subset V}\left[-\frac{g_{\alpha}}{V_{\lambda}}\log_2\frac{c\cdot V_{\alpha}}{V_{\alpha}-}\right] \tag{5.148}$$

其中，c 是一个调节参数，用于调节所有用户账户之间的影响分布。

之前的研究根据每个账户的新闻分享数量对不同的恶意群体进行分类，这表明了它们的网络影响力。然而，由于社交网络的稀疏性，大多数用户仅与单个新闻帖子关联，出现重尾分享分布，从而可能造成基于影响力的分类失衡。通过将内容相关性和层次社区结构整合到度量中，实现对分享相同数量帖子的用户之间更细致的区分，相较于之前的方法提高了影响力测量的精确度。以下定理证明，即使在无权图和单层网络结构的背景下，调整影响度量中的参数 c 可以减少具有相同影响值的账户出现，从而促进用户影响力的更平衡分布。在这种特定情况下，影响度量 $I\left(G_{up};u\right)$ 对于每个用户 $u\in U$ 完全依赖于用户的顶点度数，表示用户与不同内容之间的连接数量。该影响度量定义如下。

$$I\left(G_{up};u\right)=-\frac{g_v}{V_\lambda}\log_2\frac{c\cdot V_v}{V_\lambda}=-\frac{d_u}{V_\lambda}\log_2\frac{c\cdot d_u}{V_\lambda} \tag{5.149}$$

定理 5.1 设 $x\in\left[1,\frac{b}{2}\right]$ 是一个具有概率密度函数 $q_0(x)$ 的正随机变量。给定变换 $x'=-\frac{x}{b}\cdot\left(\log_2\frac{c}{b}x\right)$，在 $0<c\leqslant\frac{2}{e}$ 的条件下，变量 x' 随着变量 x 单调增加，其概率密度函数 $q_1(x')$ 满足：

$$0\leqslant q_1(x')\leqslant\frac{b}{1-\log_2 ec} \tag{5.150}$$

其中，参数 b 表示所有用户分享的帖子总数和这些帖子被分享的总次数。因此，每个用户的分享计数 x 限定在 $1\leqslant x\leqslant\frac{b}{2}$ 的范围内。

考虑到多个恶意群体参与虚假信息传播，建模三种不同类型的恶意账户——机器人、混合账户和众包工人，它们具有不同的影响水平和预算。这三种恶意群体的预算分别记作 Δ_b、Δ_c 和 Δ_w，开发一种自适应分类算法，生成影响力低的机器人组 U_b、影响力中等的混合组 U_c 和影响力高的工作组 U_w。具体而言，首先按影响度量 I 的升序对所有用户 U 进行排序。接着，根据指定的预算确定低、中、高影响力组的大小，并将所有账户分类到这些组中。最后，从每个组中随机抽样账户以返回 U_b、U_c 和 U_w。因此，受控的恶意账户 U_m 被定义为

$$U_m=U_b\cup U_c\cup U_w \tag{5.151}$$

最后，为了模拟不同组之间的协调行为，设计了三个智能体，每个智能体体现不同的影响力水平：低影响力社交机器人的智能体 N_b、中影响力混合账户的智能体 N_c 和高影响力众包工人的智能体 N_w。

3) 目标子图攻击

针对目标帖子的每一次攻击，主要集中在假新闻(虽然也适用于真实新闻)，被建模为在相关的用户-帖子子图内的集体努力，其中，所有智能体共同协作，操纵黑箱 GNN 基础检测器的分类结果。对于目标假新闻帖子 $p\in P_t$，其相关的用户-帖子子图 G_α 包括密切相关的帖子 P_α，P_α 中包括假新闻帖子 $P_\alpha^f=\left\{p_1^f,p_2^f,\cdots,p_{l_f}^f\right\}$ (其中，$p=p_1^f$)和真实新闻帖子 $P_\alpha^r=\left\{p_1^r,p_2^r,\cdots,p_{l_r}\right\}$。这里，$l_f$ 和 l_r 分别表示子集 $P_\alpha\subset P$ 中假新闻和真实新闻帖子的数量。

SI2AF 框架将对目标新闻帖子 p 的攻击建模为一个合作的多智能体马尔可夫决策过程，其特征由元组 (N,S,A,P,R,γ) 定义，其中，$N=\{N_b,N_c,N_w\}$ 是智能体集合，S 表示所有智能体观察到的状态空间，A 是联合行动空间，P 表示转移函

数，R 表示奖励函数，γ 是折扣因子。在每个时间步 t，负责管理恶意账户 $U_b=\left\{u_1^b,u_2^b,\cdots,u_{\Delta_b}^b\right\}$ 的智能体 N_b 观察当前环境状态 $s_t\in S$，并根据其策略网络 π_b 选择动作 $a_t^b=\left(a_1^b,a_2^b,\cdots,a_{\Delta_b}^b\right)$。策略网络 π_b 确定每个控制账户将在相关用户-帖子子图 G_α 中与哪个帖子顶点进行交互，表示为 $a_t^b=\pi_b\left(s_t,U_b,G_\alpha\right)$。同样，智能体 N_c 和 N_w 使用各自的策略网络选择相应的动作 a_t^c 和 a_t^w，决策过程与 N_b 类似。

对于每个恶意账号 $u_i^b\in U_b$，基于 u_i^b 和目标帖子 $p\in P$ 共享的所有共同父节点的累积熵定义其所选动作 a_i^b 的抽样概率 p_i^b，定义如下。

$$p_i^b=\sum_{\left\{u_i^b,p\right\}\subset V_\alpha}H^{T_{up}^*}\left(G_{up};\alpha\right) \tag{5.152}$$

如果 u_i^b 和 p 之间唯一的公共父节点是根节点，将采样概率 p_i^b 设置为预定义的小随机值 0.01，以反映其低行动可能性。对智能体 N_c 和 N_w 控制的账户定义采样概率的方法与此相同。基于这些概率，对 a_t^b、a_t^c 和 a_t^w 进行加权采样，得到在时间步 t 的单智能体动作 a_t^b、a_t^c 和 a_t^w。此外，对这些动作进行集中汇总，按照每个智能体控制的恶意账户施加的网络影响的总和进行加权。这一汇总产生了时间步 t 的最终动作 a_t，该动作指定了被攻击的帖子 $p_t\in P_\alpha$ 和选定的恶意账户 $u_t\in U_m$。集体行动 $\left(p_t,u_t\right)$ 修改了用户-帖子图 G_{up} 的结构，通过在 u_t 和 p_t 之间建立新的分享，可能影响目标新闻 p 在 GNN 基础检测器 f_{θ^*} 下的分类结果。根据被攻击帖子 p_t 的类型，子图攻击包括三种不同的攻击策略：

(1) 直接攻击：直接与目标新闻 $p_t=p$ 进行互动，以影响其在 GNN 基础检测器下的分类结果。

(2) 间接攻击：与相关子图中的真实新闻 $p_t\in P_\alpha^r$ 进行互动，以间接影响目标 p 的预测。

(3) 反馈攻击：与相关子图中的其他假新闻 $p_t\in P_\alpha^f$ 且 $p_t\neq p$ 进行互动，目的是丰富环境反馈并解决决策过程中的奖励稀疏性问题。

在针对 GNN 基础检测器 f_{θ^*} 发起对抗性攻击的过程中，SI2AF 框架考虑目标帖子及其他相关假新闻帖子的分类结果。这些帖子的预测 $\hat{y}_1,\hat{y}_2,\cdots,\hat{y}_{l_f}$ 作为奖励信号，引导所有 N 中智能体的策略网络训练和优化。具体而言，$\hat{y}_1=f_{\theta^*}\left(X_p,E'_{up}\right)_{p_1^f}$ 表示目标帖子 $p=p_1^f$ 的分类结果，而 $\hat{y}_i=f_{\theta^*}\left(X_p,E'_{up}\right)_{p_i^f}$ 表示其他假帖子 p_i^f (其中 $i>1$)的结果。奖励 $R\left(s_t,a_t\right)$ 定义如下：

$$R\left(s_t,a_t\right)=\begin{cases}1, & f_{\theta^*}\left(X_p,E'_{up}\right)_{p_1^f}\neq y_1\\ \sum_{i=2}^{l_f}\frac{1\left(f_{\theta^*}\left(X_p,E'_{up}\right)_{p_i^f}\neq y_i\right)}{l_f-1}, & \text{其他}\end{cases}\tag{5.153}$$

其中，E'_{up} 表示被动作 a_t 干扰后的更新结构关系。

对于在策略 π_b 下运行的智能体 N_b，采用 Q 学习来估计其价值函数 Q_b 并最小化优化损失，如下所示。

$$L_{Q_b}=\mathbf{E}_{\left(s_t,a_t^b\right)}\left[R\left(s_t,a_t^b\right)+\gamma\max_{a_{t+1}^b}Q_b^-\left(s_{t+1},a_{t+1}^b\right)-Q_b\left(s_t,a_t^b\right)\right]\tag{5.154}$$

其中，Q_b^- 表示智能体 N_b 的目标价值网络，旨在通过减少学习到的 Q 值的波动来稳定训练过程。最优价值函数 $Q_b^*\left(s_t,a_t^b\right)$ 通过以下贝尔曼方程表示。

$$Q_b^*\left(s_t,a_t^b\right)=R\left(s_t,a_t^b\right)+\gamma\max_{a_{t+1}^b}Q_b^*\left(s_{t+1},a_{t+1}^b\right)\tag{5.155}$$

该方程描述了一种贪婪策略，其中，智能体 N_b 选择最大化给定状态下 Q 值的动作。

$$\pi_b\left(a_t^b\mid s_t;Q_b^*\right)=\operatorname{argmax}_{a_t^b}Q_b^*\left(s_t,a_{t+1}^b\right)\tag{5.156}$$

智能体 N_c 和 N_w 的策略训练遵循与 N_b 相同的 Q 学习方法，但适应其独特的行动空间。

5.5 有监督结构表征与预测

5.5.1 利用结构熵优化进行交通预测的多范围时空变换网络

交通预测是复杂的多变量时间序列回归任务，对交通管理和规划至关重要。然而，现有方法往往难以利用局部时空特征和道路网络层次知识来建模复杂的多尺度依赖关系。为此，本节介绍 MultiSPANS，一种通过结构熵优化进行交通预测的多范围时空变换网络[87]。首先，该方法考虑到单个记录点无法反映关键的局部时空模式，设计了多滤波器卷积模块，用于生成信息丰富的时空 Transformer(ST)令牌嵌入，以便计算注意力。然后，基于 ST 令牌和时空位置编码，该方法采用 Transformer 模型来捕捉长程时空依赖关系。此外，该方法引入结构熵理论来优化空间注意力机制。具体而言，该方法使用结构熵最小化算法生成最优的道路网络层次结构，即编码树。基于此，该方法提出基于相对结构熵的位置编码和基于多层编码树的多头注意力掩码方案。MultiSPANS 架构如图 5-8 所示。

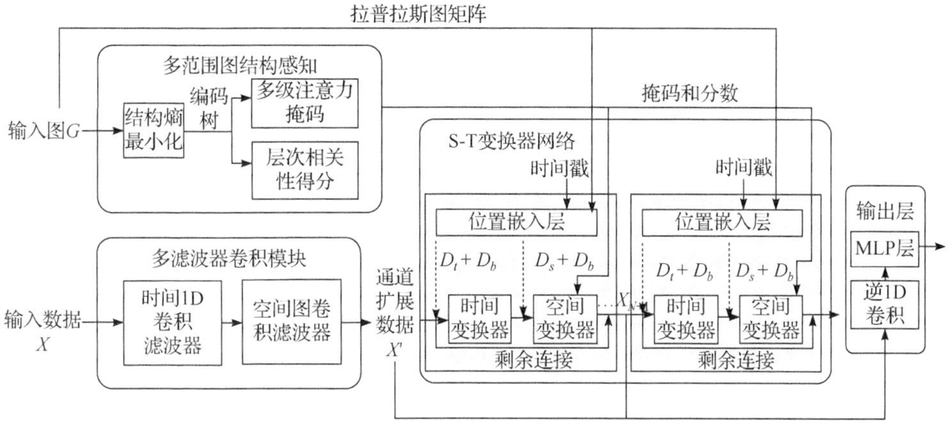

图 5-8　MultiSPANS 架构图

1. 基础知识

1) 问题定义

在时刻 t (即原子数据点)，由第 n 个传感器收集的 C 通道(速度、流量、占有率等)交通状态信号可以用向量 $x_{n,t}$ 表示。对于具有 N 个传感器节点的道路网络，在宽度为 T 的时间窗口中的交通状态特征可以表示为

$$X_{[t,t+T]}=\left[\begin{bmatrix}x_{1,t+1}\\x_{2,t+1}\\\cdots\\x_{N,t+1}\end{bmatrix}\begin{bmatrix}x_{1,t+2}\\x_{2,t+2}\\\cdots\\x_{N,t+2}\end{bmatrix}\cdots\begin{bmatrix}x_{1,t+T}\\x_{2,t+T}\\\cdots\\x_{N,t+T}\end{bmatrix}\right] \tag{5.157}$$

交通状态预测问题旨在根据历史观测、先前结构和额外信息预测未来的交通状态，可以形式化为

$$\hat{X}_{[t,t+T']}=f_\theta\left(X_{[t-T,t]},A_{t-T},G\right) \tag{5.158}$$

其中，f_θ 是具有参数 θ 的模型，$\hat{X}_{[t,t+T']}$ 是宽度为 T' 的预测时间窗口，A_{t-T} 是历史窗口的附加信息。G 表示拓扑结构，可以是道路网络地图或动态图序列。

2) 图和结构熵

假设 $G=\{V,E\}$ 代表一个图，其中，V 是包含 N 个顶点的集合，$E\subseteq V\times V$ 是边的集合。A 表示 G 的邻接矩阵，其中，A_{ij} 表示从顶点 i 到顶点 j 的边的权重。顶点 $v_i\in V$ 的度被定义为 $d(v_i)=\sum_j A_{ij}$，$D=\operatorname{diag}\left(d(v_1),d(v_2),\cdots,d(v_N)\right)$ 表示度矩

阵。结构信息理论主要包括两个部分：编码树和结构熵。

编码树是一种对图进行编码和压缩的层次结构。对于图 $G=\{V,E\}$ ，以节点 λ 为根的编码树 T 定义为具有以下属性的树：

(1) 对于树中的每个节点 α ，其关联的顶点(如图 G 中的物理节点)集合定义为 $T_\alpha \subseteq V$ 。

(2) 对于每个节点 α ，其父节点表示为 α^- ，其第 i 个子节点表示为 $\alpha^{\langle i\rangle}$ ，按照 i 从左到右的顺序排列。

(3) 对于每个非叶节点 α ，具有 N 个子节点，所有顶点子集 $T_{\alpha^{\langle i\rangle}}$ 满足 $T_\alpha=\bigcup_{i=1}^{N} T_{\alpha^{\langle i\rangle}}$ 且 $\bigcap_{i=1}^{T} T_{\alpha^{\langle i\rangle}}=\varnothing$ 。

因此，编码树将图抽象和编码为一个层次社区结构。

结构熵是由编码树和图共同决定的，可以如下表示：

$$H^T(G)=\sum_{\alpha\in T,\alpha\neq\lambda} H^T(G;\alpha)=-\sum_{\alpha\in T,\alpha\neq\lambda}\frac{g_\alpha}{vol(G)}\log\frac{V_\alpha}{V_{\alpha^-}} \tag{5.159}$$

其中， g_α 是从 T_α 外部的顶点到 T_α 内部的边的权重之和；$vol(G)$是图中所有顶点的度之和；V_α 是 T_α 中的度之和。最小化图的结构熵的编码树压缩了最多的知识。因此，在总信息量保持不变的情况下，以最佳方式表示基本的图层次结构是最优的。

该方法主要包含三个子模块架构：多滤波器卷积(MFCL)模块、时空Transformer(ST)和层次图感知机制。首先，该方法使用 MFCL 模块获取 ST 令牌，包括多个一维滤波器以增强不同频率的时间信号，并使用多跳图卷积滤波器来聚合邻域信号。接下来，该方法使用 Transformer 网络来建模复杂的依赖关系，该网络由一堆带残差连接的 ST 编码器组成。每个 ST 编码器由两个按顺序排列的时间和空间 Transformer 组成。每个 ST 编码器的跳跃连接被求和并馈送到一个带有转置的一维卷积层的输出层。此外，介绍一种基于结构熵优化的空间注意力的分层图结构感知机制，利用嵌入在道路网络中的丰富信息，将图抽象为一个层次结构(即编码树)，基于此介绍多级注意力掩码来规范空间注意力，并使用层次相关性得分作为相对位置编码。

2. 多滤波器卷积模块

多滤波器卷积(MFCL)模块旨在扩展令牌嵌入的维度并丰富信息，同时融入更复杂的局部时空特征和模式。该方法采用两个特定的设计：多频率时态卷积滤波器和多跳图卷积滤波器。

考虑到交通系统固有的周期性，该方法使用一组具有不同大小的标准一维滤波器来提取多个频率下的短程时态特征。假设有 m 个大小为 $k_1, k_2, \cdots, k_m$ 的滤波器，在时刻 t 上具有 c 个输入通道和 c_t 个输出通道的时态卷积操作表示如下。

$$x_t' = \|_{j=1}^{m} \sum_{i=1}^{c} \sum_{l=1}^{k_j} W^{(j)}[l,i] X[i, t+l-k_j] \tag{5.160}$$

其中，X 是输入时间序列；x_t' 表示步骤 t 的输出；$W^{(j)}$ 是第 j 个滤波器的核矩阵(其中 ct 必须能被 m 整除)；$[\cdot]$ 表示索引操作；$\|$ 表示沿通道维度的连接操作。通过连接多个滤波器的结果，时态数据的通道被扩展到 c_t。由于预期所有滤波器产生的序列具有统一的长度，通过在输入第 j 个滤波器之前，在序列的第一个点和最后一个点进行复制来将序列填充到长度 $T \leftarrow T + k_j - 1$。卷积滤波器的大小和数量可以根据不同任务进行自定义，以适应更大的历史窗口，并且时态滤波器的统一步长可以扩大以压缩序列。

为了提取在道路网络上传播的交通状态的短程空间模式，该方法采用多跳图卷积滤波器来融合邻域内的节点特征。将图的 1 跳邻接矩阵表示为 A，具有 c_t 通道的 h 跳图卷积操作可以表示如下。

$$x_n' = \|_{j=0}^{h} \sum_{i=1}^{N} \hat{A}^j [n,i] X[I], \hat{A} = D^{-1}(A + I) \tag{5.161}$$

其中，核矩阵 $\hat{A}$ 是通过将自环矩阵 I 添加到 A 并用度矩阵 D 进行归一化得到的；X 表示经过时态滤波后的节点特征；x_n' 是第 n 个节点的输出；$\hat{A}^j$ 指的是 $\hat{A}$ 的 j 次幂，它充当了从 j 跳邻居聚合消息的多跳图卷积滤波器。最后，所有输出被连接成一个维度为 $d = (h+1) \cdot c_t$ 的向量，使得每个数据点都能聚合道路网络的多跳邻域特征。

3. 时空变压器网络

1) 位置嵌入层

首先，为了在空间变换器中整合空间节点位置信息，该方法利用拉普拉斯图矩阵将道路网络拓扑编码为静态表示。具体而言，该方法通过 $U^{\mathrm{T}} \Lambda U = I - D^{-1/2} AD^{-1/2}$ 计算 G 的节点特征向量，其中，U 和 Λ 对应于特征值和特征向量。在 k 个最小的非平凡特征向量上应用线性投影 W，生成空间嵌入 D_s。其次，该方法采用基于原始 Transformer 设计的正弦位置编码 D_t，以融入时间序列信息。此外，对于连续时间序列数据集，需要考虑当前批次在整个数据集中的位置。该方法对数据批次的星期和小时时间戳进行 one-hot 编码，并将其映射到码 D_b 中，以考虑跨批次的周期性。最后，分别将 $H + D_t + D_b$ 和 $H + D_s$ + 输入到空间 Transformer 和时间 Transformer 中。这里，H 是由于时序排列而来的前一模块的隐藏输出状态。

2) 时空变压器(Transformer)

为了建模全局道路网络和历史窗口的全局时空依赖关系，该方法采用具有 h 个注意头的统一 Transformer 模块，可以表示为

$$Q = W_Q^{(i)}\left(H + D_t + D_b\right), K = W_K^{(i)}H, V = W_V^{(i)}H \tag{5.162}$$

$$A^{(i)} = \left(\left(Q^{(i)}K^{(i)}\right)^{\mathrm{T}} + S / \sqrt{d}\right) \odot M^{(i)} \tag{5.163}$$

$$H' = \mathrm{Norm}\left(\mathrm{ReLU}\left(W_{ffn} \|_{i=1}^{h}\left(\mathrm{softmax}\left(A^{(i)}\right)V^{(i)}\right)\right)\right) \tag{5.164}$$

对于第 i 个注意头，H 是时空输入；$W_Q^{(i)}$，$W_K^{(i)}$ 和 $W_V^{(i)}$ 是可学习的线性投影；$A^{(i)}$ 是注意力矩阵；S 是加法相似性矩阵(也称为相对位置编码)；$M^{(i)}$ 是注意力掩码，与 $A^{(i)}$ 进行哈达玛积($\odot$)。所有注意头的最终输出 H' 被串联成 d 通道，并进一步输入到通道混合的前馈层中，其中，W_{ffn} 是前馈网络的参数，Norm 表示批归一化。时空 Transformer 的结构基本相同，但仍存在以下差异：位置编码 D 的获取方式不同，时间 Transformer 中的 D 是 D_t，而空间 Transformer 中的 D 是 D_s；时间 Transformer 仅建模时间点之间的关系，所有空间位置共享一组投影参数，而空间 Transformer 则相反；为空间注意力该方法设计了独特的相对位置编码 S 和多头注意力掩码 M。

3) 多尺度图结构感知

城市结构由于其功能划分(如住宅、商业等)而具有自然的层次结构，可以通过道路网络结构来反映并影响交通状态。创新地引入结构熵和编码树理论，从道路网络中挖掘高阶知识并将其融入自注意机制中。首先，该方法应用结构熵最小化算法来获取最优编码树，该树用作道路网络的层次抽象。其次，该方法利用这种层次结构来建模网络内的低秩关系，并提出多级注意力掩码。最后，该方法基于编码树上物理节点(叶节点)的相对位置提出分层相关性得分，揭示了道路网络的潜在结构和节点位置。

受结构熵最小化原理的启发，该方法引入一种启发式算法和相应的树操作符(即组合操作符和合并操作符)来计算道路网络 G 的最优编码树，以获得分层的区域划分结构。首先，初始化一个扁平的编码树(只有一个层级，其中所有叶节点都是根节点的直接后继)。在每次迭代中，选择并以贪婪的方式进行节点对和操作符，以最大限度地减少结构熵。最后，当结构熵不再持续减少时，算法终止，得到最终的最优编码树，表示为 T^*。

编码树中的层级数量通常取决于图的大小和结构复杂性，并可以在优化过程中自适应确定。编码树的每个层级对应于图节点集的一个分区，表示特定空间尺

度上的道路网络潜在区域划分。给定最优编码树 T^* 中第 l 层的节点集 $\{\alpha_1,\alpha_2,\cdots,\alpha_n\}$，以及 $T_\lambda=\bigcup_{i=1}^{l}T_{\alpha_i}$，可以获得满足条件的掩码矩阵 $M^{(l)}$，其中

$$m_l[i,j]=\begin{cases}1, & \exists\alpha_m\in\{\alpha_1,\cdots,\alpha_l\},v_i\in T_{\alpha_m},v_j\in T_{\alpha_m}\\ -Inf, & 其他\end{cases} \tag{5.165}$$

其中，$m_l[i,j]$ 表示 M_l 中第 i 行第 j 列的元素。对于 L 级编码树，可以从除了叶节点层级之外的每个层级获得 $L-1$ 个具有不同粒度的掩码矩阵。此外，该方法引入一个额外的邻接矩阵作为第 L 个掩码，以捕捉具有最小范围的边级局部关系。这 L 个掩码应用于 H 个注意头(确保 $H>L$)，以捕捉不同范围内的依赖关系，而额外的 $H-L$ 个注意头则不进行掩码，用于建模宽广的全局注意力。

多级注意力掩码可以在结构层级内的多头空间注意力中利用低秩约束，但可能会忽略层级之间的垂直交叉关系。因此，设计一种基于最优编码树来识别图中顶点的相对位置编码。具体而言，该方法基于编码树 T 定义了相对结构熵。对于具有继承关系的节点 α 和 β，α 相对于 β 的结构熵定义为 $H_{\mathrm{rel}}^T(G;\alpha\mid\beta)=H^T(G;\alpha)/H^T(G;\beta)$。它反映了图 G 中顶点和子结构之间的相对复杂性和信息性。然后，假设编码树的两个叶节点 α_i 和 α_j 共享最低公共祖先节点 θ，α_i 相对于 α_j 的结构熵可以定义如下。

$$\begin{aligned}H_{\mathrm{rel}}^T(G;\alpha_j|\alpha_i)&=H_{\mathrm{rel}}^T(G;\theta|\alpha_i)+H_{rel}^T(G;\alpha_j|\theta)\\&=\sum_{\beta,T_{\alpha_i}\subseteq T_\beta\subset T_\theta}H^T(G;\beta^-\mid\beta)\sum_{\beta,T_{\alpha_j}\subseteq T_\beta\subset T_\theta}H^T(G;\beta\mid\beta^-)\end{aligned} \tag{5.166}$$

从另一个角度来看，将编码树视为一个图，并将两个叶节点 α_i 和 α_j 之间最短有向路径上连接的节点的相对结构熵相加，得到最终的相对结构熵。基于这一相对结构熵，可以生成满足 $S_{\mathrm{hier}}[i,j]=H_{\mathrm{rel}}^T(G;\alpha_j|\alpha_i)$ 的分层相关性矩阵，其中，$T_{\alpha_i}=v_i$，$T_{\alpha_j}=v_j$。分层相关性得分 S_{hier} 使注意力能够优先考虑更复杂的结构，同时保留道路网络的层次信息。总之，为了改进空间注意力机制，首先通过结构熵最小化算法将道路网络抽象为一个编码树。然后，编码树的每个层级 i(以及邻接矩阵)被构造为一个作用于特定注意头的注意力掩码 $M^{(i)}$。此外，由相对结构熵导出的分层相关性得分 S_{hier} 被用作先验分数，并添加到注意力矩阵中。

4) 输出层

在收集了 ST 编码器块和具有跳跃连接的多滤波器卷积滤波器的所有中间输出后，它们被求和成 $H_o\in\mathbf{R}^{T\times N\times D}$，并输入到反卷积解码器和 MLP 解码器中。反

卷积平滑地扩展了预测序列，如果隐藏状态长度T的维度与多步预测长度T'不一致。MLP 将输出的通道维度和序列长度投影到所需的形状，并获得最终的预测$H_o \in \mathbf{R}^{T' \times N \times C_o}$。

5.5.2 图分类应用：层次抽象图核

图核方法已被视为处理各种图应用的成功工具。然而，大多数已提出的图核方法都基于 R-卷积框架，该框架将图分解为一组相同抽象级别的子结构，并平等地比较所有子结构对；这些方法固有地忽视了嵌入在图中的分层结构信息的实用性。本节介绍一种新颖的图核方法——HAGK[88]，用于比较图的分层子结构，以充分捕捉和利用潜在的分层结构信息。该方法通过构建图的层次抽象来揭示每个图的分层子结构。具体而言，是遵循结构熵最小化原则的层次组织的嵌套节点集合。为了比较一对层次抽象，该方法提出两种新颖的子结构匹配方法，局部最优匹配(Local Optimal Matching，LOM)和优先顺序匹配(Priority Ordering Matching，POM)，通过不同的策略递归地找到子结构之间的适当匹配。HAGK 架构如图 5-9 所示。

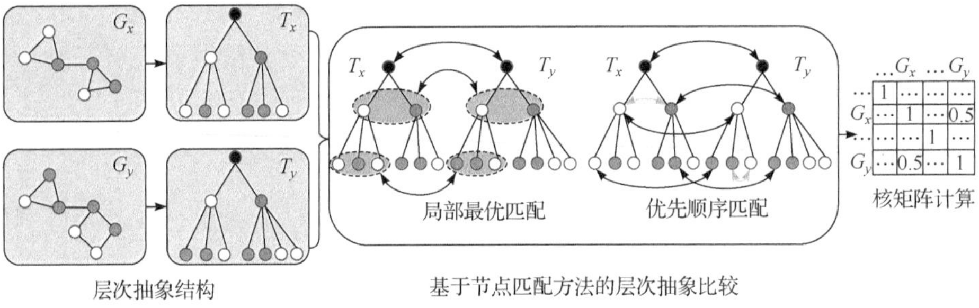

图 5-9　HAGK 架构图

1. 基础知识

主要关注节点标记的无向且无权重的图。给定图数据集$G = \{G_1, G_2, \cdots, G_{|G|}\}$，其中，$G$中的每个图被表示为$G = (V, E)$，其中，$V$和$E$分别表示图的节点集合和边集合。假设每个节点具有一个标签$l \in L$，其中，$L = \{l_1, l_2, \cdots, l_{|L|}\}$表示图$G$的标签集合。

为了表示分层子结构，该方法使用一种新颖的树结构，即层次抽象，层次抽象中叶节点的高度设计为相同，以方便比较。层次抽象的根节点高度设为 1，叶节点高度–1 被定义为层次抽象的维度。在这种表示中，每个i级子结构由图的层次抽象的i高度树节点表示。每个i高度的非叶树节点具有若干个$i+1$高度的直接后继节点，表示每个 i 级子结构被分解为若干个 $i+1$ 级非重叠子结构，形成 i 级子结构的分区。同一级别的所有子结构的节点集合构成图节点集合的一个分区。为了找到最佳层次抽象，该方法推广了结构熵最小化原则。根据这个原则，该方法构建每个图的层次抽象，通过最小化结构熵来揭示图的基本分层结构。

1) 层次抽象

无向未加权图 $G=(V,E)$ 的层次抽象 T 是一个具有根节点 $\lambda(T)$ 的有向树。设 $V(T)$ 是 T 的节点集；节点 $\alpha\in V(T)$ 的标记用 $M(\alpha)$ 表示，是 V 的子集；$M(\lambda(T))=V$；α^+ 是非叶节点 α 的直接后继的集合；α_i^+ 是 α 从左到右的第 i 个直接后继。对于每个非叶节点 α，$M(\alpha_1^+),\cdots,M\left(\alpha_{|\alpha^+|}^+\right)$ 构成 $M(\alpha)$ 的一个分区。叶节点 γ 的标记是单个节点集，即 $|M(\gamma)|=1$。

2) 结构熵最小化原理

为了找到最佳的层次抽象，利用结构熵最小化原理，为每个图构造层次抽象，通过最小化结构熵来揭示图的本质层次结构。

$G=(V,E)$ 的最优层次抽象 T^* 最小化了 G 的结构熵，即

$$T^*=\min_T H^T(G) \tag{5.167}$$

$H^T(G)$ 通过层次抽象 T 表示 G 的结构熵：

$$H^T(G)=\sum_{\alpha\in V(T)-\{\lambda(T)\}} H^T(G,\alpha) \tag{5.168}$$

其中，$H^T(G,\alpha)$ 是 α 的节点结构熵。

$$H^T(G,\alpha)=-\frac{cut(\alpha)}{2|E|}\log\frac{vol(\alpha)}{vol(\alpha^-)} \tag{5.169}$$

其中，$cut(\alpha)$ 表示 $M(\alpha)$ 的切割边缘的数量；$vol(\alpha)$ 表示 $M(\alpha)$ 的体积，即 $M(\alpha)$ 中所有节点的度的总和，α^- 是 α 的父节点。

2. HAGK

1) 节点匹配方法

在介绍节点匹配方法之前，首先描述内核，即直方图交集函数，它测量两个匹配的层次抽象节点之间的相似性。设 T_x 表示 $G_x\in G$ 的层次抽象，$\lambda(T_x)$ 表示 T_x 的根。给定来自两个不同层次抽象的两个节点 α 和 β，两个层次抽象节点之间的

直方图交集函数定义为

$$s(\alpha,\beta)=\sum_{i=1}^{|L|}\min\left\{h(M(\alpha),i),h(M(\alpha),\beta)\right\} \tag{5.170}$$

其中，$h(M(\alpha),i)$表示在$M(\alpha)$中具有标签l_i的图节点的数目。$\alpha \bowtie \beta$表示α和β是匹配的。

(1) 局部最优匹配(LOM)。

局部最优匹配(LOM)方法首先匹配一对层次抽象的根。接下来，它匹配根的直接后继，以最大化成对相似性的总和。最后，对新匹配节点的直接后继节点进行递归匹配。给定两个层次抽象T_x和T_y，首先匹配它们的根，即$\lambda(T_x)\bowtie\lambda(T_y)$。对于两个节点$\alpha\in V(T_x)$和$\beta\in V(T_y)$，如果$\alpha\bowtie\beta$，则$\alpha_i^+\bowtie\beta_{q^*(i)}^+$，其中，$q^*$是$\alpha$和$\beta$的直接后继的下标之间的注入，并且满足

$$q^*=\underset{q\in Q}{\operatorname{argmax}}\sum_{i=1}^{|\alpha^+|}s\left(\alpha_i^+,\beta_{q(i)}^+\right) \tag{5.171}$$

其中，Q是从$\left\{1,2,\cdots,|\alpha^+|\right\}$到$\left\{1,2,\cdots,|\beta^+|\right\}$的所有注入的集合。

(2) 优先顺序匹配(POM)。

首先介绍节点顺序关系的概念，它定义了层次抽象的节点的优先级。节点顺序关系定义了层次抽象中节点的优先级，并选择节点结构熵作为优先级指标。给定来自层次抽象T的两个节点α_1和α_2，并定义α_1比α_2具有优先级，如果$H^T(G,\alpha_1)\geqslant H^T(G,\alpha_2)$，表示为$\alpha_1\geqslant\alpha_2$。该方法使用节点结构熵的一个主要原因是它大致表示了从整个图到特定分层子结构的随机游走的概率。在比较按节点结构熵排序的两个层次抽象时，匹配的子结构通常具有类似的图不变量(割边和体积)和相同的随机游走概率等级，这表明这个度量确实具有表征和匹配适当子结构的能力。另一个原因是节点结构熵可以在层次抽象构建过程中作为中间结果轻松获得，不需要额外的时间复杂度。

将$h(M(\alpha))=\left[h(M(\alpha),1),\cdots,h(M(\alpha),|L|)\right]$称为节点$\alpha$的标签直方图。给定两个层次抽象节点$\alpha$和$\beta$，定义$h(M(\alpha))>h(M(\beta))$为$\exists N\in\left\{1,2,\cdots,|L|\right\}$，$\forall i\in\left\{1,2,\cdots,N-1\right\}, h(M(\alpha),i)=h(M(\beta),i)$且$h(M(\alpha),N)>h(M(\beta),N)$。

给定两个层次抽象节点$\alpha\in V(T)$和$\beta\in V(T')$，其中，T和T'都是由G构建而来。定义$\alpha=\beta$，当且仅当$H^T(G,\alpha)=H^{T'}(G,\beta)$(如果$\alpha$和$\beta$都是非根节点)，且$h(M(\alpha))=h(M(\beta))$；以及$|\alpha^+|=|\beta^+|=0$，或$|\alpha^+|=|\beta^+|\neq 0$，$\forall i\in\{1,2,\cdots,|\alpha^+\}$，

$\alpha_i^+ = \beta_i^+$。定义 $\alpha \geqslant \beta$，当且仅当 α 和 β 满足以下条件之一：

① $H^T(G,\alpha) > H^{T'}(G,\beta)$；

② $H^T(G,\alpha) = H^{T'}(G,\beta)$ 且 $h(M(\alpha)) > h(M(\beta))$；

③ $H^T(G,\alpha) = H^{T'}(G,\beta)$ 且 $h(M(\alpha)) = h(M(\beta))$，$\exists N \in \{1,2,\cdots,\min(|\alpha^+|, |\beta^+|)\}$，$\forall i \in \{1,2,\cdots,N\}, |\alpha^+| = |\beta^+|$ 且 $\alpha_{N+1}^+ \geqslant \beta_{N+1}^+$；

④ $H^T(G,\alpha) = H^{T'}(G,\beta)$ 且 $h(M(\alpha)) = h(M(\beta))$，$\forall i \in \{1,2,\cdots,\min(|\alpha^+|, |\beta^+|)\}, \alpha_i^+ = \beta_i^+$ 且 $|\alpha^+| \geqslant |\beta^+|$；

⑤ $\alpha = \beta$。

如果可以通过交换 T 中的兄弟节点而不改变相应的分解子结构来将 T 转换为 T'，则 T 和 T' 是等价的。换句话说，T 和 T' 所表示的分层子结构是相同的。接下来，描述最终的有序层次抽象，对于每个节点，其所有直接后继节点按结构熵降序排列。确保在比较不同图之间的子结构时具有相同的对齐顺序，使得核函数是传递的，从而保证了正半定性。

层次抽象的等价性：给定由 G 构建的两个层次抽象 T 和 T'，定义 T 等于 T'，表示为 $T = T'$，当且仅当 $\lambda(T) = \lambda(T')$，称 T 等价于 T'，表示为 $T \approx T'$，当且仅当 T 可以通过交换其兄弟节点的位置转换为 T'。

有序层次抽象：一个有序层次抽象 $\vec{T}$ 是一个层次抽象，其中，对于每个非叶节点 α，其 r 个直接后继节点满足 $\alpha_1^+ \geqslant \alpha_2^+ \geqslant \cdots \geqslant \alpha_r^+$。

引理 5.1　对于任何层次抽象 T，必须存在一个有序的层次抽象 $\vec{T}$，使得 $\vec{T} \approx T$。

引理 5.2　设 T 为任意层次抽象。令 $\vec{T}$ 是一个有序的层次抽象，其中，$\vec{T} \approx T$，则 $\vec{T}$ 是唯一的。

对于任意的层次抽象 T，它必定等价于唯一的有序层次抽象 $\vec{T}$。

优先顺序匹配(POM)方法首先基于节点顺序关系交换兄弟节点以获得有序的层次抽象，然后匹配处于有序层次抽象相同相对位置的节点。给定两个有序的层次抽象 $\vec{T}_x$ 和 $\vec{T}_y$，首先匹配它们的根，$\lambda(\vec{T}_x) \bowtie \lambda(\vec{T}_y)$。对于两个节点 $\alpha \in V(\vec{T}_x)$ 和 $\beta \in V(\vec{T}_y)$，如果 $\alpha \bowtie \beta$，则 $\alpha_i^+ \bowtie \beta_i^+$，$i = 1,2\cdots,\min\{|\alpha^+|, |\beta^+|\}$。

如果两个层次抽象 T_x 和 T_y 相互匹配密切，POM 通常会在子结构上产生最优匹配，因为相应的子结构将遵循相同的优先顺序。也就是说，在 POM 下不会错过匹配对。然而，如果两个层次抽象 T_x 和 T_y 不匹配，例如，T_x 中的一个高优先

级子结构在 T_y 中不存在，POM 可能会导致子结构的匹配不够优化，从而得到较低的核值。

2) 层次抽象图核

接下来，描述基于 LOM 和 POM 的 HAGK 核函数(内核)，即 HAGK-LOM 和 HAGK-POM。它们将一对层次抽象之间匹配节点的相似度相加，以计算核值。本节还证明了 HAGK-POM 核函数是正半定的，使其能够将数据隐式映射到高维空间并捕获复杂关系。此外，分析层次抽象构建和 HAGK 核值计算算法的计算复杂度。

对于一对图 G_x 和 G_y，T_x 和 T_y 是由 G_x 和 G_y 通过确定性算法 S 构造的两个层次抽象。G_x 和 G_y 之间的 HAGK-LOM 核函数 k_{LOM} 定义为

$$k_{\text{LOM}}\left(G_x,G_y;S\right)=\sum_{\alpha\in V(T_x)}\sum_{\beta\in V(T_y)}I_{\text{LOM}}\left(\alpha\bowtie\beta\right)s\left(\alpha,\beta\right) \tag{5.172}$$

其中，如果 α 和 β 由 LOM 匹配，则 $I_{\text{LOM}}\left(\alpha\bowtie\beta\right)=1$，否则为 0。设 $\vec{T}_x$ 和 $\vec{T}_y$ 是两个有序的层次抽象，其中，$\vec{T}_x\approx T_x$，$\vec{T}_y\approx T_y$。G_x 和 G_y 之间的 HAGK-POM 核 k_{POM} 定义为

$$k_{\text{POM}}\left(G_x,G_y;S\right)=\sum_{\alpha\in V(\vec{T}_x)}\sum_{\beta\in V(\vec{T}_y)}I_{\text{POM}}\left(\alpha\bowtie\beta\right)s\left(\alpha,\beta\right) \tag{5.173}$$

其中，如果 α 和 β 由 POM 匹配，则 $I_{\text{POM}}\left(\alpha\bowtie\beta\right)=1$，否则为 0。

由于 HAGK-POM 核是半正定的，使其能够隐式地将数据映射到高维空间并捕获复杂关系。给定一个确定性的层次抽象构造算法 S，任何图 $G=(V,E)\in G$ 都必须对应于唯一的层次抽象 T。存在唯一的有序层次抽象 $T\approx T'$，用坐标向量 $\vec{a}=\left[a_1,a_2,\cdots,a_k\right]$ 表示 T' 的某个 k 高节点，其中，a_i 是整数，$1\leqslant a_i\leqslant|V|$。$\left[a_1\right]$ 表示 $\lambda\left(\vec{T}\right)$ 的第 a_1 个直接后继，$\left[a_1,a_2,\cdots,a_i\right]$ 表示 $\left[a_1,a_2,\cdots,a_{i-1}\right]$ 处节点的第 a_i 个直接后继。$V\left(\vec{T}\right)$ 中的所有节点都被映射到完整的 η 元树 T_C 中，其中，每个非叶节点都有 η 个直接后继，η 是 G 中所有图的最大节点数。由 $\left[a_1,a_2,\cdots,a_k\right]$ 表示的节点被映射到 T_C 中所有 k 高节点的第 n 个节点，其中

$$n=1+\sum_{i=1}^{k}\left(a_i-1\right)\eta^{k-i} \tag{5.174}$$

因此，通过 T_C 的分层遍历，用∞维向量 θ 对 $\vec{T}$ 的所有节点的标记和位置进行编码。

$$\theta_j = \begin{cases} \xi(\vec{a}), & j \in \left\{ 1 + \sum_{i=1}^{k} (a_i - 1)\eta^{k-i} \mid \vec{a} \in V(\vec{T}) \right\} \\ 0, & \text{其他} \end{cases} \tag{5.175}$$

其中，θ_j 表示 T_C 上分层遍历的第 j 个节点，并且 $\xi(\vec{a}) = \left[\xi_1(\vec{a}), \cdots, \xi_D(\vec{a})\right]$ 表示 $\vec{a}$ 标记的编码向量，其中每个部分 $\xi_i(\vec{a})$ 是 η 维 0，1 向量。

$$\xi_{it}(\vec{a}) = \begin{cases} 1, & 1 \leqslant t \leqslant h(M(\vec{a}), i) \\ 0, & \text{其他} \end{cases} \tag{5.176}$$

因此，每个图 G 对应于唯一的编码向量，由 $\theta(G)$ 表示。对于一对图 G_1 和 G_2，HAGK-POM 核等于它们的编码向量的内积：

$$k_{\text{POM}}(G_x, G_y; S) = \langle \theta(G_1), \theta(G_2) \rangle \tag{5.177}$$

因此，HAGK-POM 将图映射到一个无穷维向量空间。实际上，HAGK-POM 是否是正半定的取决于内部核函数是否是正半定的。显然，$s(\cdot,\cdot)$ 是正半定的，因为，

$$s(\vec{a}, \vec{b}) = \langle \xi(\vec{a}), \xi(\vec{b}) \rangle \tag{5.178}$$

首先，使用 S 将样本图转换为唯一的层次抽象。其次，使用层次抽象进行排序。然后，将有序层次抽象的每个节点与完整的 η 叉树中相同位置的节点进行映射。最后，将映射后的完整 η 叉树编码成编码向量。因此，图核函数可以被视为两个编码向量的内积，显然是正半定的。然而，存在一个强假设，即 S 必须是一个确定性算法，任何两个相同的输入图必须转换为唯一的层次抽象。也就是说，边序列的输入顺序不能影响输出结果。

5.5.3　一种结构熵图划分方法

在 4.4 节中，已经介绍了一种消息图构建方法，在本节将续接 4.4 节中的内容，深入讲解使消息图中的节点通过结构熵启发式函数迭代地选择适当的聚类。

传统方法通过自底向上的贪婪合并事件聚类以最小化图的二维结构熵(2D SE)，需要显著的计算时间，使其在大型、复杂的社交消息图中变得不切实际。分层的 2D SE 最小化在一定程度上降低了时间复杂度。然而，节点之间的丰富关联，将消息图划分为多个子图可能导致子图信息不完整。此外，每个子图仍然采用贪婪方法来最小化 2D SE。因此，本节介绍一种基于启发式博弈的结构熵图分区算法。与同一事件相关的消息通常包含类似的信息，导致相应图分区的 2D SE 较小。因此，该方法的目标是通过将每个节点分配到最相关的事件聚类来最小化图的 2D

SE。具体而言，节点博弈有三种不同的策略：留在当前聚类中，离开并独自存在，或转移到另一个聚类中。

给定一个消息图及其对应的事件集合 $E=\{e_1,\cdots,e_i,\cdots,e_j\}$ ，首先，如果节点 x 留在当前聚类中，事件集合 E 保持不变。图的 2D SE 没有变化，表示为 $\Delta_S=0$ 。其次，如果节点 x 离开当前聚类 e_i 并形成一个新的事件聚类，则事件集合变为 $E'=\{e_1,\cdots,e_i',\cdots,e_j,\{x\}\}$ ，其中， $e_i'=e_i\setminus\{x\}$ 。2D SE 的变化形式化为

$$
\begin{aligned}
\Delta_L(x,e_i)&=H^{T'}(G)-H^T(G)=\sum_{n=1}^{|E'|}H^{(2)}(e_n')-\sum_{n=1}^{|E'|}H^{(2)}(e_n)\\
&=H^{(2)}(e_i')+H^{(2)}(\{x\})-H^{(2)}(e_i)\\
&=\frac{g_{e_i}}{vol(G)}\log\frac{vol(e_i)}{vol(G)}-\frac{g_{e_i'}}{vol(G)}\log\frac{vol(e_i')}{vol(G)}\\
&\quad+\frac{vol(e_i')}{vol(G)}\log\frac{vol(e_i')}{vol(e_i)}+\frac{d_x}{vol(G)}\log\frac{vol(G)}{vol(e_i)}
\end{aligned}
\tag{5.179}
$$

其中，$\Delta_L=(x,e_i)$ 代表节点 x 离开聚类集群 e_i 并形成新事件聚类时 2D SE 的变化，T' 表示对应于事件集合 E' 的编码树。$H^{T'}(G)$ 和 $H^T(G)$ 分别表示在 E 和 E' 下的图的 2D SE。$H^{(2)}(e_n)$ 表示事件聚类 e_n 的 SE。$vol(G)$ 、$vol(e_i)$ 和 $vol(e_i')$ 分别表示图、聚类 e_i 和聚类 e_i' 的体积。g_{e_i} 和 $g_{e_i'}$ 分别对应于 e_i 和 e_i' 的割边体积。节点 x 从聚类 e_i 转移到 e_j 可以分为两步。节点 x 离开 e_i 并形成一个新的事件聚类，然后从新聚类转移到 e_j 。值得注意的是，由于离开新聚类集群并加入 e_j 引起的图的 2D SE 变化与离开 $e_j'\left(e_j'=e_j\cup\{x\}\right)$ 并形成新事件聚类引起的变化完全相反。因此，节点转移策略形式化如下：

$$
\Delta_T(x,e_i,e_j)=\Delta_T(x,e_i)-\Delta_T(x,e_j') \tag{5.180}
$$

其中，$\Delta_T(x,e_i,e_j)$ 代表节点 x 从聚类 e_i 转移到 e_j 时图的 2D SE 的变化。$\Delta_L(x,e_i)$ 和 $\Delta_L(x,e_j')$ 分别表示节点 x 离开 e_i 和 e_j' 形成新事件聚类时的 2D SE 变化。

节点仅选择并加入具有最小 2D SE 变化值的事件聚类，这被形式化为

$$
t=\mathrm{Min}(\Delta_S;\Delta_L(x,e_i);\{\Delta_T(x,e_i,e_k)\mid\forall e_k\in N\}) \tag{5.181}
$$

其中，t 表示目标聚类的索引，操作中的 Min 找到对应于最小 2D SE 变化值的事件索引。N 表示节点 x 的所有邻居聚类(除 x 所在的聚类之外的邻居节点所在的聚类)。随着迭代次数的增加，图的二维结构熵逐渐收敛，所有节点都留在当前的聚

类中。此外，在节点博弈过程中遍历所有邻居聚类并重新计算每个聚类的体积和割边权重总和需要额外的时间。在节点博弈过程中动态计算和更新事件聚类的这些值，以提高检测效率。在节点博弈之前，给定一个事件集合 E(如果 E 为空，则每条消息属于一个独立的聚类)，所有聚类的体积和割边都被初始化为每个聚类中节点度数的总和，以及每个聚类的割边权重总和。在节点博弈过程中，节点离开一个事件聚类造成的体积和割边的变化为

$$\begin{cases} g_{e_i'} = g_{e_i} - d_x + 2d_x^{in} \\ vol\left(e_i'\right) = vol\left(e_i\right) - d_x \end{cases} \tag{5.182}$$

其中，g_{e_i} 和 $g_{e_i'}$ 分别表示节点离开 e_i 之前和之后的割边，$vol\left(e_i\right)$ 和 $vol\left(e_i'\right)$ 分别表示节点离开之前和之后的事件聚类的体积。d_x 表示节点的度，d_x^{in} 表示节点与其在聚类内的邻居之间边的总权重。此外，节点加入事件聚类造成的变化是完全相反的：

$$\begin{cases} g_{e_j'} = g_{e_j} - d_x + 2d_x^{in} \\ vol\left(e_j'\right) = vol\left(e_j\right) - d_x \end{cases} \tag{5.183}$$

其中，g_{e_j} 和 $g_{e_j'}$ 分别代表节点加入聚类 e_j 之前和之后的割边。

社交流本质上是动态的，社交事件不断涌现并随时间消散。增量式社交事件检测使得可以从社交流中动态检测事件。然而，在首次检测中，尚未引起广泛关注的新兴事件可能导致相关消息错误地分配到其他事件群集。仅专注于当前消息块的增量式社交事件检测未能纠正或优化历史消息块的分组。此外，它难以整合不同消息块中同一事件的消息。

流式社交事件检测保持社交流的连续性和事件的完整性，无须对流进行分割。给定社交流 $S = \{M_0, M_1, \cdots, M_i, \cdots\}$，在完成消息块 M_0 的事件检测后，保留相应的消息图和事件聚类。随着消息块 M_1 的到来，更新原始消息图，将每条新消息视为一个单独的聚类。随后，通过节点游戏调整现有事件群集。M_1 中的每条消息都可以选择加入历史事件聚类，同样，M_0 中的消息可以重新选择并转移到更相关的事件聚类。值得注意的是，在新消息到来时重新博弈所有历史消息是不现实的。首先，随着消息量的增长，检测时间会增加。其次，由于语义漂移，跨越较长时间框架的某些历史消息的含义可能会随时间变化。这可能导致这些消息在重新游戏期间被分配到错误的事件聚类，从而影响检测准确性。为了缓解这些问题，该方法引入一个固定大小的节点活动窗口，只允许窗口内的消息节点参与节点博弈。确保窗口内事件聚类的优化，防止检测时间持续增长，同时减轻历史消息错误移动的影响。

5.5.4 利用结构熵和奇异平滑优化层次文本分类

层次文本分类(HTC)是一项具有挑战性的多标签文本分类任务，具有长尾数据和复杂的标签层次结构。将提示应用于预训练语言模型最近已成为 HTC 的主流方法。然而，现有的基于提示的模型在尾标签上的分类性能明显下降。由于数据的不平衡，HTC 仍然面临两个挑战。

首先，用于分类的文本嵌入往往缺乏对尾部类别的区分。其次，标签嵌入有明显的退化，尤其是尾部标签。为了解决这些问题，提出一种通过结构熵和奇异平滑优化层次文本分类的方法，即 SIHTC。SIHTC 包含两个部分：文本嵌入优化和标签嵌入优化。通过这两种优化方式，SIHTC 减少了表示退化并学习了标签嵌入，提高了标签泛化能力。

1. 基础知识

层次文本分类(HTC)旨在为输入文本分配一组标签，这些标签在预定义的层次结构中结构化。标签层次、输入和输出的正式定义如下。

1) 标签层次

标签层次被定义为一个图 $H=(Y,E)$，其中，Y 是标签集(也是 H 的节点集)，E 是标签之间的层次连接(也是 H 的边集)。H 是一棵树结构，每个节点(根节点除外)都有且仅有一个父节点。节点 y 的深度用 l_y 表示。对于根节点，$l_y=0$；对于叶节点，$l_y=L$，其中，L 是 H 的深度。

2) 输入和输出

输入是一组文本，分成不同的批次。在每个批次中，$B=\{t_1,t_2,\cdots,t_b\}$，其中，每个文本被视为一个令牌序列 $t_i=\{x_1,x_2,\cdots,x_n\}$。每个文本 t_i 的分类输出是一组标签，$Y=\{Y_1,Y_2,\cdots,Y_m\}$，其中，Y_i 包含 H 的第 i 层的标签。Y 中的标签对应于标签结构 H 中从根节点到叶节点或非叶节点的一个或多个路径。

2. SIHTC：分层文本分类优化

1) 基于提示调优的模型

选择 HPT 作为优化的基础模型，因为它是最具代表性的基于提示调优的层次文本分类(HTC)模型。

对于文本批次 B，文本嵌入表示为 $H_T=\{H_i \mid i\in[1,L]\}$，其中，$H_i\in\mathbf{R}^{b\times r}$ 是 BERT 针对批次 T 中所有 $[Mask_i]$ 令牌的输出。对于 B 中的文本 t，文本嵌入表示为 $h=\{h_i \mid i\in[1,L]\}$，这是与 t 的 L 个 $[Mask]$ 令牌对应的隐藏状态向量集合，其中，$h_i\in\mathbb{R}^r$ 是 BERT 的隐藏状态维度。H_i 由批次 T 中所有 h_i 组成。

HPT 利用 L 个不同的层次化语言化器处理文本嵌入，为每个文本生成分类结果。HPT 从标签嵌入初始化语言化器，这些标签嵌入是 SIHTC 的第二个优化目标。标签嵌入正式定义为，给定标签 y，标签 y 的标签嵌入是 HPT 语言化器中可学习的虚拟标签词 $v_i \in \mathbf{R}^r$。

2) 文本嵌入优化

首先设计树聚合网络来构建层次二维编码树。接下来，引入结构熵损失函数，该函数通过最小化编码树的结构熵来优化文本嵌入。该方法有效地将标签结构信息注入文本嵌入中。接下来，分别介绍树形聚合网络和结构熵最小化过程。

(1) 树形聚合网络。

以前的工作忽略了标签结构对文本嵌入的指导。树形聚合网络(TAN)旨在整合文本信息和标签层次结构信息。TAN 的输入包括标签层次结构、文本嵌入和基础真值标签。TAN 的输出是一组二维编码树。每个编码树对应于标签层次结构的一个深度。TAN 包含文本标签树构建和层间聚合两步，第一步对标签结构的层内信息进行整合，第二步对层间信息进行整合。

① 文本标签树构造。在这一步中，构造多个文本标签树，每个树对应于标签层次结构的一个深度。目标是根据它们的基础真值标签对分层文本嵌入进行划分。

首先，初始化文本-标签树。给定深度为 L 的标签层次结构 H，构建文本-标签树集 $T^* = \left\{T_*^{(1)}, T_*^{(2)}, \cdots, T_*^{(L)}\right\}$，其中，$T_*^{(i)}$ 对应于 H 的第 i 层。下面以 $T_*^{(i)} \in T$ 为例来介绍文本编码树的构造细节。

$T_*^{(i)}$ 仅划分 H_i，即与 H_T 中第 i 个掩码令牌对应的嵌入矩阵。开始时，$T_*^{(i)}$ 被初始化为仅包含根节点，即 $V_0 = \{\lambda\}$，而 $T_*^{(i)}$ 的其他集合为空集。接下来，创建标签节点。将适当的标签节点添加为根节点的子节点。形式上，

$$V_1 = \{\alpha_y \mid l_y = i\}, E = \{\left(\lambda, \alpha_y\right) \mid \alpha_y \in V_1\} \tag{5.184}$$

其中，α_y 表示与标签 y 对应的标签节点，该标签位于 H 的第 i 层。最后，创建文本节点。在模型训练过程中，文本 t 在 H 的第 i 层具有层次文本嵌入 h_i 和真实标签集 Y_i。在 $T_*^{(i)}$ 中为文本 t 创建一个新的文本节点 v_t，并将其添加为真实标签节点的子节点。形式上，

$$V_2 = V_2 \cup \{\alpha_t\}, E = E \cup \{\left(\alpha_y, \alpha_t\right) \mid y \in Y_i\}, X_2 = X_2 \cup \{h_i\} \tag{5.185}$$

其中，α_y 是 V_1 中与文本 t 的真实标签 y 对应的标签节点，h_i 是文本 t 在第 i 层的文本嵌入，同时也是文本节点 α_t 的嵌入。值得注意的是，由于在层次文本分类中，一个文本可能属于 H 的多个路径，因此，Y_i 可能包含多个元素，一个文本节点可

能有多个父标签节点。对批次 B 中的所有文本重复式(5.172)中描述的过程。一旦完成所有文本，就得到完整的文本-标签树 $T_*^{(i)}$。按照上述过程，可以构建 T^* 中的所有文本编码树，从而完成对所有文本嵌入 $H_T=\{H_i\mid i\in[1,L]\}$ 的划分。

② 层间特征聚合。文本-标签树完成了对文本的划分，但忽略了标签层次结构中不同深度标签之间的父子关系。因此，引入一种聚合操作，以连接这 L 棵树，将层间标签结构信息整合到文本嵌入中。具体而言，从底部向上聚合 L 棵文本-标签树。以从 $T_*^{(i)}$ 到 $T_*^{(i-1)}$ 的聚合为例，介绍具体细节。

在聚合之前，在 $T_*^{(i)}$ 中，只有文本节点具有嵌入，而标签节点的嵌入 $X_1^{(i)}$ 目前为空。因此，首先将文本节点聚合到标签节点中，形式上，对于 V_1 中的每个标签节点 α_y，有

$$X_1^{(i)}=X_1^{(i)}\cup\left\{x_y\right\},x_y=\underset{\alpha_t\in C(\alpha_y)}{\operatorname{average}}\left(x_t\right) \tag{5.186}$$

其中，x_y 是标签节点 α_y 的嵌入，$C\left(v_y\right)$ 是 α_y 的子节点集合，即 α_t 是一个文本节点，它在边 $E^{(i)}$ 中与 α_y 之间有一条边(α_y,α_t)，而 x_t 是 α_t 的嵌入。值得注意的是，如果一个标签节点没有子文本节点，会将其从标签节点集合中移除。形式上，

$$V_1^{(i)}=V_1^{(i)}\setminus\{\alpha_{y'}\mid C\left(\alpha_{y'}\right)=\varnothing\} \tag{5.187}$$

其中，$\alpha_{y'}$ 是没有子节点的标签节点。然后，开始向上聚合到 $T_*^{(i-1)}$。具体而言，在 $T_*^{(i-1)}$ 中创建与 $T_*^{(i)}$ 中标签节点对应的文本节点。形式上，

$$V_2^{(i-1)}=V_2^{(i-1)}\cup\left\{\alpha_{t_y}\mid\alpha_y\in V_1^{(i)}\right\} \tag{5.188}$$

$$X_2^{(i-1)}=X_2^{(i-1)}\cup\left\{x_{t_y}\mid\alpha_y\in V_1^{(i)}\right\},x_{t_y}=x_y\in X_1^{(i)} \tag{5.189}$$

其中，α_{t_y} 是 $T_*^{(i-1)}$ 中的新文本节点，表示 $T_*^{(i)}$ 中属于 α_y 的所有文本节点的集合，而 x_{t_y} 是 α_{t_y} 的嵌入，等于 $T_*^{(i)}$ 中 α_y 的嵌入。然后，根据标签层次结构 H，将这些新创建的节点连接到它们的父节点上，形式上，

$$E^{(i-1)}=E^{(i-1)}\cup\left\{\left(\alpha_{y'},\alpha_{t_y}\right)\mid\left(y',y\right)\in E\right\} \tag{5.190}$$

其中，E 是 H 的边集，y' 是 y 在 H 中的父标签，而 $\alpha_{y'}$ 是对应于 y' 的 $T_*^{(i-1)}$ 中的标签节点。此时，完成了从 $T_*^{(i)}$ 到 $T_*^{(i-1)}$ 的聚合。

聚合完成后，得到更全面的树结构。每棵树现在不仅考虑其层次的文本嵌入，还考虑所有后代的文本嵌入。将聚合后的文本-标签树视为二维编码树，记作

$T=\left\{T^{(1)},T^{(2)},\cdots,T^{(L)}\right\}$。这些编码树整合了文本信息和标签层次结构信息。

(2) 结构熵最小化。

通过设计结构熵损失函数 L_{SE} 来最小化二维编码树的结构熵。以 $T^{(i)}\in T$ 为例来介绍 L_{se_i} 的设计。由于结构信息理论是基于图的划分定义的，构建一个包含 $T^{(i)}$ 所有文本节点的图。

具体而言，$T^{(i)}$ 的图 G_i 构建如下：

$$A=\sigma\left(X\times X^T\right) \tag{5.191}$$

其中，$X\in\mathbf{R}^{|V_2|\times r}$ 是由 $T^{(i)}$ 中 X_2 的所有文本节点嵌入组成的嵌入矩阵，σ 表示 Sigmoid 激活函数，确保邻接矩阵 A 中的元素为正值。根据编码树的定义，$T^{(i)}$ 的标签节点作为文本节点的划分。因此，为 G_i 构建一个赋值矩阵 $P\in\{0,1\}^{|V_2|\times|V_1|}$，其中，$|V_2|$ 是文本节点的数量，$|V_1|$ 是 $T^{(i)}$ 中标签节点的数量。当模型训练时，P 保持不变。

然后，提出损失函数 L_{se_i}，以最小化 $T^{(i)}$ 中标签节点的结构熵，换句话说，就是在固定划分下降低 G_i 的不确定性。对于二维编码树 $T^{(i)}$ 及其对应的 G_i，标签节点的结构熵总和定义如下。

$$H^{T^{(i)}}\left(G_i\right)=\sum_{y=1}^{|V_1|}-\frac{g_{\alpha_y}}{vol(\lambda)}\log_2\left(\frac{vol\left(\alpha_y\right)}{vol(\lambda)}\right) \tag{5.192}$$

其中，α_y 是 V_1 中的一个标签节点，g_a 是与 α 对应的划分的切边权重和，$vol(\alpha)$ 是与 α 对应的文本节点的度数和。

提出结构熵损失函数 L_{se_i}，利用 A 和 P 表示 $H^{T^{(i)}}\left(G_i\right)$，如下所示：

$$\begin{aligned}L_{se_i}&=H^{T^{(i)}}\left(G_i\right)\\&=\sum_{y=1}^{|V_1|}\frac{\left(\left(P^T-\{1\}^{|V_1|\times|V_2|}\right)AP\right)_{yy}}{\operatorname{sum}(A)}\log_2\frac{\left(\{1\}^{|V_1|\times|V_2|}AP\right)_{yy}}{\operatorname{sum}(A)}\\&=\operatorname{trace}\left(\frac{\left(P^T-\{1\}^{|V_1|\times|V_2|}\right)AP}{\operatorname{sum}(A)}\odot\log_2\frac{\{1\}^{|V_1|\times|V_2|}AP}{\operatorname{sum}(A)}\right)\end{aligned} \tag{5.193}$$

其中，$\operatorname{sum}(\cdot)$ 是对矩阵中所有元素求和；$\odot$ 是 Hadamard 乘积。

计算每棵编码树在 T 中的损失，并将其相加，得到整体结构熵损失 L_{SE} 如下：

$$L_{SE}=\sum_{i=1}^{L}L_{se_i} \tag{5.194}$$

其中，L_{se_i} 是 $T^{(i)}\in T$ 的结构熵。在模型训练过程中，A 和文本嵌入会被更新，以实现更小的结构熵，随着 L_{SE} 的减少邻接矩阵 A 和文本嵌入会被更新，以实现更小的结构熵。同时，L_{SE} 通过将相关标签的文本嵌入聚集，将不相关标签的文本嵌入分开，优化文本嵌入空间。

3) 标签嵌入优化

(1) 全局奇异谱平滑正则化损失。

对所有标签表示统一应用正则化约束。通过抑制最大的奇异值并鼓励嵌入矩阵的奇异值之和，将奇异谱曲线从快速衰减(表明退化)转变为更平滑的分布。形式上，正则化损失函数定义为

$$L_{\text{gss}}=-\frac{\|M\|_*}{\|M\|_F} \tag{5.195}$$

其中，

$$\|M\|_*=\sum_{i=1}^{\min(k,r)}\sigma_i,\|M\|_F=\sqrt{\sum_{i=1}^{\min(k,r)}\sigma_i^2} \tag{5.196}$$

这里，$M\in\mathbf{R}^{k\times r}$ 是标签嵌入矩阵；k 是 H 中标签的数量；r 是标签嵌入的维度；$\|.\|_*$ 是核范数；$\|\cdot\|_F$ 是矩阵的 Frobenius 范数；σ 是 M 的奇异值。

在训练过程中，核范数的增加表明奇异值之和的增加，而 Frobenius 范数的减少则意味着最大奇异值的减少。总之，L_{gss} 有助于获得更平滑的奇异谱曲线。

(2) 局部奇异谱平滑正则化损失。

全局损失通过平滑由所有标签形成的嵌入矩阵的奇异谱来缓解表示退化。然而，在层次文本分类(HTC)的标签层次结构中，不同位置的标签退化程度各异。直观上，位于较深层次的标签由于训练样本较少，受到的退化更为严重，使得它们的嵌入更难以区分。因此，提出个性化系数，以区分不同层次标签的正则化约束。形式上，个性化的损失函数定义为

$$L_{\text{lss}}=\sum_{i=1}^{L}-\frac{ik_i}{k}\frac{\|M_i\|_*}{\|M_i\|_F} \tag{5.197}$$

其中，k_i 是第 i 层的标签数量；k 是总标签数量；$M_i\in\mathbf{R}^{k_i\times r}$ 是与 H 的第 i 层对应的层次标签嵌入矩阵。

个性化系数实现了两个目标：

第一，对较深层次的尾部标签施加更强的正则化约束，以抑制退化，同时对

较浅层次的标签施加相对较弱的约束，以保留其丰富的信息。

第二，对不同层次的标签数量进行归一化。

因此，奇异值平滑正则化损失是上述两个部分的总和，形式上，

$$L_{SS} = L_{\text{gss}} + L_{\text{lss}} \tag{5.198}$$

4) 目标函数

在 L_{SE} 最小化文本嵌入的结构熵，L_{SS} 对标签嵌入进行奇异谱平滑的情况下，最终的目标损失函数定义如下：

$$L = L_{\text{base}} + \gamma_1 L_{SE} + \gamma_2 L_{SS} \tag{5.199}$$

其中，L_{base} 是基础提示调优 HTC 模型的损失函数；γ_1 是控制文本嵌入优化权重的超参数；γ_2 是控制标签嵌入优化权重的超参数。

5.5.5　结构熵引导的概率编码

概率嵌入相较于确定性嵌入具有多项优势，因为它们将每个数据点映射到一个分布，更好地描述了数据的不确定性和复杂性。许多研究集中在调整信息瓶颈(IB)原则下的分布约束，以增强表示学习。然而，这些提出的正则化项仅考虑每个潜变量的约束，忽略了潜变量之间的结构信息。本节提出一种新颖的结构熵引导的概率编码模型，称为 SEPC[89]。具体来说，通过提出结构熵正则化损失，将潜变量之间的关系纳入优化。此外，由于传统的结构信息理论不太适合回归任务，提出一种概率编码树，将回归任务转化为分类任务，同时减小转换的影响。

1. 基础知识

经典的概率编码模型采用编码器-解码器架构。编码器 f_e 将输入 $x \in X$ 映射到高斯分布 $N(z;\mu,\Sigma)$。所有 z 的分布构成潜变量 Z 的嵌入空间。然后使用重参数化技巧从该分布中采样 z，同时保持梯度的无偏性。最后，z 通过解码器映射到 $f_d(z)$ 以预测标签 $y \in Y$。还提出一种仅包含编码器的概率编码架构，省略了解码器，直接使用从学习到的分布中采样的结果来预测 y。

在马尔可夫链约束 $Y \to X \to Z$ 下，概率编码遵循信息瓶颈原则，旨在学习表示 Z 的最小充分信息：

$$Z = \underset{Z}{\text{argmin}} - I(Z;Y) + \beta I(Z;X) \tag{5.200}$$

其中，$I(Z;Y)$ 是 Z 和 Y 之间的互信息，$I(Z;X)$ 是 Z 和 X 之间的互信息，β 是权衡充分性和最小性的拉格朗日乘子。假设 $z \in Z$ 服从高斯分布，概率编码的目标如下：

$$L_{PC} = \mathbb{E}_{z\sim p(z|x)}\left[-\log q\left(y|z\right)\right] + \beta \mathrm{KL}\left[p\left(z|x\right), r\left(Z\right)\right] \tag{5.201}$$

其中，KL 代表 KL 散度算子；$p(z|x)=N(z;\mu,\Sigma)$由编码器 f_e学习；$r(Z)$是期望先验分布，通常$r(Z)=N(z;\boldsymbol{O},\boldsymbol{I})$；$q(y|z)$是 $p(y|z)$的变分近似，可以通过解码器 f_d 计算，或者在仅编码器架构中通过非参数算子如 softmax 函数计算。

2. 基于结构熵的正则化损失

之前的研究仅考虑了正则化损失中的单个潜变量，忽略了潜变量之间的结构信息。为了捕捉结构信息，将结构熵纳入正则化损失，因为它本质上考虑了数据的自组织。输入数据 X 首先被编码为概率嵌入 H_Z。图 G 从 Z 构建如下：

$$A = \sigma\left(H_Z \times H_Z^T\right) \tag{5.202}$$

其中，H_Z是 Z 的嵌入；σ 是 Sigmoid 激活函数，以确保邻接矩阵 A 的正值。

编码树的构建也很简单。将标签视为数据的最优划分，并构建一个三层编码树。中间层的节点代表分类任务的类别，每个叶节点(即输入数据 X)根据其标签被分配到一个中间节点。定义一个赋值矩阵 $C\in\{0,1\}^{n\times r}$，其中，n 是叶节点的数量，r 是中间节点的数量。$C_{ij}=1$ 表示第 i 个叶节点属于第 j 类。

为了增强潜表示的能力，提出最大化中间层节点的结构熵，以约束潜变量的概率分布，确保其分离。三层编码树中间层节点的结构熵如下：

$$H_C^T\left(G\right) = \sum_{j=1}^{r} \frac{-g_{\alpha_j}}{vol\left(G\right)} \log_2 \frac{V_{\alpha_j}}{vol\left(G\right)} \tag{5.203}$$

其中，r 是类别数量；g_{α_j} 是切边的权重总和(即 T_{α_j} 与其补集 $T_{\alpha_j}^C$ 之间的边权重和)；V_{α_j} 是 T_{α_j} 的体积；$\{\alpha_1,\cdots,\alpha_r\}$是编码树的中间层节点。利用邻接矩阵 A 和赋值矩阵 C，$H_C^T(G)$的正则化损失格式为

$$L_{SE} = -\sum_{j=1}^{r} \frac{\left(\left(\boldsymbol{1}-C\right)^{\mathrm{T}} AC\right)_{jj}}{\mathrm{sum}\left(A\right)} \times \log_2 \frac{\left(\boldsymbol{1}^{\mathrm{T}} AC\right)_{jj}}{\mathrm{sum}\left(A\right)} \tag{5.204}$$

其中，$\boldsymbol{1}$是$n\times r$ 的全一矩阵；算子 $\mathrm{sum}(\cdot)$ 将矩阵求和为标量，$(\cdot)_{jj}$ 选择矩阵的第 j 行和第 j 列的值。SEPC 的总体损失如下：

$$L_{\mathrm{SEPC}} = L_{PC} - \gamma L_{SE} \tag{5.205}$$

其中，γ 是调节结构熵正则化损失 L_{SE} 权重的超参数。

3. 回归任务的概率编码树

离散化是一种广泛使用的方法，通过将连续标签分箱为离散类，将回归任务转化为分类任务。然而，分箱边界需要预先定义，不恰当的边界可能导致不平衡或难以区分的分类标签，从而影响模型性能。软标签可以缓解此问题，因为它允许每个数据点以不同的概率属于所有类别，从而表达倾向。提出一种概率编码树，以在这种软分类标签中利用结构熵理论。它放宽了一个子节点只能分配给一个父节点的约束，允许子节点以不同的概率与所有上层节点连接。

在离散化阶段，首先将整个回归标签值空间分为 r 类。然后，计算回归标签 Y 与 r 个分箱中心 $P=\{P_1,\cdots,P_r\}$ 之间的距离：

$$D=\left|Y^T-P\right| \tag{5.206}$$

其中，$D\in\mathbf{R}^{n\times r}$ 是数据点的数量，D 的第 i 行表示第 i 个数据点与 r 个分箱中心之间的距离。然后，在软化阶段计算软标签，如下所示：

$$Y'=\text{softmax}(-D) \tag{5.207}$$

其中，$-D$ 确保与分箱中心的距离越近，属于该类的概率越高。三层概率编码树 $H_C^T(G)$ 的中间层节点的结构熵定义如下：

$$V'_{\alpha_j}=\sum_{x_i\in X}Y'_{ij}d_{x_i} \tag{5.208}$$

$$H^T(G;\alpha_j)=-\frac{g'_{\alpha_j}}{vol(G)}\log_2\frac{V'_{\alpha_j}}{vol(G)} \tag{5.209}$$

$$H_C^T(G)=\sum_{j=1}^{r}H^T(G;\alpha_j) \tag{5.210}$$

其中，Y'_{ij} 表示第 i 个数据点 x_i 对第 j 类的软标签；d_{x_i} 是 x_i 的度数；α_j 代表概率编码树中的第 j 个中间层节点。对于 g'_{α_j}，切边的权重应乘以一个顶点属于 T_{α_j} 的概率和另一个顶点属于 $T_{\alpha_j}^C$ 的概率。设赋值矩阵 $C=Y'$，则概率编码树的结构熵损失如下：

$$L_{SE}=-\sum_{j=1}^{r}\frac{\left((\boldsymbol{1}-C)^{\mathrm{T}}AC\right)_{jj}}{\text{sum}(A)}\times\log_2\frac{\left(\boldsymbol{1}^{\mathrm{T}}AC\right)_{jj}}{\text{sum}(A)} \tag{5.211}$$

这与之前的公式(5.204)等效，唯一不同的是赋值矩阵 C 的元素是在 0 和 1 之间的概率。到目前为止，已经提出一种有效的方法来利用结构熵处理回归任务。

5.6 本章小结

本章主要介绍基于结构熵的感知技术，为读者呈现一系列先进的数据分析方法，帮助读者深入理解和掌握这一前沿领域。通过对多无监督异常检测、半监督表示学习、有监督结构表征和图分类应用的深入探讨，希望读者通过对感知技术的深入研究和理解，能够更好地认识感知技术的方法和过程。

基于多尺度超像素图的结构熵最小化无监督皮肤病变分割技术(SLED)将图像划分为不同尺度的超像素，并构建超像素图。然后，SLED 利用 SE 对单尺度的超像素进行聚类，生成单尺度分割结果。最后，SLED 通过基于异常值检测的多尺度机制，整合不同尺度的分割结果，生成最终的分割结果。

UnDBot 包含三个关键模块，根据机器人行为特征的相似性，UnDBot 将社交用户构建为一个多关系图。用户社区划分在图构建过程之后，需要基于结构熵最小化原理创建一个最优的二维编码树。并且，社交用户被分配到编码树的不同子树上，从而实现社区划分。对于每个社区，需要利用平稳分布和社区熵来量化社区的影响力和凝聚力，然后用于将社区分类为机器人账户或人类账户。

HISEvent 通过构建信息更丰富的消息图并采用定制的一维和二维结构熵最小化算法，在无须预先知道事件数量的情况下，实现优于图神经网络方法的社交事件检测性能。

SE-GSL 利用一维结构熵来最大化融合辅助邻域属性以增强原始图时的嵌入信息内容。SE-GSL 方法提出一种构建最优编码树的新方案，以最小化图中的不确定性和噪声，同时确保层次抽象中的适当社区划分并提出一种基于样本的机制通过节点结构熵分布来恢复图的结构，增加了较低层次社区中不确定性较大的节点之间的连通性。

基于结构熵的半监督聚类(SSE)能够结合不同来源的不同类型约束进行分层和划分聚类。具体而言，SSE 统一了常见的成对约束和标签约束，设计了将这些约束整合到结构熵目标中的方法，并开发了相应的优化算法。

SeBot 利用结构熵来衡量不确定性，优化整个图的结构以及子图级别的信息，揭示了隐含的层次化社区结构。同时，该方法设计了一个编码器，使得信息传递超越了同质性假设，增强了对社交机器人对抗行为的鲁棒性。最后，采用多视角对比学习，通过多任务学习来最大化不同视图间的信息，提高检测性能。

SI2AF 引入结构熵来量化社交互动中嵌入的动态不确定性。通过最小化高维熵，识别出涵盖所有用户账户和新闻帖子的层次社区。提出一种影响度量，用于衡量每个账户参与随机互动的概率,从而设计出多个管理不同恶意账户的智能体。

针对每个目标新闻帖子，开发了三种攻击策略，通过在相关子图内的多智能体协作优化对黑盒检测器的规避。

MultiSPANS 考虑到单个记录点无法反映关键的局部时空模式，设计了多滤波器卷积模块，用于生成信息丰富的 ST 令牌嵌入，以便于注意力计算。然后，基于 ST 令牌和时空位置编码，该方法采用 Transformer 模型来捕捉长程时空依赖关系。此外，该方法引入结构熵理论来优化空间注意力机制。

HAGK 通过构建图的层次抽象来揭示每个图的分层子结构，遵循结构熵最小化原则的分层组织的嵌套节点集合。为了比较一对层次抽象，该方法提出两种新颖的子结构匹配方法，局部最优匹配(LOM)和优先顺序匹配(POM)，通过不同的策略递归地找到子结构之间的适当匹配。

SIHTC 基于结构信息理论，设计树状聚合网络，构造编码树，最小化分层标签下文本的结构熵；通过这种方式，SIHTC 将标签结构信息注入文本嵌入中，通过将文本嵌入包含在相关的基础真值标签内，同时将它们与不相关的基础真值标签分离，分层次优化嵌入空间。提出一种全局和局部奇异谱平滑正则化方法，使奇异值曲线下的面积最大化。通过这种方式，SIHTC 减少了表示退化并学习了标签嵌入，提高了标签泛化能力。

SEPC 是一种新颖的结构熵引导的概率编码模型，通过提出结构熵正则化损失，将潜变量之间的关系纳入优化。此外，由于传统的结构信息理论不太适合回归任务，该方法提出一种概率编码树，将回归任务转化为分类任务，同时减小转换的影响。

第 6 章　应用结构熵的博弈决策

复杂的决策往往伴随着高度的不确定性和风险，在现实世界中，许多决策问题可以抽象为参与者之间的博弈过程。如何量化决策过程的复杂性，并基于量化结果制定最优决策策略，是一个被广泛关注的问题。基于结构熵的博弈决策方法能够有效地分析参与者的决策复杂性，为制定最优决策策略提供依据。博弈论在强化学习领域中，是一种有效的方法，智能体可以模拟与环境的博弈过程，从中学习到最优策略。在多智能体环境中，博弈论可以用来模拟和分析多个智能体之间的相互作用和影响，智能体之间的相互作用可以构成博弈。结构熵可以量化博弈过程中的不确定性和复杂性，帮助智能体在复杂和不确定的环境下做出决策。结合结构熵与强化学习智能体的博弈，可以带来更深入的决策复杂性分析、强化学习优化、风险评估等优势，为复杂决策问题的求解提供新的视角和方法。

本章将探讨如何将结构熵与强化学习智能体结合，以优化博弈决策过程。介绍如何计算结构熵、应用强化学习智能体，并将结构熵整合到决策制定中，从而提高智能体在多智能体博弈环境中的表现和适应能力。通过本章内容，读者将深入了解如何利用结构熵来指导和优化博弈决策，从而在复杂的多智能体系统中取得更好的效果。

本章介绍了四种不同侧重的基于结构熵的强化学习博弈方法、一种基于结构熵的对抗性社交机器人检测方法、一种基于结构熵的信息商品推荐技术，希望读者经过本章的学习能够深入了解基于结构熵的博弈决策技术，深入了解强化学习智能体的博弈策略。

6.1　强化学习概述

在结构熵基础章节，已经详细介绍了强化学习和多智能体强化学习，这里，主要介绍强化学习的决策任务建模。强化学习是解决目标导向序列决策问题的一种很有前途的智能决策方法，智能体通过与环境的交互学习每个状态下的最佳行为，它适用于各种复杂任务，如机器人行走、推荐系统、自动聚类、异常检测和多智能体协作。将强化学习算法应用于博弈环境，让智能体通过不断交互学习最优策略。这需要将博弈论的概念，如状态、动作、奖励、策略等，融入强化学习的框架中。在博弈场景中，强化学习可以帮助智能体在竞争和合作中找到最优策略，引入结构熵可以鼓励强化学习智能体探索更多样化的行为策略。

在强化学习中，单智能体决策问题被建模为马尔可夫决策过程(MDP)，由元组 $M_s=(S,A,R,P,\gamma)$ 定义。其中，S 为原始状态空间，A 为原始动作空间，R 为奖励函数，P 为过渡函数，$\gamma\in[0,1)$ 为折现因子。在每个时间步 t 上，智能体将环境观测值 o_t 嵌入为状态 $s_t\in S$，并根据其策略函数在 $\pi(s_t)$ 处选择一个动作 $a_t\in A$。这个动作产生奖励 $r_t\sim R(s_t,a_t)\in\mathbf{R}$，并导致新的环境观察 $o_{t+1}\sim P(o_t,a_t)$。强化学习智能体的目标是学习一个使长期预期折现奖励最大化的策略 π，公式为 $\max_\pi \mathbf{E}_P\left[\sum_{t=0}^{\infty}\left[\gamma^t R(s_t,a_t)\right]\right]$。

在部分可观察环境下，一个完全合作的多智能体决策任务可用 $M_m=\langle N,S,A,P,\Omega,R,\gamma\rangle$ 表示。其中，$N\equiv\{n_1,n_2,\cdots,n_{|N|}\}$ 为智能体的有限集合，S 为全局状态空间，A 为全局动作空间，P 为全局转移函数，Ω 为观测概率函数，R 为联合奖励函数，$\gamma\in[0,1)$ 为折现因子。在每个时间步，每个智能体 $n_i\in N$ 根据函数 Ω 接收一个局部观测值 o_i，并根据全局状态 $s\in S$ 选择一个动作 $a_i\in A$。这些单独的作用形成一个联合作用 $a\equiv[a_i]_{i=1}^{|N|}$。随后，a 产生联合奖励 $r=R(s,a)$，并过渡到下一个全局状态 $s'\sim P(\cdot|s,a)$。每个智能体 n_i 保持一个动作观察历史 $\tau_i\in T$，并训练其策略 $\pi_i(a_i|\tau_i)$ 以最大化团队绩效。

6.2 高效博弈决策方法

在强化学习中，智能体通过模拟与环境的博弈过程，从中学习到最优策略，结构熵可以量化博弈过程中的不确定性和复杂性，帮助智能体在复杂和不确定的环境下做出决策。本节介绍四种基于结构信息原理的高效博弈决策方法。

(1) 基于角色的高效稳定的多智能体协作方法[90]：将角色发现转化为以一维和 K 维结构熵为指导的编码树上的层次抽象，以优化 MARL 的协同决策，这种方法将角色发现转换为分层操作空间聚类，而不是平面聚类。

(2) 无须人工辅助的无监督自适应分层状态聚类方法[91]：可以灵活地与各种表示学习抽象方法集成，以提高其性能，该方法结合了层次状态聚类和不同层次的聚合，以实现样本高效的层次抽象。

(3) 基于结构信息原则的通用有效决策框架[92]：该方法根据状态空间和动作空间的特征相似度形成顶点社区，利用结构熵作为顶点权值，在每个群体内设计一个聚合函数来获得其嵌入，从而便于分层状态和动作抽象。

(4) 高维和稀疏奖励环境中的有效探索：该方法增强了对状态-动作对的动态

相关表示的获取，设计了一个独特的内在奖励机制，最大化价值条件结构熵，促进整个状态-行为空间的统一覆盖。

6.2.1 利用结构信息原理实现高效稳定角色多智能体协作

基于角色的学习是一种很有前途的提高多智能体强化学习(Multi Agent Reinforcement Learning，MARL)性能的方法。然而，如果没有人工帮助，当前基于角色的方法不能保证稳定地发现一组角色来有效地分解复杂任务，因为它们要么假设预定义的角色结构，要么假设选择超参数的实际经验。

本节，介绍一种基于数学结构信息原理的角色发现方法[93]，即 SIRD，然后介绍 SIRD 优化 MARL 框架，即 SR-MARL，用于多智能体协作。SIRD 将角色发现转换为分层操作空间聚类。具体地说，SIRD 由结构化、稀疏化和优化模块组成，生成一个最佳编码树来执行抽象以发现角色。SIRD 与特定的多智能体强化学习算法无关，并灵活地与各种值函数分解方法集成。

本节，还将介绍一种基于结构熵的高效稳定角色多智能体协作技术，旨在解决目前基于角色的方法不能保证稳定地发现一组角色来有效地分解复杂任务的问题。

在这项工作中，考虑一个完全合作的多智能体任务 M，它可以被建模为 Dec-POMDP[94]，如 6.1 节所述。Dec-POMDP 被定义为一个元组 $\left\langle N,S,A,P,\Omega,O,R,\gamma\right\rangle$，其中，$N=\left\{n_1,n_2,\cdots,n_{|N|}\right\}$ 为智能体的有限集合，S 为全局状态的有限集合，A 为动作空间，P 为全局状态转移函数，Ω 为部分观测值的有限集合，O 为观测概率函数，R 为联合奖励函数，$\gamma\in[0,1]$ 为折现因子。在每个时间步，每个智能体 $n_i\in N$ 在全局状态 $s\in S$ 上选择一个动作 $a_i\in A$，所有被选择的动作形成一个联合动作 $a\equiv[a_i]_{i=1}^{|N|}$。联合动作 a 产生联合奖励 $r=R(s,a)$，并过渡到下一个全局状态 $s'\sim P(\cdot|s,a)$。考虑部分可观察设置,其中每个智能体 n_i 根据函数 $O(o_i|s,a_i)$ 接收单个部分观察 $o_i\in\Omega$。每个智能体 n_i 都有一个行为观察历史 $\tau_i\in T$，并构建个体策略 $\pi_i(a_i|\tau_i)$ 共同实现团队绩效最大化。

1. 基于角色的学习

基于角色的学习的思想是将多智能体协作任务分解为一组子任务，角色集指定任务分解和子任务策略。给定一个完全协作的多智能体任务 M，设 Ψ 为角色集。每个角色 $\rho_j\in\Psi$ 被定义为一个元组 $\left\langle t_j,\pi_{\rho_j}\right\rangle$，其中，$t_j$ 是一个子任务，被定义为 $\left\langle N_j,S,A_j,P,\Omega,O,R,\gamma\right\rangle$，$N_j\subset N$，$\bigcup_j N_j=N$，$N_j\cap N_l=\varnothing$，$j\neq l$。$A_j$

是角色 ρ_j 的受限动作空间，$A_j \subset A$，$\bigcup_j A_j = A$，$\left|A_j \cap A_l\right| \geqslant 0$，$j \neq l$。$\pi_{\rho_j}: T \times A_j \mapsto [0,1]$ 是子任务 t_j 的角色策略。

2. 结构信息原理

在结构信息原理中，结构熵衡量了在分层划分策略下图的不确定性。通过最小化 K 维结构熵，生成图的最优层次结构，即最优分区树，也即“编码树”。给定一个加权无向图 $G=(V,E,W)$，其中，V 为顶点集，E 为边集，$W: E \mapsto \mathbf{R}^+$ 为权函数。设 $n=|V|$ 为顶点数，$m=|E|$ 为边数。对于每个顶点 $v \in V$，其度数 d_v 定义为其连通边的权值之和。然后，正式给出加权无向图 G 的编码树、一维和 K 维结构熵的定义。

3. 编码树

G 的编码树定义为有根树 T，其性质如下：

(1) 对于每个节点 $\alpha \in T$，在 G 中存在一个对应于 α，$T_\alpha \in V$ 的顶点子集。

(2) 对于根节点 λ，设 $T_\lambda = V$。

(3) 对于每个节点 $\alpha \in T$，它的子节点标记为 $\alpha \wedge \langle i \rangle$，随着 i 的增加从左到右排序，$\alpha \wedge \langle i \rangle^- = \alpha$。

(4) 对于每个节点 $\alpha \in T$，设 L 为其子节点的个数；那么所有顶点子集 $T_{\alpha \wedge \langle i \rangle}$ 是不相交的，并且 $T_\alpha = \bigcup_{i=1}^{L} T_{\alpha \wedge \langle i \rangle}$。

(5) 对于每个叶节点 v，T_v 是一个包含 V 中单个顶点的单元素。

4. 一维结构熵

G 的一维结构熵定义如下：

$$H^1(G) = -\sum_{v \in V} \frac{d_v}{vol(G)} \cdot \log_2 \frac{d_v}{vol(G)} \tag{6.1}$$

其中，$vol(G) = \sum_{v \in V} d_v$ 是 G 的体积。

5. K 维结构熵

给定高度不超过 K 的编码树 T，则 G 的 K 维结构熵定义为

$$H^K(G) = \min_T \left\{ \sum_{\alpha \in T, \alpha \neq \lambda} H^K(G;\alpha) \right\} \tag{6.2}$$

$$H^K(G;\alpha)=-\frac{g_\alpha}{vol(G)}\log_2\frac{V_\alpha}{V_{\alpha^-}} \tag{6.3}$$

其中，g_α 是连接 T_α 内顶点和 T_α 外顶点的所有边的权值之和；V_α 是 T_α 的体积，是 T_α 中所有顶点的度数之和，而 T 的取值范围是所有高度不超过 K 的编码树，K 维也是编码树 T 的最大高度。

SR-MARL 的总体框架如图 6-1 所示，图中描述了基于结构信息原则的角色发现方法 SIRD 的详细设计。

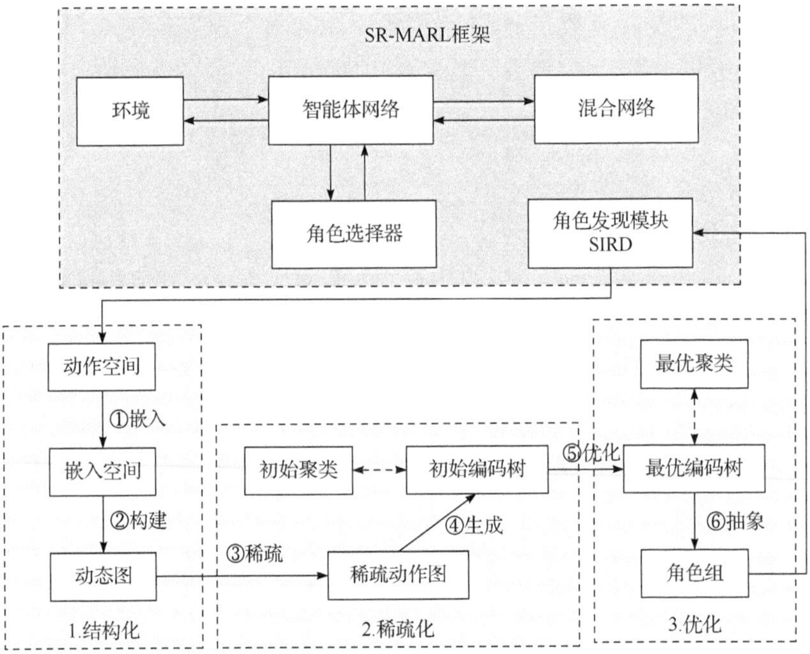

图 6-1 SR-MARL 框架示意图

SR-MARL 由环境、智能体网络 Q_i、混合网络 Q_{tot}、角色选择器和角色发现模块 SIRD 五部分组成，如图 6-1 所示。在整体框架中，每个智能体 n_i 基于单个网络 Q_i 进行决策，该网络 Q_i 以部分观测 o_i 和联合奖励 r 作为输入，并由 QPLEX 式混合网络 Q_{tot} 更新。混合网络 Q_{tot} 可以访问全局信息进行集中训练。除了做出决策，单个网络 Q_i 将局部动作观察历史 τ_i 编码为 d 维隐藏向量 $h_{\tau_i}\in\mathbf{R}^d$，然后将其输入角色选择器。下一节描述的角色发现模块 SIRD 以所有智能体 $[\tau_i]_{i=1}^{|N|}$ 的行为观察历史和联合奖励 r 作为输入。SIRD 向角色选择器输出动作表示 z_a、角色表示 z_ρ 和受限动作空间 A_ρ，用于学习角色策略。受 RODE 的启发，角色选择器根据角色表示 z_ρ 与隐藏向量 h_{τ_i} 之间的点积，将角色 $\rho_j\in\Psi$ 及

其关联的动作子空间 $A_j \in A_\rho$ 分配给智能体 n_i 。为了协调所有智能体的角色分配，采用 QPLEX 的双工决斗网络来混合点积。

如图 6-1 所示，SIRD 过程包括结构化、稀疏化和优化。在结构化过程中，将动作空间映射到固定维的嵌入空间，构造动作图。在稀疏化过程中，对动作图进行稀疏化，并生成稀疏图的初始编码树。在优化过程中，对编码树进行优化，实现最优的分层聚类，相当于对动作进行分层抽象，并在最优编码树上实现角色发现。

6. 结构化

与现有的基于角色的方法不同，SIRD 利用动作关联来构建动作图，以提高角色发现的有效性。为此，学习实现团队目标的动作表示，测量表示之间的相关性，然后基于相关性构建加权的、无向的、完整的动作图。

首先，受 RODE 启发[95]，同样采用编码器-解码器结构学习动作表示，将动作空间 A 映射到 d 维嵌入空间。在编码器中，将每个动作 $a \in A$ 编码为嵌入表示 $z_a \in \mathbf{R}^d$ ，如图 6-1 中的步骤①所示。对于每个智能体 n_i ，解码器解码其所采用的动作 a_i 的表示 z_{a_i} ，以重建其下一个部分观察 o_i' 和联合奖励 r 。给定所有智能体 $\left[\tau_i\right]_{i=1}^{|N|}$ 的动作观察历史和联合奖励 r ，通过最小化重建损失，对编码器-解码器结构进行端到端训练。其次，对于 $a_i \neq a_j$ 的每两个动作 a_i 和 a_j ，通过皮尔逊相关分析测量它们的相关性 $C_{a_i,a_j} \in [1,-1]$:

$$C_{a_i,a_j} = \frac{E\left(\left(z_{a_i} - \mu_{z_{a_i}}\right)\left(z_{a_j} - \mu_{z_{a_j}}\right)\right)}{\sigma_{z_{a_i}} \sigma_{z_{a_j}}} \tag{6.4}$$

其中， $\mu_{z_{a_i}}$ 和 $\sigma_{z_{a_i}}$ 分别为 d 维动作表示 z_{a_i} 的均值和方差。直观地看， C_{a_i,a_j} 的绝对值越大，表示动作 a_i 和 a_j 对实现团队目标的功能相关性越强。将 A 中的每个动作作为一个顶点，连接任意两个顶点 a_i 和 a_j ，并将 C_{a_i,a_j} 赋给边 $\left(a_i, a_j\right)$ 作为权重 w_{ij} ， $w_{ij} = C_{a_i,a_j}$ ，构造动作图 G ，如图 6-1 中的步骤②所示。

因此，在动作图 G 中，顶点表示动作空间 A 中的动作， $V = A$ ，边表示动作相关性，边权进一步量化动作之间的函数相关性。

7. 稀疏化

实现动作图的稀疏化，以减少计算成本并消除绝对值趋近于 0 的琐碎权的负干扰。在构建癌细胞邻居网络之后，基于一维结构熵最小化原理将动作图 G 稀疏

化为 k-近邻(k-NN)图 G_k。通过最小化 G_k 的一维结构熵 $H^1(G_k)$，选择最优的邻居数 k^*，如图 6-1 中的步骤③所示。

首先，基于 G 中边权值的平均值 μ_w，引入因子 δ，$\delta=\frac{1}{2|A|}\cdot\mu_w$，$|A|$ 为动作数，校正 G 中的所有权值(算法 6.1 中 2～4 行)。

$$w_{ij}=w_{ij}+\delta \tag{6.5}$$

对于绝对值趋近于 1 的显著权值，因子 δ 相对较小，修正后的权值近似等于原始值。对于较小的权重，δ 可以显著地校正它们以消除其负干扰。其次，对于每个 k，通过单独保留每个顶点最重要的 k 个边权重来构建图 G_k (算法 6.1 中的第 5 行和第 8 行)，然后计算一维结构熵 $H^1(G_k)$(算法 6.1 中的第 6 行和第 9 行)。最后，找到所有局部最小结构熵(算法 6.1 中的第 10 行和第 11 行)，即 LMSE，从 LMSE 中选择最小 k^*，并输出 G_{k^*} 作为稀疏作用图 G^* (算法 6.1 中的第 12～14 行)。

算法 6.1　SIRD 稀疏化算法(伪代码)

输入　动作图 G

输出　稀疏动作图 G^*

1　δ//初始化 校正系数
2　for $i=1,\cdots,|A|$ do
3　　for $j=i+1,\cdots,|A|$ do
4　　　w_{ij}// 通过公式(6.2)修正 w_{ij}
5　G_1，G_2// 构造 1-NN 图和 2-NN 图
6　$H^1(G_1)$，$H^1(G_2)$// 通过公式(6.1)计算结构熵
7　for $k=2,\cdots,|A|-1$ do
8　　G_{k+1}// 构造($k+1$)-NN 图
9　　$H^1(G_{k+1})$// 通过公式(6.1)计算 G_{k+1} 的结构熵
10　 if $H^1(G_k)<H^1(G_{k-1})$ 或 $H^1(G_k)<H^1(G_{k+1})$ then
11　　LMSE $\leftarrow H^1(G_k)$
12　k^*// 从 LMSE 求最小 k
13　$G^*\leftarrow G_{k^*}$
14　返回 G^*

因此，生成一个 G^* 中的初始编码树 T ：

(1) 对于动作空间 A ，生成一个根节点 λ ，并设置其对应的顶点子集 $T_\lambda = A$ 。

(2) 对于每个动作 $a \in A$ ，生成一个叶节点 v ，其 $T_v = \{a\}$ ，并将 v 设为 λ 的子节点，$v^- = \lambda$ ，如图 6-1 中步骤④所示。

直观地看，初始编码树 T 的高度为 1。关联的分层聚类初始化为单个层次结构，其中每个动作被划分为单独的类别，如初始聚类 C 。

8. 优化

为了实现动作空间 A 的最优分层聚类 C^* ，将稀疏动作图 G^* 的编码树 T 从 1 层优化到 K 层。首先，从 deDoc[96]中引入两个算子 Merge 和 Combine，最小化稀疏图 G^* 的 K 维结构熵以优化 T ，如图 6-1 中步骤⑤所示。在编码树 T 中，如果两个节点有一个共同的父节点，则它们是兄弟节点。Merge 和 Combine 操作符定义在兄弟节点上，在工作中标记为 T_{mg} 和 T_{cb} 。其次，基于 K 维结构熵最小化原理，利用 T_{mg} 和 T_{cb} 设计迭代优化算法 6.2。在每次迭代中，算法 6.2 遍历 T 中的所有兄弟节点 β_1 和 β_2 ，在树高不超过 K 的前提下，贪婪地选择减少结构熵最大的算子 T_{mg} 或 T_{cb} 执行。当没有兄弟节点满足 $\Delta SE > 0$ ，终止迭代并输出 T 作为最优编码树 T^* 。在编码树 T^* 中，根节点 λ 对应动作空间 A ，$T_\lambda = A$ ，每个叶节点 v 对应包含单个动作 $a \in A$ 的单元素，其他节点对应不同层次的簇。对于 $T_v = \{a\}$ 的每个叶节点 v ，设置其节点表示 $z_v = z_a$ 。最后，根据 T^* 实现最优层次动作空间聚类 C^* 。此外，将最优编码树 T^* 的分层聚类 C^* 作为动作的分层抽象来发现角色，如图 6-1 中步骤⑥所示。

算法 6.2　SIRD 迭代优化算法(伪代码)

输入　初始编码树 T

输出　最优编码树 T^*

```
ΔSE ， β1* ， β2* // 初始化
while True do
  ΔSE ← 0
  for T 中每一个兄弟节点 β1,β2 do
    ΔSE ， β1* ， β2* // 通过公式(6.2)最大限度地减少由 Merge 算子引起的结构熵
  if ΔSE > 0 then
```

$T \leftarrow T_{\text{mg}}\left(T;\beta_1^*,\beta_2^*\right)$
Continue
for T 中的每一个兄弟节点 β_1,β_2 do
ΔSE ， β_1^* ， β_2^* // 通过公式(6.2)最大限度地减少 Combine 算子造成的结构熵
if $\Delta SE > 0$ then
$T \leftarrow T_{\text{cb}}\left(T;\beta_1^*,\beta_2^*\right)$
else
Break
$T^* \leftarrow T$
返回 T^*

9. 最优编码树上的角色发现

最优编码树 T^* 将动作空间 A 从上到下划分为 3 层抽象层次，包括角色、子角色和动作。在 3 层层次结构中，根节点的子节点被定义为角色 $\Psi \equiv \left[\rho_i\right]_i^{|\Psi|}$ ，$\rho_i = \lambda^\wedge\langle i\rangle$ ，叶节点 $\left[v_i\right]_i^{|A|}$ 被定义为动作，而连接角色和动作的路径上的其他节点被定义为子角色 $\left[\rho_i'\right]_i$ ，如图 6-2 所示。例如，v_{10} ，v_{11} 和 v_{13} 被抽象为一个子角色 ρ_2' ，然后 ρ_2' 和 v_{12} 都被抽象为一个角色 ρ_4 。为了计算角色表示 z_{ρ_i} ，需要在以 ρ_i 为根的子树中从下到上分层地聚合节点表示。例如，将动作表示 $z_{v_{10}}$ ，$z_{v_{11}}$ 和 $z_{v_{13}}$ 聚合为子角色表示 $z_{\rho_2'}$ ，然后将 $z_{\rho_2'}$ 和 $z_{v_{12}}$ 聚合为角色表示 z_{ρ_4} 。为了实现自下而上的聚合，提出使用结构熵分布作为每个节点的权值。对于每个非叶节点 $\alpha \in T^*$ ，定义聚合函数来计算其节点表示 z_α ，如下所示。

$$z_\alpha = \sum_{i=1}^{L} \frac{H^{T^*}\left(G;\alpha^\wedge\langle i\rangle\right)}{\sum_{j=1}^{L} H^{T^*}\left(G;\alpha^\wedge\langle i\rangle\right)} \cdot z_{\alpha^\wedge\langle i\rangle} \tag{6.6}$$

其中， L 为 α 的子节点数。另外，将角色 ρ_i 的受限作用空间定义为其对应的顶点子集 T_{ρ_i} ， $A_i = T_{\rho_i}$ 。

最后，输出动作表示 $z_a \equiv \{z_a \mid \forall a \in A\}$ ，角色表示 $z_\rho \equiv \{z_{\rho_i} \mid \forall \rho_i \in \Psi\}$ ，以及受限动作空间 $A_\rho \equiv \{A_i \mid \forall \rho_i \in \Psi\}$ 来实现角色发现。

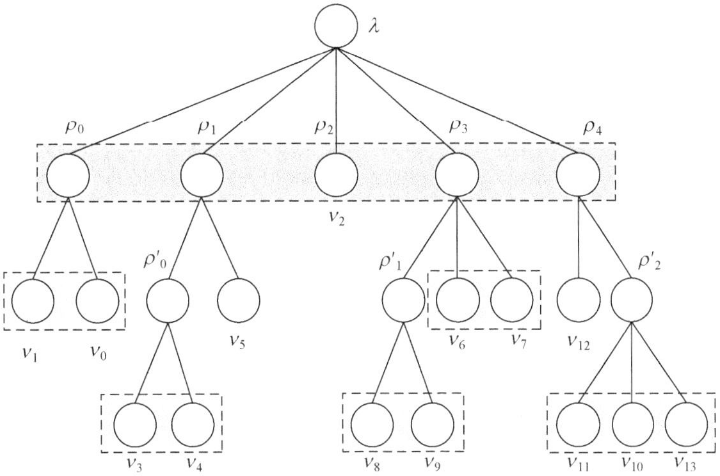

图 6-2　优化编码树案例图

10. SIRD 的时间复杂度

SIRD 的整体时间复杂度为 $O\left(n^2+n+n\cdot\log^2 n\right)$，其中，$n$ 为动作数，$n=|A|$。这里，结构化的时间复杂度为 $O\left(n^2\right)$，它对每两个动作进行皮尔逊相关性分析。在稀疏化中，SIRD 花费 $O(n)$ 时间复杂度从所有局部最小结构熵来寻找最小 $k^*\in\{1,\cdots,n\}$。通过采用类似的数据结构，优化编码树的时间复杂度为 $O\left(n\cdot\log^2 n\right)$。与 RODE 中的扁平聚类相比，SIRD 在相同的二次时间复杂度下实现了角色发现，并保证了人工辅助的独立性，具有有效而稳定的性能优势。

6.2.2　利用结构信息原理进行层次状态抽象

状态抽象通过在具有丰富观测值的强化学习中忽略不相关的环境信息来优化决策。然而，最近的做法侧重于充分的代表能力，导致基本信息损失，影响其在具有挑战性的任务中的表现。

本节介绍一种新的利用结构信息原理进行层次状态抽象的方法，即 SISA[91]。其核心思想在于，SISA 结合层次状态聚类和不同层次的聚合，以实现样本高效的层次抽象。受结构熵最小化原理的启发，首先介绍一种无须人工辅助的无监督自适应分层状态聚类方法。它由结构化、稀疏化和优化三个模块组成，以构建最优的编码树。其次，采用有效的自编码器结构和表征学习目标来学习状态嵌入并改进层次聚类。最后，对于不同高度的非根树节点，使用分配的结构熵作为每个子节点的权值定义新的聚合函数，从而实现分层状态抽象。

本节描述基于结构信息原理的状态抽象的详细设计，以及如何应用 SISA 优化强化学习。在介绍模型之前，首先给出用到的相关公式定义。

1. 马尔可夫决策过程

在强化学习中，要解决的问题被描述为马尔可夫决策过程(MDP)，一个元组 $M=(S,A,R,P,\gamma)$，其中，S 为原始状态空间，A 为动作空间，R 为奖励函数，$P(s'|s,a)$ 为动作 $a\in A$ 从状态 $s\in S$ 到状态 $s'\in S$ 的条件转换概率，$\gamma\in[0,1)$ 为折现因子。在每个时间步，智能体根据其策略函数 $a\sim\pi(s)$ 选择一个动作 $a\in A$，更新环境状态 $s'\sim P(s,a)$，产生奖励 $r\sim R(s,a)$。智能体的目标是学习一种使长期预期折扣奖励最大化的策略。

2. 状态抽象

根据马尔可夫状态抽象，将状态抽象定义为一个函数 f_ϕ，它将每个原始状态 $s\in S$ 投影到抽象状态 $z\in Z$。当将状态抽象应用于 MDP $M=(S,A,R,P,\gamma)$ 时，会产生一个新的抽象决策过程 $M_\phi=(S,A,R_\phi,P_\phi,\gamma)$，其中，通常 $|Z|\ll|S|$。

为了更好地描述，首先介绍如何应用 SISA 来优化强化学习框架。优化后的强化学习框架由三个模块组成：环境、智能体网络 Q 和提出的状态抽象 SISA，如图 6-3 所示。环境中的决策过程被标记为 MDP $M=(S,A,R,P,\gamma)$，其中，原始状态空间 S 是高维且有噪声的。本节描述的 SISA 以动作观察历史 τ 作为输入，将每个原始环境状态 $s\in S$ 映射到抽象状态 $z\in Z$，其中，$|Z|\ll|S|$。此外，智能体以抽象状态 z 和奖励 r 作为输入，基于其个体网络 Q 进行决策，从而推导出一个新的抽象决策过程 $M_\phi=(S,A,R_\phi,P_\phi,\gamma)$。

3. 分层状态抽象

如图 6-3 所示，SISA 包括预训练、微调和抽象阶段。在预训练阶段，将原始状态空间映射到密集的低维潜在空间，并采用表征学习目标进行解码。在微调阶段，对状态图进行稀疏化，优化其编码树以获得分层状态结构，并计算聚类损失。在抽象阶段，构建一个层次状态图，并提取转移、动作和奖励关系来计算结构信息损失。

4. 预训练

对于高维和噪声环境中的可处理决策，利用表征学习目标通过抽象函数压缩原始状态空间，作为 0 级抽象。

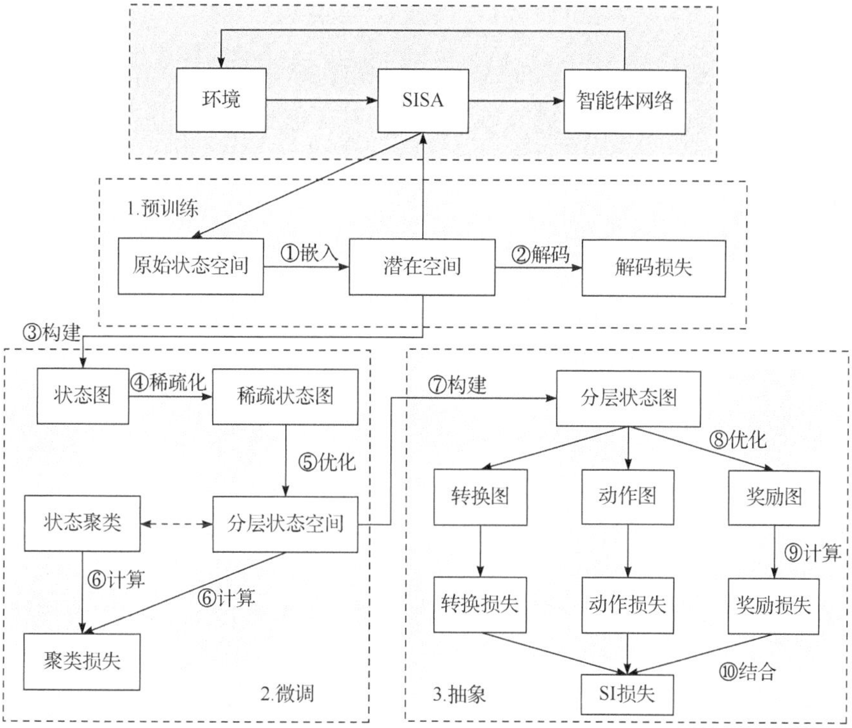

图 6-3　SISA 框架图

为此，采用编码器-解码器结构来学习抽象状态表示，将状态空间 S 映射到低维、密集的抽象状态空间 Z 。在编码器中，通过抽象函数 $f_{\phi}:S \to Z$ 将每个状态 $s \in S$ 编码为一个 d 维嵌入表示 $z \in Z$ ，如图 6-3 中步骤①所示。在解码器中，对每个抽象表示 z 进行解码，并选择马尔可夫状态抽象中的训练目标，包括建设性目标和对抗目标，用于计算解码损失 L_{de} ，以保证预训练阶段的马尔可夫性，如图 6-3 中步骤②所示。给定动作观察历史 τ ，通过最小化 L_{de} 对编码器-解码器结构进行端到端训练。在微调和抽象阶段，通过最小化聚类损耗 L_{cl} 和结构信息损耗 L_{si} ，进一步优化抽象函数 f_{ϕ} 。

5. 微调

不同于聚合条件定义或原始状态空间中的表示学习，这里介绍一种无须人工辅助的无监督自适应分层聚类方法来获取环境状态的分层结构。具体而言，根据状态相关性构造一个加权无向完全状态图，最小化其结构熵得到最优编码树，并基于 Kullback-Leibler (KL)散度计算聚类损失。

首先，对于 $i \neq j$ 的状态 s_i 和 s_j ，计算抽象表示 z_i 和 z_j 之间的余弦相似度，度量它们的相关性$C_{ij} \in [-1,1]$。直观地看，C_{ij}的值越大，表示状态s_i和s_j越相似，这两种状态属于同一簇的概率越大。将状态作为顶点，对于任意两个顶点s_i和s_j，将C_{ij}赋值给无向加权边(s_i, s_j)，$w_{ij} = C_{ij}$，从而构造完全图G，如图 6-3 中步骤③所示。在G中，顶点表示S中的状态，即$V = S$，边表示状态相关性，边权量化状态之间的余弦相似度。定义绝对值趋近于 0 的边权为平凡权。

其次，实现状态图的稀疏化，消除琐碎权值的负干扰。在构建癌细胞邻居网络之后，最小化一维结构熵，将图G稀疏化为k-近邻(k-NN)图G_k，如图 6-3 中步骤④所示。保留每个顶点最重要的k个边权来构造G_k，计算其一维结构熵$H^1(G_k)$，选择最小结构熵的参数k作为k^*，并输出G_{k^*}作为稀疏状态图G^*。此外，初始化一棵稀疏状态图G^*的编码树T：

(1) 生成一个根节点λ，并设其顶点子集$T_\lambda = S$作为整个状态空间。

(2) 为每个状态$s \in S$生成一个叶节点v，$T_v = \{s\}$，并将其设为λ的子节点，$v^- = \lambda$。

再次，通过对编码树T从 1 层优化到K层，实现分层状态聚类。从 deDoc[96]中引入两个算子 Merge 和 Combine，通过最小化其K维结构熵来优化稀疏图G^*，如图 6-3 中步骤⑤所示。在编码树中定义两个节点，它们拥有一个共同的父节点。Merge 和 Combine 在兄弟节点上操作，标记为T_{mg}和T_{cb}。将编码树优化总结为迭代算法，见算法 6.3。在每次迭代中，遍历T中所有兄弟节点β_1和β_2(算法 6.3 中第 4 行和第 9 行)，并贪婪地执行算子T_{mg}或T_{cb}，以实现树高不超过K(算法 6.3 中第 5 行和第 10 行)时最大结构熵减少ΔSE。当没有兄弟节点满足$\Delta SE > 0$或树高超过K时，终止迭代算法并输出最优编码树T^*。树T^*是状态空间S的一个层次聚类结构，其中，根节点λ对应于S，$T_\lambda = S$，每个叶节点v对应于一个包含单个状态$s \in S$的单节点，$T_v = \{s\}$，其他树节点对应于不同层次的状态簇。

最后，选择根节点λ的每个子节点$\lambda^\wedge\langle i\rangle$作为聚类中心，并定义其对应顶点集$T_{\lambda^\wedge\langle i\rangle}$之间的结构概率分布，计算其嵌入$C_i$。对于每个顶点$s_j \in T_{\lambda^\wedge\langle i\rangle}$，使用连接其对应叶节点$v_j$和节点$\lambda^\wedge\langle i\rangle$的路径上节点分配的结构熵的和来定义其分布概率，如下所示。

$$p_{\lambda^\wedge\langle i\rangle}(s_j) = \exp\left(-\sum_{T_{v_j} \subseteq T_\alpha \subset T_{\lambda^\wedge\langle i\rangle}} H^{T^*}(G;\alpha)\right) \tag{6.7}$$

其中，α是连接v_j和$\lambda^\wedge\langle i\rangle$的路径上的任意节点。对于聚类中心$\lambda^\wedge\langle i\rangle$，计算其嵌入$C_i$为

$$C_i = \sum_{s_j \in T_{\lambda^\wedge\langle i\rangle}} p_{\lambda^\wedge\langle i\rangle}\left(s_j\right) \cdot z_j \tag{6.8}$$

其中，z_j 是状态 s_j 的抽象表示。基于抽象表示和聚类中心嵌入，生成一个软分配矩阵Q，其中，Q_{ij} 表示将第 i 个状态 s_i 分配给第 j 个聚类中心的概率 $\lambda^\wedge\langle i\rangle$。由 Q 导出一个高置信度分配矩阵 P，并计算聚类损失 L_{cl} 如下。

$$L_{cl} = KL(P \| Q) = \sum_i \sum_j P_{ij} \log \frac{P_{ij}}{Q_{ij}} \tag{6.9}$$

算法 6.3　SISA 迭代优化算法(伪代码)

输入　T

输出　T^*

β_1^*，β_2^*// 初始化
while True do
　$\Delta SE \leftarrow 0$
　for T 中每一个兄弟节点 β_1, β_2 do
　　β_1^*，β_2^*// 通过公式(6.2)最大化算子 T_{mg} 引起的 ΔSE
　　if $\Delta SE > 0$ then
　　　对 β_1^*, β_2^* 执行操作符 T_{mg}
　　　Continue
　　for T 中每一个兄弟节点 β_1, β_2 do
　　　β_1^*，β_2^*// 通过公式(6.2)最大化算子 T_{cb} 引起的 ΔSE
　　if $\Delta SE > 0$ then
　　　对 β_1^*, β_2^* 执行操作符 T_{cb}
　　else
　　　Break
　$T^* \leftarrow T$
返回 T^*

6. 最优编码树的抽象

为了补偿采样引起的基本信息损失，利用结构信息原理在最优编码树上设计聚合函数，以实现分层抽象，同时准确表征原始决策过程。

最优编码树 T^* 表示状态空间 S 的分层聚类结构，其中，每个树节点对应一个状态簇，高度为其聚类层次。给定动作观察和奖励历史，第一，随机采样，构造分层状态图 G_h，顶点表示状态，边表示带有动作和奖励信息的状态转换，如图 6-3 中步骤⑦所示。由于抽样构造，在层次图 G_h 中不可避免地存在奖励或动作信息的基本丢失。

第二，在最优编码树上定义聚合函数，实现从叶节点到根节点的分层抽象。对于每个 $T_{v_i}=\{s_i\}$ 的叶节点 v_i，通过预训练阶段描述的函数 f_ϕ 定义 0 级抽象，并得到其 0 级抽象表示 z_i^0。

$$z_i^0 = f_\phi\left(s_i\right) \tag{6.10}$$

对于每个高度为 h 的非叶节点 α_i，使用分配的结构熵作为每个子节点的权值，设计一个聚合函数来实现 h 级抽象。

$$z_i^h = \sum_{j=1}^{L} \frac{H^{T^*}\left(G;\alpha_i \wedge \langle j \rangle\right)}{\sum_{l=1}^{L} H^{T^*}\left(G;\alpha_i \wedge \langle j \rangle\right)} \cdot z_{li+j-1}^{h-1} \tag{6.11}$$

其中，L 为 α_i 的子节点数；li 为 α_i 在高度为 $h-1$ 的树节点中最左子节点的索引。

第三，从层次图 G_h 中提取三种状态关系(转移、动作和奖励)，分别构建多层次的转移、动作和奖励图，如图 6-3 中步骤⑧所示。为方便起见，以 0 级转移图 G_t^0 为例，不同关系或不同层次图的操作是相似的。在 G_t^0 中，顶点表示 0 级抽象表示，边权通过采样量化状态之间的转移概率。

第四，最小化 G_t^0 的 K 维结构熵，生成最优编码树 T_t^0，并计算 0 级转移损失 L_{tr}^0，如图 6-3 中步骤⑨所示。此外，设计一个条件结构熵来重建状态关系，以补偿采样引起的基本信息损失。对于 T_t^0 中的任意两个叶节点 v_i 和 v_j，找到它们共同的父节点 δ，并计算条件结构熵来量化从 z_i^0 到 z_j^0 的转移概率。

$$p(z_j^0 \mid z_i^0) = H^{T_t^0}(G_t^0; z_j^0 \mid z_i^0) = \sum_{T_{v_j} \subseteq T_\alpha \subset T_\delta} H^{T_t^0}\left(G_t^0;\alpha\right) \tag{6.12}$$

其中，α 是连接父节点 δ 和叶节点 v_j 的路径上的任意节点。对抽象表示进行解码，重建转移概率，以计算 L_{tr}^0。

第五，如图 6-3 中步骤⑩所示，计算 SI 损耗 L_{si} 为

$$L_{si} = L_{tr} + L_{ac} + L_{re} = \sum_{i=1}^{K}\left(L_{tr}^i + L_{ac}^i + L_{re}^i\right) \tag{6.13}$$

其中，K 是最大编码树高度。

6.2.3 利用结构信息原理进行有效强化学习

虽然强化学习算法通过与环境的相互作用获得连续的行为模式，但它们在嘈杂和高维场景中的有效性通常依赖于特定的结构先验。本节从信息论的角度出发，介绍一种新的基于结构信息原则的通用有效决策框架，即 SIDM[92]。首先介绍一种特殊的无监督划分方法，该方法根据状态空间和动作空间的特征相似度形成顶点社区。利用结构熵作为顶点权值，在每个群体内设计一个聚合函数来获得其嵌入，从而便于分层状态和动作抽象。通过从历史轨迹中提取抽象元素，构造了一个有向、加权、齐次的过渡图。最小化这个图的高维熵可以生成一个最优的编码树。引入一种创新的基于两层技能的学习机制，计算每个状态转移的公共路径熵作为其识别概率，从而避免对专家知识的要求。此外，SIDM 可以灵活地集成到各种单智能体和多智能体强化学习算法中，从而提高其性能。

本节，形式化几个基本概念的定义：马尔可夫决策过程(MDP)、状态或动作抽象、基于技能的学习、分散的部分可观察 MDP(Dec-POMDP)、基于角色的学习、均匀加权无向图和有向图、编码树和结构熵。在本节，明确区分了术语“观察和原始动作”和“状态和动作”，以明确表示环境变量及其各自的嵌入变量。

定义 6.1　在强化学习中，单智能体决策问题被建模为 MDP，由元组 $M_{\mathrm{s}}=(S,A,R,P,\gamma)$ 定义。其中，S 为原始状态空间，A 为原始动作空间，R 为奖励函数，P 为过渡函数，$\gamma\in[0,1)$ 为折现因子。在每个时间步 t，智能体将环境观测值 o_t 嵌入为状态 $s_t\in S$，并根据其策略函数在 $\pi(s_t)$ 处选择一个动作 $a_t\in A$。这个动作产生奖励 $r_t\sim R(s_t,a_t)\in\mathbf{R}$，并导致新的环境观察 $o_{t+1}\sim P(o_t,a_t)$。强化学习智能体的目标是学习一个使长期预期折现奖励最大化的策略 π，公式为 $\max_{\pi}\mathbb{E}_P\left[\sum_{t=0}^{\infty}\left[\gamma^t R(s_t,a_t)\right]\right]$。

定义 6.2　状态或动作抽象的目标是开发一个抽象函数 f_ϕ，将每个原始状态 $s\in S$ 或动作 $a\in A$ 投射到抽象元素 $z_s\in Z_{\mathrm{s}}$ 或 $z_a\in Z_a$。这种投影有助于有效地减少状态-行为空间，从而产生抽象的 MDP $M_\phi=(Z_{\mathrm{s}},Z_a,R_\phi,P_\phi,\gamma)$。

定义 6.3　在基于技能的学习中，智能体在一个情节中选择不同的技能，每个技能都被描述为一个原始的状态-动作序列。当将技能集 K 应用于 MDP 时，会导致分层策略结构，其中高级策略选择技能，低级策略输出以特定技能为条件的原子操作。长期预期报酬的计算包括所有层级的政策。

定义 6.4　在部分可观察环境下，一个完全合作的多智能体决策任务被建模为 Dec-POMDP，用 $M_m=\langle N,S,A,P,\Omega,R,\gamma\rangle$ 表示。其中，$N\equiv\{n_1,n_2,\cdots,n_{|N|}\}$ 为智能体的有限集合，S 为全局状态空间，A 为全局动作空间，P 为全局转移函数，

Ω 为观测概率函数，R 为联合奖励函数，$\gamma \in [0,1)$ 为折现因子。在每个时间步 t，每个智能体 $n_i \in N$ 根据函数 Ω 接收到一个局部观测值 o_i，并根据全局状态 $s \in S$ 选择一个动作 $a_i \in A$。这些单独的作用形成一个联合作用 $a \equiv [a_i]_{i=1}^{|N|}$。随后，$a$ 产生联合奖励 $r = R(s,a)$，并过渡到下一个全局状态 $s' \sim P(\cdot \mid s,a)$。每个智能体 n_i 保持一个动作观察历史 $\tau_i \in T$，并训练其策略 $\pi_i(a_i \mid \tau_i)$ 以最大化团队绩效。

定义 6.5 在基于角色的学习中，多智能体合作任务 M_m 被分解为子任务集，其中，角色集 $\varPsi$ 指定了这种分解。每个角色 $\rho_j \in \varPsi$ 是一个元组 $\langle t_j, \pi_{\rho_j} \rangle$，其中，$t_j$ 是一个定义为 $\langle N_j, S, A_j, P, \Omega, R, \gamma \rangle$ 的子任务，$\pi_{\rho_j} : \tau \times A_j \mapsto [0,1]$ 是 t_j 的一个角色策略。在子任务 t_j 中，$N_j \subset N$，$A_j \subset A$。

定义 6.6 一个齐次、加权、无向图定义为 $G = (V, E, W)$，其中，V 是一个顶点集，E 是一个无向边集，$W : E \mapsto \mathbf{R}^+$ 是一个边权函数。设 $n = |V|$ 为顶点数，$m = |E|$ 为边数，d_v 为顶点 $v \in V$ 的度数，即其连通边的权值和。类似地，有向图定义为 $G_{\text{dir}} = (V, E_{\text{dir}}, W_{\text{dir}})$，其中，$E_{dir}$ 是有向边集，$W_{\text{dir}} : E_{\text{dir}} \mapsto \mathbf{R}^+$ 是有向边的权函数。对于任意顶点 $v \in V$，d_v^+ 和 d_v^- 分别表示其输出度和输入度。

定义 6.7 对于任意无向图 G，其编码树为根树 T，具有以下性质：

(1) 根节点 $\lambda \in T$ 对应于整个顶点集 T，$V_\lambda = V$。

(2) 每个叶节点 $\nu \in T$ 对应一个包含单个顶点 $v \in V$ 的单元素，$V_\nu = \{v\}$。

(3) 每个非根、非叶节点 $\alpha \in T$ 对应一个顶点子集 $V_\alpha \subseteq V$。

(4) 对于每个非根节点 $\alpha \in T$，其父节点记为 α^-。

(5) 对于每个非叶节点 $\alpha \in T$，假设其子节点的数目为 L_α，并且第 i 个子节点表示为 $\alpha^{\langle i \rangle}$，随着 i 的增加从左到右排序。

(6) 对于每个非叶节点 $\alpha \in T$，所有顶点子集 $V_{\alpha^{\langle i \rangle}}$ 是不连接的，并且 $V_\alpha = \bigcup_{i=1}^{L_\alpha} V_{\alpha^{\langle i \rangle}}$。

本节，概述图 6-4 所示的综合决策过程。该过程包括具有转换函数和奖励函数的环境、SIDM 框架以及用于单智能体决策和多智能体协作的各种强化学习算法。SIDM 处理环境观察和奖励，保留历史轨迹，并将状态、抽象动作、角色集和技能集输出到特定的下游算法。最初，采用编码器-解码器架构来嵌入环境观察和动作，测量特征相似性并消除琐碎边缘以构建状态和动作图。随后，初始化每个图的编码树，最小化其结构熵以获得状态和动作的社区划分，并使用分配熵作为权重设计聚合以实现分层抽象。最后，提取抽象元素构建过渡图，定义并优化该有向图的结构熵，计算公共路径熵来量化每个过渡的样本概率，并引入自适应的基于技能的学习机制。

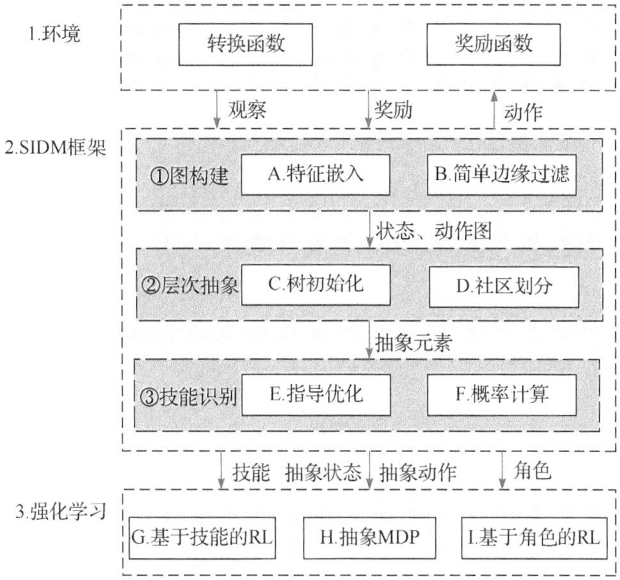

图 6-4　集成 SIDM 决策过程图示

1. 图构建

测量环境观察和动作之间的特征相似性，以构建两个同构图：一个加权的、无向的、完全状态图和一个类似结构的动作图。为了消除由微不足道的权重引起的负干扰，特别是那些绝对值接近 0 的权重，对状态图和动作图应用边缘过滤。

为此，采用两种编码器-解码器架构来获取状态和动作表示，将高维观察和原始动作映射到两个低维变量 S 和 A 中(图 6-4 中步骤①中的 A)。在编码器 f_s 和 f_a 中，每个环境观测值和原始动作分别嵌入到状态 $s \in S$ 的特征表示 h_s 和动作 a 的特征表示 h_a 中。为了说明动作功能和状态转换之间的相似性，设计两个解码器，每个解码器都有不同的目标，用于解码这些嵌入的表示。在状态解码器中，实现了交叉熵逆目标来预测相邻观测值 o 和 o' 之间的动作 a 。类似地，动作解码器处理每个动作表示 h_a 和状态表示 h_s 来重建下一个观察 o' 和环境奖励 r 。考虑到历史轨迹 τ ，目标是最小化上述解码损失 L_{de} 来训练观察和动作嵌入模型。

为了更好地演示框架，将引用状态图 G_s 作为示例，同时在动作图 G_a 上执行相同的操作。在图 G_s 中，每个状态 $s \in S$ ，与轨迹 τ 中的观测值 $o \in O$ 相关联，被视为顶点 $v \in V$ 。这些顶点相互连接，形成一个完整的图(图 6-4 中的步骤①)。对于每一对不同的状态 s_i 和 s_j ，其中，$i \neq j$ ，通过它们的嵌入表示 h_{s_i} 和 h_{s_j} 之间的皮尔逊相关分析，测量特征相似度 $C_{s_i,s_j} \in [-1,1]$ ，如下所示。

$$C_{s_i,s_j} = \frac{\mathbb{E}\left(\left(h_{s_i} - \mu_{h_{s_i}}\right)\left(h_{s_j} - \mu_{h_{s_j}}\right)\right)}{\sigma_{h_{s_i}}\sigma_{h_{s_j}}} \tag{6.14}$$

其中，$\mu_{h_{s_i}}$ 和 $\sigma_{h_{s_i}}$ 表示状态表示 h_{s_i} 的均值和方差。直观地看，C_{s_i,s_j} 的绝对值越高，说明状态 s_i 和 s_j 之间的相似性越强，在后续的状态抽象中会考虑到这一点。然后将计算出的相似度 C_{s_i,s_j} 作为权重 w_{ij} 分配给图 G_s 中的无向边 $\left(s_i,s_j\right)$。

在 G_s 的简单边缘过滤中，最小化其一维结构熵，将完整状态图简化为 k-近邻(k-NN)图(图 6-4 中步骤①中的 B)。较低的一维结构熵表明更有效地从完全图中去除噪声信息。该过滤过程在算法 6.4 中进行了总结。为了更灵敏地过滤，加入一个修正因子 M 来调整 G_s 的边权(算法 6.4 中的第 1 行)，如下所示。

$$w'_{ij} = w_{i,j} + M \tag{6.15}$$

$$M = \frac{1}{2n}\cdot\frac{1}{m}\sum_{i,j} w_{ij} \tag{6.16}$$

取每个状态 $s \in S$ 作为中心顶点，只保留 k 条绝对权值最大的边，计算一维结构熵 $H^1\left(G_k\right)$ 产生的事例图 G_k (算法 6.4 中的第 3 行和第 4 行)。然后，评估 $H^1\left(G_k\right)$ 指标合理的 k 值(算法 6.4 中的第 2 行)并选择最优值 k^* 最小化一维结构熵算(算法 6.4 中的第 5 行)。最终的输出是相关联的图 G_{k^*}，即稀疏状态图 G^* (算法 6.4 的第 6 行和第 7 行)。

算法 6.4 SIDM 边缘过滤算法(伪代码)

输入 一个加权的、无向完全图 $G = \left(V,E,W\right)$

输出： 稀疏图 G^*

---

1 G'// 对图 G 重新赋值

2 for $k = 1,2,\cdots,n-1$ do

3 　G_k// 构造 k-NN 图

4 　$H^1\left(G_k\right)$// 通过公式(6.1)计算 G_k 的一维结构熵

5 　$k^* \leftarrow \text{argmin}_k\left(H^1\left(G_k\right)\right)$

6 $G^* \leftarrow G_{k^*}$

7 返回 G^*

---

2. 分层抽象

为了便于分层状态和动作抽象，最小化稀疏图的高维结构熵，从而完成状态和动作的社区划分。对于每个社区，设计一个聚合函数，使用分配熵作为顶点权重来获得它的嵌入，在这里，它被解释和表示为抽象的状态和动作。

如图 6-4 中步骤②中的 C 所示，初始化稀疏图 G_s^* 的一层编码树 T_s，如下所示：

(1) 对于状态变量 S，创建一个根节点 λ，$V_\lambda = S$。

(2) 对于每个状态 $s \in S$，创建一个叶节点 ν 作为根节点 λ 的子节点，$\nu^- = \lambda$，并设置 $V_\lambda = \{S\}$。

初始编码树 T_s 描述了状态变量 S 的初始分区结构，其中，每个顶点社区仅由单个状态组成。

为了进一步优化状态的社区划分，在 T_s 下逐步减小 G_s^* 的结构熵，将树的高度从 1 增加到 K，最终的 K 层编码树就是最优编码树，从而表示最优划分结构。为了提高优化过程的稳定性，用 HCSE 算法[97]中的两个新的优化算子 Stretch 和 Compress 更新之前工作中的算子。在编码树 T_s 中，在共享相同父节点的兄弟节点上定义拉伸操作符，而压缩操作符则针对不同高度的树节点。在对 T_s 中的 i 层树节点集 U_i 进行“拉伸-压缩”操作循环后，将结构熵的平均变化表征为 $\overline{Spar_i}(T)$。从一层初始编码树开始，贪婪地执行“拉伸-压缩”循环，旨在减少 G_s^* 的 K 维结构熵，直到达到 k 层最优编码树 T_s^*。

这种迭代优化在算法 6.5 中进行了总结。在每次迭代中，遍历同一级别的所有树节点集，并选择最有效地减少结构熵的集合(算法 6.5 中的第 3 行)。然后，这些被选中的节点经历一个循环的拉伸-压缩操作(算法 6.5 中的第 6～第 9 行)。当树的高度满足 $h_T = K$ (算法 6.5 中的第 2 行)或没有节点集满足 $\overline{Spar_{i^*}}(T) > 0$ (算法 6-5 中的第 4 行和第 5 行)时，终止迭代并输出 T 作为最优编码树 T^* (算法 6.5 中的第 12 行和第 13 行)。树 T_s^* 集中体现了状态 S 的最优分层划分(图 6-4 中步骤②中的 D)，其中，根节点 λ 对应于 S，$V_\lambda = S$，每个叶节点 ν 对应于单个状态顶点 $s \in S$ 的单元素，$V_\nu = \{s\}$，其他树节点对应于不同层的各种状态子集。

算法 6.5　SIDM 优化算法(伪代码)

输入　一层初始编码树 $T, K \in \mathbf{Z}^+$

输出　K 层最优编码树 T^*

1　h_T // 高度 T

2　while　$h_T < K$　do

$i^* \leftarrow \text{argmax}_i \left\{ \overline{Spar_i}(T) \right\}$
  if $\overline{Spar_{i^*}}(T) = 0$ then
    break
for $\alpha \in U_{i^*}$ do　　//拉伸-压缩
  $\text{Stretch}(T_\alpha)$
  $\text{Compress}(T_\alpha)$
  $h_T \leftarrow h_T + 1$
for $i = i^* + 1$ do
  update U_i
$T^* \leftarrow T$
返回 T^*

根据结构信息原理，分配给每个树节点的熵，如式(6.3)所示，用来度量单步随机游走从其父节点社区到达其关联顶点社区的不确定性。这种不确定性被量化为节点权重，使分层聚合函数的设计(图 6-4 中的步骤②)能够表示最优编码树 T_s^* 中的所有节点。对于 $V_v = s$ 的每个叶节点 v，使用图构建中描述的编码器-解码器结构定义 0 级抽象，从而得到节点表示 $h_v = h_s$。对于每个非叶节点 α，应用 softmax 函数对其子节点的权值进行归一化，其表示 h_α 计算如下。

$$h_\alpha = \sum_{i=1}^{L_\alpha} \frac{\exp\left(H^{T_s^*}\left(G_s^*;\alpha^{\langle i \rangle}\right)\right)}{\sum_{j=1}^{L_\alpha} \exp(H^{T_s^*}\left(G_s^*;\alpha^{\langle i \rangle}\right)} \cdot h_{\alpha^{\langle i \rangle}} \tag{6.17}$$

其中，树节点 α 的高度表示状态共同体 V_α 的状态抽象级别。这里，默认抽象级别设置为 $K-1$。将状态变量 S 和动作变量 A 的层次抽象定义为节点集 U_{K-1}^s 和 U_{K-1}^a，称为抽象状态 Z_s 和动作 Z_a。在 U_{K-1} 中学习到的节点表示捕获了从原始状态和动作变量中提取的知识。

3 技能识别

通过分析历史轨迹中的抽象元素，将由多类型行为驱动的异质环境转换转化为抽象状态之间的同质转换。为了克服以往研究中无向约束的局限性，进一步定义并优化了用于自适应技能识别的有向图的高维结构熵。

以抽象状态 Z_s 作为顶点，创建一个齐次、加权、有向图 $G_{\text{dir}} = (Z_s, E_{\text{dir}}, W_{\text{dir}})$

(图 6-4 中的步骤 G)。如果顶点对 z_i^s 和 z_j^s 对应的状态子集之间存在原始过渡，则在它们之间建立有向边 $\left(z_i^s, z_j^s\right) \in E_{\text{dir}}$。对于每条边 $\left(z_i^s, z_j^s\right)$，通过分析 τ 中所有相应的原始跃迁来确定其出现频率，进而建立边权 w_{ij}。对于这些原始转换中的所有动作，它们在 T^*a 中的集体父节点被识别为抽象动作 z_{ij}^a，从而形成抽象转换 $\left(z_i^s, z_{ij}^a, z_j^s\right)$。为了保证图 G_{dir} 的强连通性，在图 G_{dir} 中引入随机有向边。具体来说，G_{dir} 内的强连接组件被识别，这些组件之间的有向边以最小的概率建立，以促进圆形布局。随后，调整所有边的权值，使其权值之和等于 1。

在这个强连通过渡图中，计算所有顶点的稳态分布 π，并定义一维结构熵如下。

$$H^1\left(G_{\text{dir}}\right) = -\sum_{z_i^s \in Z_s} \pi_i \cdot \log \pi_i \tag{6.18}$$

其中，π_i 是顶点 z_i^s 的分布。对于图中编码树 T 内的每个节点α，分配的结构熵定义如下。

$$H^T\left(G_{\text{dir}}; \alpha\right) = -\frac{g_\alpha}{vol\left(G_{\text{dir}}\right)} \cdot \log \frac{V_\alpha}{V_{\alpha^-}} \tag{6.19}$$

$$V_\alpha = \sum_{z_i^s \in Z_s} \sum_{z_j^s \in V_\alpha} \frac{\pi_{\mathrm{i}} \cdot \omega_{ij}}{\sum_{z_k^s \in Z_s} \omega_{kj}} \tag{6.20}$$

$$g_\alpha = \sum_{z_i^s \notin V_\alpha} \sum_{z_j^s \in V_\alpha} \frac{\pi_i \cdot \omega_{ij}}{\sum\limits_{z_k^s \in Z_s} \omega_{kj}} \tag{6.21}$$

G_{dir} 的 K 维结构熵定义如下：

$$H^T\left(G_{\text{dir}}\right) = \sum_{\alpha \in T} H^T\left(G_{\text{dir}}; \alpha\right) \tag{6.22}$$

$$H^K\left(G_{\text{dir}}\right) = \min_T \left\{H^T\left(G_{\text{dir}}\right)\right\} \tag{6.23}$$

在 deDoc 引入 Merge 和 Combine 算子的基础上，目标是降低 K 维结构熵，有向图的优化总结为算法 6.6。在每次迭代中，遍历高度相同的所有节点对(算法 6.6 中的第 4 行和第 9 行)，并有选择地执行 Merge 或 Combine 运算符(算法 6.6 中的第 7 行和第 12 行)，在树高度保持在 K 以下(算法 6.6 中的第 2 行)的条件下，基于该运算符显著地降低了结构熵(算法 6.6 中的第 6 行和第 10 行)。当没有节点对满足 $\Delta SE > 0$ (算法 6.6 中的第 15 行)时，终止迭代并输出 T 作为最优编码树 T^* (算法 6.6 中的第 16 行和第 17 行)。

算法 6.6 SIDM 有向图的优化算法(伪代码)

输入　一层初始编码树 $T, K \in \mathbf{Z}^+$

输出　K 层最优编码树 T^*

h_T // 高度 T
while $h_T < K$ do
　$\Delta SE \leftarrow 0$
　for T 中的每对节点 α_0, α_1 do
　　$\Delta SE, \alpha_0^*, \alpha_1^*$ // 最大限度地减少由 Merge 操作符引起的结构熵
　if $\Delta SE > 0$ then
　　Merge$\left(\alpha_0^*, \alpha_1^*\right)$
　　Continue
　for T 中的每对节点 α_0, α_1 do
　　$\Delta SE, \alpha_0^*, \alpha_1^*$ // 最大限度地减少由 Combine 运算符引起的结构熵
　if $\Delta SE > 0$ then
　　Combine$\left(\alpha_0^*, \alpha_1^*\right)$
　　Continue
　else
　　Break
$T^* \leftarrow T$
返回 T^*

对于每个抽象过渡 $\left(z_i^s, z_{ij}^a, z_j^s\right)$，将对应的叶节点表示为 v_i 和 v_j，其中，$V_{v_i} = \left\{z_i^s\right\}$ 和 $V_{v_j} = \left\{z_j^s\right\}$。在树 T^* 中，找到这些叶的共同父节点δ，并量化过渡的发生概率 $p\left(z_i^s, z_j^s\right)$(图 6-4 中的步骤 F)，如下所述。

$$p\left(z_i^s, z_j^s\right) = \frac{\sum\limits_{V_\delta \subseteq V_\alpha \subset V_\lambda} H^{T^*}\left(G_{\text{dir}}; \alpha\right)}{\sum\limits_{V_{v_j} \subseteq V_\alpha \subset V_\lambda} H^{T^*}\left(G_{\text{dir}}; \alpha\right)} \tag{6.24}$$

在跨越抽象状态 Z_s 的随机游走中，分子量化到达顶点 z_i^s 或 z_j^s 的不确定性，而分母量化到达顶点 z_j^s 的不确定性。因此，$p\left(z_i^s, z_j^s\right)$值越高，表示从顶点 z_i^s 过渡到顶点 z_j^s 的不确定性越小，从而表示抽象过渡$\left(z_i^s, z_{ij}^a, z_j^s\right)$发生的概率越大。如

图 6-4 步骤③所示，对于每个长度为 2 的抽象转换 $\left(z_i^s, z_{ij}^a, z_j^s, z_{jk}^a, z_k^s\right)$，评估所有抽象状态来替换中间的抽象状态，以最大化发生概率为目标，从而形成一个优化的转换 $\left(z_i^s, z_{ij'}^a, z_{j'}^s, z_{j'k}^a, z_k^s\right)$。这个优化的抽象状态-动作序列在随后的基于技能的学习机制中被识别为技能。为了弥补采样导致的基本信息损失，利用发生概率来重建所有抽象状态之间的相关性。这些重构的相关性随后被用作计算结构信息损失 L_{si} 的解码目标。

4. 抽象 MDP

通过分层状态抽象，将原来的决策过程压缩成抽象的 MDP，实现了状态数量的显著减少。

在树 T_s^* 中，节点集 U_{K-1}^s 被指定为抽象状态变量 Z_s，其中，$Z_s = U_{K-1}^s$，从而形成一个抽象函数 $f_\phi : S \to Z_s$。SIDM 将每个状态 $s_i \in S$ 映射到抽象状态 $z_j^s \in Z_s$，使得 $s_i \in V_{\lambda\langle j\rangle}$。相应的节点 $\lambda^{\langle j\rangle}$ 被选择为子集 $V_{\lambda\langle j\rangle}$ 的簇中心 c_j，它们的表示用于计算软矩阵 Q，其中，Q_{ij} 表示将状态 s_i 分配给簇中心 c_j 的可能性。另外，由 Q 导出一个高置信度分配矩阵 P，并计算 P 与 Q 之间的 Kullback-Leibler (KL)散度，得到聚类损耗 L_{clu} 如下：

$$L_{\text{clu}} = KL(P \parallel Q) \sum_i \sum_j P_{ij} \log \frac{P_{ij}}{Q_{ij}} \tag{6.25}$$

这种聚类损耗 L_{clu}，结合解码损耗 L_{de} 和结构信息损耗 L_{si}，以端到端方式优化分层状态抽象过程。

5. 技能学习

为了减轻基于技能的强化学习对专家知识的依赖，利用技能识别引入两层学习机制。该机制旨在自主地获得适用于各种下游任务的一般技能。

与先前的研究一致，使用变分自编码器(VAE)将所有识别的技能 K 嵌入到潜在空间中。编码器同时处理每个技能的整个抽象状态-动作序列，而解码器则根据抽象状态和技能嵌入重构单个抽象动作。高级策略 $\pi_h : Z_s \times K \mapsto [0,1]$ 周期性地将特定的抽象状态 $z_i^s \in Z_s$ 映射到嵌入 $K_i \in K$ 的技能上，并利用解码器重构抽象状态动作序列。在技能层面，低级策略 $\pi_l : Z_s \times K_i \times Z_a \mapsto [0,1]$ 在可操作层面调整解码序列，从而增加下游任务的多样性。

6. 基于角色的学习

为了在 MARL 中实现高效稳定的多智能体协作，利用分层动作抽象开发了一种基于角色的自动学习机制。

在合作多智能体决策过程 M_m 中，SIDM 处理所有智能体的动作观察历史 $[\tau_i]_{i=1}^{[N]}$ 和联合奖励 r。定义 T_a^* 中的节点集 U_{K-1}^a 为抽象动作 Z_a 和发现的角色 Ψ，其中，$\Psi = Z_a = U_{K-1}^a$。对于每个智能体 $n_i \in N$，选择器分配一个角色 $z_j^a \in Z_a$ 和相应的动作子集 $V_{\lambda^{(j)}}$。这允许智能体网络学习角色策略 $\pi_{\rho_j}: \tau_i \times V_{\lambda^{(j)}} \mapsto [0,1]$，避免在联合状态空间中进行大量探索。共享相同角色 z_j^a 的智能体专注于基于个人观察来探索子集 $V_{\lambda^{(j)}}$，目的是共同最大化对子任务 t_j 的团队奖励。此外，SIDM 对特殊的 MARL 算法不可知，并且很容易将各种值函数分解方法集成到其策略网络中。受 RODE 的启发[95]，使用 QPLEX 风格的混合网络来协调所有智能体的角色分配和策略学习。

7. 时间复杂度分析

本节检查 SIDM 框架的时间复杂度，包括图的构造、层次抽象和技能识别模块，以评估其实际适用性。SIDM 的总时间复杂度记为 $O\left(n^2 + n + m \cdot \log^2 n\right)$，其中，$n=|V|$，$m=|E|$ 表示各自状态图或动作图中顶点和边的数量。具体来说，图构造的复杂度为 $O\left(n^2 + n\right)$，这是由于完全图构造的复杂度为 $O\left(n^2\right)$，过滤不重要边的复杂度为 $O(n)$。根据分析，通过拉伸和压缩算子优化高维编码树的复杂度为 $O\left(m \cdot \log^2 n\right)$。具有 n 个叶子的 k 层最优编码树的分层抽象已被证明上界为 $O(n)$。由于过渡图中抽象状态的个数不超过 n，因此，技能识别模块的时间复杂度上限为 $O\left(m \cdot \log^2 n + n\right)$。

6.2.4 利用结构信息原理进行有效探索

传统的信息理论为强化学习提供了一条很有前途的途径，特别是在以高维空间和稀疏奖励为特征的环境中。然而，这些方法主要集中于对强化学习随机变量的不确定性建模，而忽略了嵌入在状态和动作空间中的结构信息。

本节，介绍一个新的探索框架，利用从相互结构信息原理衍生出的动态相关表示最大化结构熵，以增强由智能体策略约束的状态-行为空间的覆盖范围[93]。首先，定义结构性互信息，并将其应用于生成状态-动作对的表示。然后，描述最大化结构熵的过程，它作为优化策略网络的内在奖励。该框架的总体结构如图 6-5 所示。

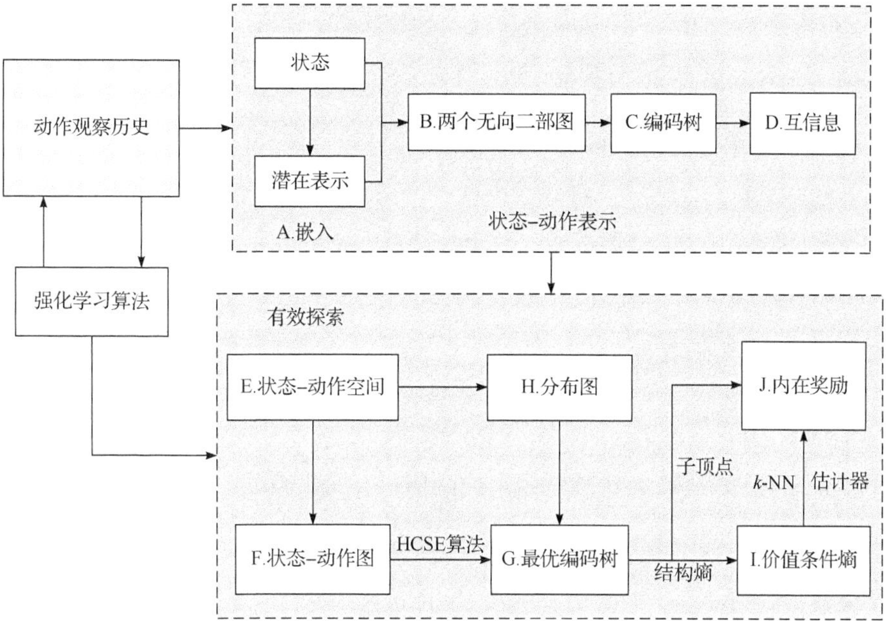

图 6-5　SI2E 总体框架图

1. 传统信息原则

考虑随机变量对 $Z=(X,Y)$，其联合分布概率记为 $p(x,y)\in(0,1)$。边际概率 $p(x)$ 和 $p(y)$ 分别为 $p(x)=\sum_{y}p(x,y)$ 和 $p(y)=\sum_{x}p(x,y)$。X 和 Y 的联合香农熵由 $H(X,Y)=-\sum_{(x,y)}\left[p(x,y)\cdot\log p(x,y)\right]$ 给出，它量化了 Z 固有的不确定性。相反，边际熵 $H(X)=-\sum_{x}\left[p(x)\cdot\log p(x)\right]$ 和 $H(Y)=-\sum_{y}\left[p(y)\cdot\log p(y)\right]$ 分别表征 X 和 Y 的不确定性。互信息 $I(X;Y)=\sum_{x,y}\left[p(x,y)\cdot\log\dfrac{p(x,y)}{p(x)p(y)}\right]$ 量化了 X 和 Y 之间的共享不确定性，满足如下关系。

$$I(X;Y)=H(X)+H(Y)-H(X,Y) \tag{6.26}$$

2. 强化学习

在强化学习中，顺序决策问题被形式化为马尔可夫决策过程(MDP)，由元组 $M_{\mathrm{s}}=(S,A,R^{\mathrm{e}},P,\gamma)$ 定义。其中，S 为状态空间，A 为动作空间，R 为奖励函数，P 为环境转移函数，$\gamma\in[0,1)$ 为折现因子。在每个离散时间步 t，智能体在观察

到 $o_t \in O$ 后选择一个动作在 $a_t \in A$ ，这会导致转移到新的观测 $o_{t+1} \sim P(o_t, a_t)$ 并获得奖励 $r_t^e \in \mathbf{R}$ 。并对策略网络 π 进行优化，使累积长期预期折现奖励最大化。

3. 最大状态熵探索

在奖励稀疏的环境中，鼓励智能体广泛地探索状态空间，这可以通过最大化状态变量的香农熵 $H(S)$ 来激励。当先验分布 $p(s)$ 不可用时，采用非参数 k-近邻(k-NN)熵估计器。对于来自 d_x 维空间 $\{x_i\}_{i=0}^{n-1}$ 的 n 个独立同分布样本的给定集合，变量 X 的熵估计如下。

$$\hat{H}_{KL}(X) = \frac{d_x}{n} \sum_{i=0}^{n-1} \log d(x_i) + C \tag{6.27}$$

其中，$d(x_i)$ 是 x_i 到第 k 个近邻距离的两倍；C 是常数项。

4. 信息瓶颈原理

在监督学习范式中，表示学习的目标是将输入源 X 转换为针对输出源 Y 的表示 Z 。信息瓶颈(IB)原则通过在 Z 和 Y 之间最大化互信息 $I(Z;Y)$，从而捕捉到 Z 中 Y 的相关特征。同时，IB 原理通过最小化互信息 $I(Z;X)$ 在 Z 和 X 之间，丢弃不相关的特征。为了调和这些双重目标，IB 原则采用拉格朗日乘数，促进表示的丰富性和复杂性之间的权衡。

5. 结构信息原则

与应用于随机变量的传统信息原理不同，结构熵被设计用于在称为“编码树”的分层划分结构下量化复杂网络中的动态不确定性。这个熵被定义为通过在图 $G=(V,E)$ 上随机游走来编码一个顶点所需的最小比特数。

G 的编码树 T 为根树，具有以下性质：

(1) T 中的每个树节点 α 对应一个图顶点 $T_\alpha \subseteq V$ 的子集。

(2) 树根 λ 的子集 T_λ 包含 V 中的所有顶点。

(3) T 中叶节点 v 的每个子集 T_v 只包含一个顶点 v ，因此，$T_v = \{v\}$。

(4) 对于每个非叶节点 α ，子节点的个数设为 l_α ，第 i 个子节点设为 α_i 。集合 $T_{\alpha_1},\cdots,T_{\alpha_{l_\alpha}}$ 构成 T_α 的子分区。

为了有效地学习状态-动作对的动态相关表示，SI2E 提出一个结构互信息原理。该原理将编码树获得的平均熵的减少定义为互结构信息。从传统的信息瓶颈中获得灵感，通过后续观察最大化这种相互信息，同时通过当前观察最小化这种相互信息。

在表示阶段，时间步长 t 的输入变量包括当前观测值 O_t 和动作 A_t，目标为后续观测值 O_{t+1}。将观测值 O_t 和 O_{t+1} 的编码分别表示为状态 S_t 和 S_{t+1}。目标是为元组 (S_t, A_t) 生成一个潜在表示 Z_t，它在压缩与 S_t 相关的信息的同时保留与 S_{t+1} 相关的信息。上述嵌入过程具体如下。

$$S_t = f_s(O_t) \tag{6.28}$$

$$S_{t+1} = f_s(O_{t+1}) \tag{6.29}$$

$$Z_t = f_z(S_t, A_t) \tag{6.30}$$

其中，f_s 和 f_z 分别是状态和状态-动作对的编码器。对于状态嵌入 Z_t，构造两个无向二部图 G_{zs} 和 $G_{zs'}$。这些图表示 Z_t 的概率分布与当前状态 S_t 和后续状态 S_{t+1} 的联合分布。为清楚起见，以图形 G_{zs} 为例，应用于 $G_{zs'}$ 的操作遵循类似的方法。在 G_{zs} 中，Z_t 中的每个状态-动作对 z_t 通过加权边与 S_t 中的状态 s_t 相连。权重 $p(z_t, s_t)$ 反映了元组 (z_t, s_t) 的联合概率。值得注意的是，没有直接连接状态-动作对或单独连接状态的边。而且，所有边的权值之和等于 2。

6. 结构互信息

在图 G_{zs} 中，将随机游走的不确定性量化为结构熵，并初始化其单层编码树 T_{zs}^0。在此树中，每个节点 α 的父节点被指定为根节点 λ，记为 $\alpha^- = \lambda$。利用 HCSE 算法[97]，以贪婪的方式迭代地改进 T_{zs}^0。这种细化被限制为产生二层近似二叉树，记为 T^2。在这个树结构中，每个中间节点(既不是根节点，也不是叶节点)只能有两个子节点。图 G_{zs} 的最优编码树 T_{zs}^* 为

$$T_{zs}^* = \min_{T \in T^2} H^T(G_{zs}) \tag{6.31}$$

根据式(6.31)，推导出以下定义。

定义 6.8　考虑一个无向图 $G=(V,E)$，在 V 中有顶点 v_i 和 v_j。如果边 (v_i, v_j) 在 E 中不存在，则在二层近似二叉最优编码树 T^* 中，不存在使 v_i 和 v_j 同时包含在其子集 T_α 中的非根节点 α。

因此，在最优编码树 T_{zs}^* 中，每个中间节点 α 对应于恰好包含一个状态-动作顶点和一个状态顶点的子集 T_α^*。将第 i 个中间节点(从左到右排序)称为 α_i。$T_{\alpha_i}^*$ 内的状态-作用顶点被标记为 z_t^i，状态顶点被标记为 s_t^i。给定一个整数参数 $l > 0$，定义一个 l 变换作用于 T_{zs}^*，得到一个新形成的二层近似二叉树，记作 T_{zs}^l，表示 Z_t 和 S_t 之间的另一种一对一配对。

定义 6.9 对于T_{zs}^{l}中的每个中间节点α_i，将$T_{\alpha_i}^{l}$中的状态-作用和状态顶点指定为

$$T_{\alpha_i}^{l}=\left\{z_t^{i'},s_t^{i'}\right\} \tag{6.32}$$

$$i'=(i+l)\bmod\ n \tag{6.33}$$

其中，n是Z_t中状态-作用对的个数，等于S_t中状态的个数。

很明显，树T_{zs}^{l}也符合定义 6.8。现在正式定义结构互信息I^{SI}，它测量了在应用l变换之前和之后熵减少的平均变化。

定义 6.10 结构互信息$I^{SI}(Z_t;S_t)$和Z_t之间的S_t定义如下：

$$\Delta H(T_{zs})=H^{T_{zs}^{0}}(G_{zs})-H^{T_{zs}}(G_{zs}) \tag{6.34}$$

$$I^{SI}(Z_t;S_t)=\Delta H\left(T_{zs}^{*}\right)-\frac{1}{n}\cdot\sum_{i=0}^{n-1}\Delta H\left(T_{zs}^{i}\right) \tag{6.35}$$

S_t为智能体在时间步t对环境的观测经过编码处理后的抽象表示，用于捕捉与决策相关的环境特征。直观地，结构互信息捕获了最优编码树相对于其他编码树的优越性。随着Z_t和S_t之间共享结构信息的增加，T_{zs}^{*}实现了结构熵的更大减少，$I^{SI}(Z_t;S_t)$相应上升。

7. 与传统互信息的连接

与传统的互信息不同，结构互信息扩展到包含变量之间的匹配结构，与信息瓶颈的两个表示目标保持一致。具体地说，当Z_t和S_t的联合分布接近于一对一分布时，以T_{zs}^{*}表示的最优匹配结构的优势变得明显，从而导致$I^{SI}(Z_t;S_t)$值很高。相反，当联合分布向均匀分布转变时，T_{zs}^{*}的优势减弱，$I^{SI}(Z_t;S_t)$变低。此外，引入一个定义来阐明与这些目标相关的传统互信息和结构互信息之间的等价性。

定义 6.11 对于变量X和Y的一对一或均匀联合分布，当$n\to\infty$时$I^{SI}(X;Y)$等于$I(X;Y)$，其中，n是变量X可能值的数量。

因此，结构互信息可以被认为是获取动态相关表示的合理和理想的学习目标。

8. 状态-动作表示

在信息瓶颈的基础上，提出一个创新的原则，旨在最小化互信息$I^{SI}(Z_t;S_t)$，同时最大化$I^{SI}(Z_t;S_{t+1})$，如图 6-5 中的步骤 H 所示。

注意到 $\frac{1}{2}H(S_t)+\log 2$ 项与模型无关，把 $I^{SI}(Z_t;S_t)$ 的最小化等同于 $I(Z_t;S_t)$ 和 $H(Z_t|S_t)$ 的最小化。

通过采用可行的解码器来近似 Z_t 的边际分布，得到 $I(Z_t;S_t)$ 如下：

$$I(Z_t;S_t) \leqslant \sum[p(z_t,z_s)\cdot D_{KL}(p(z_t|z_s)\|q_m(z_t))] \triangleq L_{up} \tag{6.36}$$

其中，q_m 是近似 Z_t 边际分布的可行解码器。

为了同时降低条件熵 $H(Z_t|S_t)$，通过可处理的解码器 $q_{z|s}$ 为条件概率 $(p(z_t|z_s)$ 引入一个预测目标，如下所示。

$$H(Z_t|S_t) \leqslant \sum\left[p(z_t,s_t)\cdot\log\frac{1}{q_{z|s}(z_t|s_t)}\right] \triangleq L_{z|s} \tag{6.37}$$

其中，$q_{z|s}$ 是条件概率 $p(z_t|s_t)$ 的可处理解码器；$L_{z|s}$ 表示给定 S_t 的 Z_t 的对数似然。

为了有效地优化 $I^{SI}(Z_t;S_{t+1})$，最大化 $\Delta H(T^*_{zs'})$ 的下界，最小化 $\sum_{i=0}^{n-1}\Delta H(T^i_{zs'})$ 的上界，如下所示。

$$\Delta H(T^*_{zs'}) \geqslant \frac{1}{n}\cdot I^{SI}(Z_t;S_{t+1}) \tag{6.38}$$

$$\sum_{i=0}^{n-1}\Delta H(T^i_{zs'}) \leqslant H(Z_t|S_{t+1})+2H(S_{t+1}) \tag{6.39}$$

通过对条件概率 $p(s_{t+1}|z_t)$ 使用另一种解码器 $q_{s|z}$，得到 $I(Z_t;S_{t+1})$ 如下。

$$I(Z_t;S_{t+1}) \geqslant \sum[p(z_t,s_{t+1})\cdot\log q_{s|z}(s_{t+1}|z_t)] \triangleq L_{s|z} \tag{6.40}$$

其中，$q_{s|z}$ 是条件概率 $p(z_t,s_{t+1})$ 的另一个解码器；$L_{s|z}$ 表示条件为 Z_t 的 S_{t+1} 的对数似然。

使用解码器 $q_{z|s}$，计算预测目标以最大化式(6.38)中条件熵项的下界，如下所示。

$$\begin{aligned} H(Z_t|S_{t+1}) &= \sum\left[p(z_t,s_{t+1})\cdot\log\frac{1}{q_{z|s}(z_t|s_{t+1})}\right] - D_{KL}(p\|q_{z|s}) \\ &\leqslant \sum\left[p(z_t,s_{t+1})\cdot\log\frac{1}{q_{z|s}(z_t|s_{t+1})}\right] \triangleq L'_{z|s} \end{aligned} \tag{6.41}$$

在 SI2E 框架中，表示学习的最终损失是上述界限的组合。

$$L=\left(\frac{n-2}{2n}\cdot L_{up}+\frac{1}{2}L_{z|s}\right)+\eta\left(\frac{1}{n}\cdot L_{s|z}+\frac{1}{n}\cdot L'_{z|s}\right) \tag{6.42}$$

其中，η 为拉格朗日乘子调制，以保持指定项之间的平衡。

9. 最大结构熵探索

为了解决传统熵策略中对低价值状态的不平衡探索的问题，设计一种独特的内在奖励机制。该机制旨在促进对状态-行为对的统一探索，而不考虑它们的值如何不同。具体而言，基于智能体策略生成分层状态-动作结构，并定义价值条件结构熵作为策略训练的内在奖励。

10. 分层状态-动作结构

从智能体-环境相互作用的历史中，提取状态动作对(图 6-5 中的步骤 E)，形成一个完整的图 G_{sa} (图 6-5 中的步骤 F)，封装智能体策略中固有的值关系。在这个图中，每一对状态-动作顶点 v_i 和 v_j 都由一条无向边连接。关联权重 w_{ij} 的确定方法如下。

$$w_{ij}=\left\|\pi\left(s_t^i,a_t^i\right)-\pi\left(s_t^j,a_t^j\right)\right\|_2 \tag{6.43}$$

其中，状态-动作对 $\left(s_t^i,a_t^i\right)$ 和 $\left(s_t^j,a_t^j\right)$ 分别与顶点 v_i 和 v_j 相关联。最小化图 G_{sa} 的二维结构熵以生成其二层最优编码树，记为 T_{sa}^* (图 6-5 中的步骤 G)。这棵树 T_{sa}^* 描述了状态-行为顶点之间的分层社团结构，根节点对应于包含所有顶点的社团。T_{sa}^* 中的每个中间节点对应于一个子社区，共享相似策略值的顶点被分组在同一个子社区中。

11. 值条件结构熵

考虑到所有状态-动作对的访问概率分布，构造一个额外的分布图 G'_{sa} (图 6-5 中的步骤 H)。图 G'_{sa} 与 G_{sa} 共享同一个顶点集。下面的定义证实了这样一个图的存在。

定义 6.12 给定所有状态-动作对的正访问概率 $p\left(s_t^0,a_t^0\right),\cdots,p\left(s_t^{n-1},a_t^{n-1}\right)$，存在一个加权无向连通图 G'_{sa}，其中每个顶点的度 d_i 等于其访问概率 $p\left(s_t^i,a_t^i\right)$。

在图 G'_{sa} 中，所有状态-动作顶点的集合记为 V_0，所有状态-动作子群体的集合记为 V_1。与这些集合的访问概率分布相关的香农熵分别表示为 $H\left(V_0\right)$ 和 $H\left(V_1\right)$，其中，$H\left(V_0\right)=H\left(S_t,A_t\right)$。在以 T_{sa}^* 表示的两层状态-行为共同体中，使用公式(6.2)、公式(6.3)定义 G'_{sa} 的结构熵，表示为 $H^{T^*_{sa}}\left(G'_{sa}\right)$(图 6-5 中的步骤 I)。

12. 与传统香农熵的联系

下面的定义描述了结构熵 $H^{T^*_{sa}}\left(G'_{sa}\right)$ 与状态作用香农熵 $H\left(S_t, A_t\right)$ 之间的关系。

定义 6.13　对于调优参数 $0 \leqslant \epsilon \leqslant 1$，结构熵 $H^{T^*_{sa}}\left(G'_{sa}\right)$ 和香农熵 $H\left(S_t, A_t\right)$ 之间如下关系成立。

$$\epsilon \cdot H\left(S_t, A_t\right) \leqslant H\left(V_0\right) - H\left(V_1\right) \leqslant H^{T^*_{sa}}\left(G'_{sa}\right) \leqslant H\left(S_t, A_t\right) \tag{6.44}$$

其中，$H\left(V_0\right) - H\left(V_1\right)$ 是 $H^{T^*_{sa}}\left(G'_{sa}\right)$ 的变分下界。一方面，项 $H\left(V_0\right)$ 确保整个状态-行为空间的最大覆盖，类似于传统的香农熵。另一方面，术语 $H\left(V_1\right)$ 减轻了具有不同值的状态行为子社区之间的统一覆盖，从而解决了不平衡探索的问题。通过识别受策略值影响的分层状态-行为结构，SI2E 实现了增强的最大覆盖探索，其中，ϵ 代表增强的程度。这种方法有效地保证了本节介绍的框架的探索优势。

13. 评估和内在奖励

考虑到直接获取访问概率的不可行性，使用式(6.27)中的 k-NN 熵估计器估计下界 $H\left(V_0\right) - H\left(V_1\right)$，如下所示：

$$\begin{gathered} H\left(V_0\right) - H\left(V_1\right) \approx \frac{d_z}{n_0} \cdot \sum_{i=0}^{n_0-1} \log d\left(v_i^0\right) - \frac{d_z}{n_1} \cdot \sum_{i=0}^{n_1-1} \log d\left(v_i^1\right) + C \\ v_i^0 \in V_0, v_i^1 \in V_1 \end{gathered} \tag{6.45}$$

其中，d_z 为状态-动作嵌入维数；n_0 和 n_1 为 V_0 和 V_1 中的顶点个数；$d(v)$ 为顶点 v 到第 k 近邻距离的两倍。通过忽略式(6.45)中的常数项，定义了内在奖励 r_t^i，并训练强化学习智能体使用组合奖励 $r_t = r_t^e + \beta \cdot r_t^i$ 来处理目标任务(图 6-5 中的步骤 J)，其中，β 是权衡勘探和开发的正超参数。

6.3　社交水军对抗方法

社交机器人是部分由软件控制的自动用户账户，已成为操纵社交媒体公众舆论的重要工具。然而，社交机器人经常因传播虚假或不可靠的信息而受到批评，导致在线社区对关键问题感到困惑。将社交机器人与普通用户账户区分开来是一项挑战，因为它们的多样化和动态行为与现实生活中的用户行为相似，包括形成合理粉丝结构和参与互动。

社交机器人模仿人类的行为来传播错误信息，导致社交机器人和检测器之间的持续竞争，这一事实强调了有效检测的重要性。尽管反应式检测器发展迅速，但关于对抗性社交机器人建模的探索仍然不完整，严重阻碍了主动检测器的发展。为了解决这个问题，本节介绍一个基于数学结构信息原理的对抗性社交机器人建模框架，即 SIASM[98]，以实现更准确和有效的对抗性行为建模，如图 6-6 所示。首先，提出一个异构图来整合原始社交网络中的各种用户和丰富的活动，并以结构熵度量其动态不确定性。通过最小化高维结构熵，生成社交网络的分层社区结构，称为最优编码树。其次，设计一种利用分配的结构熵来量化影响的新方法，通过过滤没有影响的用户来降低 SIASM 的计算成本。此外，在社交机器人与其他用户之间定义一个新的条件结构熵来指导关注者的选择，以实现网络影响力最大化。

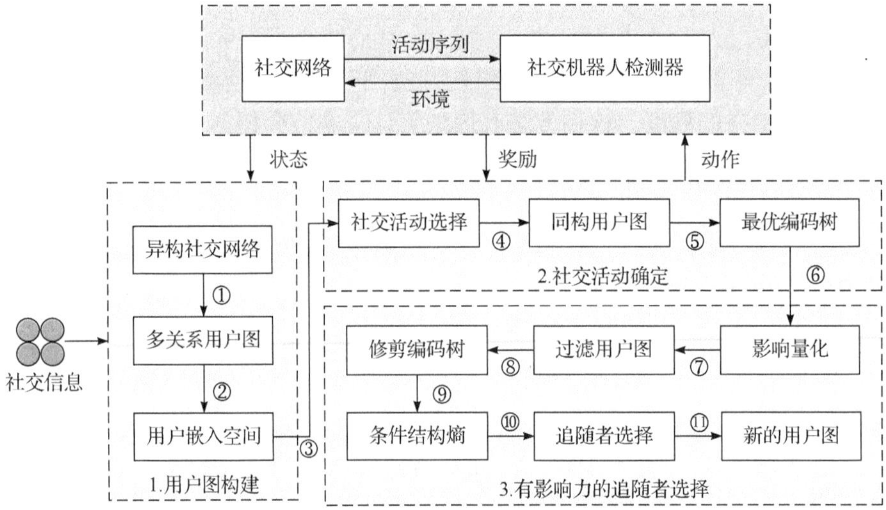

图 6-6 SIASM 框架图示

1. 社交网络环境

在这项工作中，通过参考 ACORN 方法[99]的问题公式来建模社交网络环境，其中包括网络表示、影响扩散模型和社交机器人。

2. 网络表示

将社会网络建模为有向多关系图 $G_m=\left(V,\{E_a\}_{a\in A}\right)$，其中，$V$ 是代表社会用户的顶点集，$\{E_a\}_{a\in A}$ 是代表各种社交活动 A 的边集。当社交活动 $a\in A$ 发生在顶点 v_i 和 v_j 之间时，构造有向边 $e_{i,j}^a\in E_a$，表示新闻从 v_i 传播到 v_j，从而 v_i 影响 v_j。

3. 影响扩散模型

与之前对社交网络的研究类似，采用独立级联模型(ICM)[100]来表示图 G_m 中现实生活新闻或影响的传播。在 ICM 中，一组特定的顶点(称为初始追随者 F)是活跃的，而其余则保持不活跃。在每个离散时间步，每个活动顶点 $v \in F$ 激活其非活动邻居 $N(v)$ 的概率为 p 。一旦没有额外的顶点被激活，传播过程结束。用符号 $\sigma(G_m, p)$ 来表示一条新闻可以通过 ICM 模型从 F 到达的顶点数。

4. 社交机器人

在图 G_m 中，社交机器人 $b \in B$ 指的是一个顶点，它模仿现实生活中的行为，目的是传播错误信息或低可信度的内容。其对抗目标主要包括两部分：

(1) 随着时间的推移，通过选择良好的用户节点作为追随者 $F \subset V$ 来优化网络影响。

(2) 逃避鲁棒机器人探测器的检测和移除。

5. 马尔可夫决策过程

为了同时优化上述目标，将社交机器人的对抗行为建模为马尔可夫决策过程(MDP)，用 $M = (S, A, R, P, \gamma)$ 表示。该过程由状态空间 S 、动作空间 A 、转移函数 P 、奖励函数 R 和折现因子 $\gamma \in [0,1]$ 组成。在每个时间步，智能体接收到一个环境状态 $s \in S$ ，并根据其策略 $\pi(s,a)$ 选择一个动作 $a \in A$ ，从而产生一个新的状态 $s' \sim P(s,a)$ 和一个奖励 $r \sim R(s,a)$ 。

在这项工作中，采用结构信息原理对社交机器人的对抗行为进行动态建模，如图 6-6 所示。SIASM 接收社交网络的环境状态，生成社交活动更新网络结构，获取奖励信息进一步优化。具体来说，SIASM 的体系结构包括三个阶段：用户图构建、社交活动确定和追随者选择。在图构建阶段，将原始的异构社交网络转换成多关系用户图，并在嵌入空间中对其网络结构进行编码。在社交活动确定阶段，选择一个社交活动，将多关系用户图简化为同构用户图，并最小化其结构熵，生成最优编码树。在追随者选择阶段，量化每个用户的网络影响力，从用户图和编码树中去除无关紧要的用户顶点和影响较小的树节点，并测量条件结构熵来指导追随者选择。

6. 用户图构建

从社交消息的历史出发，提取用户元素和各种社交活动，包括发帖、转发、提及、回复，构建异构社交网络。为了保留不同元素间的异构信息，将社交图转换为多关系用户图，表示为 $G_m=\left(V,\{E_a\}_{a\in A}\right)$。这个多关系用户图中的顶点 V 表示社会用户，包括社交机器人 $B\subset V$ 和追随者 $F\subset V$ 。这些集合配备了预训练的词嵌入和时间戳编码特征，增强了它们的语义表示和时间信息。当用户与不同的社交活动 A 共享相同的消息时，在 G_m 中建立代表各种用户关系的边。由于多关系用户图中这些关系的杂质水平不同，且共同影响嵌入结果，采用 R-GCN 网络[101]对 G_m 的结构进行编码。对于每个用户顶点 $v\in V$ ，将其预训练特征与多关系结构信息相结合，编码为 d 维嵌入 h_v 。

7. 社会活动确定

在这个阶段，SIASM 引入一个强化学习智能体，它动态地选择一种社交活动类型来简化多关系用户图，将其转换为同构用户图并最小化其结构熵。这个过程产生一个社交用户的等级社区结构，用于后续有影响力的追随者选择。

在每个时间步，强化学习智能体将其活动历史编码为固定维向量，并利用学习到的表示来确定执行哪些社交活动，目标是实现可持续的隐身性(图 6-6 中的步骤 D)。如果选择发帖，则在 SIASM 框架中跳过该特定时间步的有影响力的追随者选择阶段。基于所选择的活动 a ，通过消除代表其他类型社交活动的有向边，将多关系图 G_m 简化为同构用户图 $G_a=\left(V,E_a\right)$(图 6-6 中的步骤 E)。为了计算每个有向边的权值 $w_{ij}\in[-1,1]$，对它们的表示 h_{v_i} 和 h_{v_j} 进行斯皮尔曼相关性分析(Spearman correlation analysis)，如下所示。

$$w_{ij}=1-\frac{6*k\left\|\left(h_{v_i}\right)-k\left(h_{v_j}\right)\right\|^2}{d*\left(d^2-1\right)} \tag{6.46}$$

其中，$k\left(h_v\right)$是 d 维顶点表示 h_v 的秩。

为了评估特定活动 a 对社交网络的影响，将消息传播建模为同质图 G_a 中用户之间的随机游走，并结合结构熵来量化固有的动态不确定性。通过最小化编码树的高维结构熵，生成一个最优编码树作为用户群体的分层划分结构。具体来说，初始化齐次图 G_a 的一层编码树 T 如下。

(1) 对于整个顶点集合 V ，生成一个根节点 λ ，集合 $V_\lambda=V$ 。

(2) 对于每个顶点 $v\in V$ ，生成一个叶节点 v ，设 $V_v=\{v\}$ 。

(3) 对于每个叶节点 v ，将其父节点赋值为根节点 λ ，表示为 $v^-=\lambda$ 。

此外，从 HCSE 算法[97]中合并两个算子，拉伸(Stretch)和压缩(Compress)，以优化单层编码树。

将第 i 层中所有树节点 U_i 上的一轮拉伸和压缩操作所产生的结构熵的平均

减少量表示为$\overline{R_{se}}(T;U_i)$。通过迭代和贪婪地选择树节点来执行上述操作，生成 K 层最优编码树 T^*。算法 6.7 总结了优化过程。在每次迭代中，检查同一层的所有节点集，以确定最大限度地减少结构熵$\overline{R_{se}}$的集合U_{i^*}(算法 6.7 中的第 3 行)，然后对U_{i^*}中的每个节点执行拉伸和压缩操作(算法 6.7 中的第 7 行和第 8 行)。继续这些操作，直到树的高度 h_T 达到 K (算法 6.7 中的第 2 行)或者没有节点满足$\overline{R_{se}}(T;U_{i^*})>0$ (算法 6.7 中的第 4 行)。终止迭代并输出 T 作为最优编码树 T^*。

算法 6.7　SIASM 优化算法(伪代码)

输入　一层初始编码树 $T,K\in\mathbf{Z}^+$

输出　K 层最优编码树 T^*

---

1 h_T //　高度 T
2 while $h_T<K$ do
3 　$i^*\leftarrow \mathrm{argmax}_i\left\{\overline{R_{se}}(T;U_i)\right\}$
4 　if $\overline{R_{se}}(T;U_{i^*})=0$ then
5 　返回
6 　　for $\alpha\in U_{i^*}$ do
7 　　　延伸 T_α
8 　　　压缩 T_α
9 　　　$h_T\leftarrow h_T+1$
10 　　for $i=i^*+1,\cdots,h_T$ do
11 　　　更新 U_i
12 $T^*\leftarrow T$
13 返回 T^*

编码树 T^* 说明了社交用户的分层社区结构，其中每个树节点代表一个用户社区，其高度表示社区在层次结构中的位置。每个叶节点 v 对应一个由单个用户顶点 v 组成的单例，其中$V_v=\{v\}$。每个非叶节点 α 对应一个新的社区 V_α，由其子社区组成，$V_\alpha=\bigcup_{i=1}^{L_\alpha}V_{\alpha^{\langle i\rangle}}$。根节点 λ 对应于整个社交用户集合，其中，$V_\lambda=V$。

8. 有影响力的追随者选择

在确定了前一阶段的活动类型后，SIASM 对每个用户社区的网络影响力进行量化，并计算社交机器人与每个叶节点之间的条件结构熵，以指导追随者选择，使其社会影响力最大化。

对于最优编码树 T^* 中的每个树节点 α，用公式(6.2)计算其分配的结构熵 $H^{T^*}(G_a;\alpha)$。直观上，$H^{T^*}(G_a;\alpha)$ 表明与从 α 的兄弟姐妹开始的其他社区相比，在社区 V_α 的用户之间发生特定类型社交活动的可能性更大。通过对从根 λ 到节点 α 的路径上的每个树节点 β 的发生可能性求和，量化用户社区 V_α 的网络影响 I_α (图 6-6 中的步骤⑥)，如下所示。

$$I_\alpha = \sum_{V_\alpha \subseteq V_\beta \subset V_\lambda} H^{T^*}(G_a;\beta) \tag{6.47}$$

为了减少追随者选择的问题，在 T^* 中从网络影响较小的节点 α 处开始修剪分支，并从图 G_a 中过滤出社区 V_α 中的所有用户(图 6-6 中的步骤⑧)。该策略有效地减少了可选择的潜在追随者的数量，保证了 SIASM 框架的效率。在这项工作中，将过滤用户顶点的比例和修剪子树的高度分别设置为 5%和 1。

跟踪每个潜在追随者 u 从 v_u 到根 λ 的路径，并验证社交机器人 b 是否存在于该路径上的每个树节点 δ 的社区 V_δ 中。当找到包含 v 和 b 的节点 δ 时，计算条件结构熵 $H^{T^*}(G_a;v_u \mid v_b)$ (图 6-6 中的步骤⑨)。

$$H^{T^*}(G_a;v_u \mid v_b) = \sum_{V_\alpha \subseteq V_\beta \subset V_\lambda} H^{T^*}(G_a;\beta) \tag{6.48}$$

利用条件结构熵来测量从父节点 δ 到叶节点 v_u 的不确定性，其中，α是这条路径上的任何节点。条件结构熵反映了一条来自社交机器人 b 的新闻到达用户 u 的概率，用它作为最大化社交机器人网络影响力的初始选择概率。为了进一步提高这一概率，采用演员-评论家算法[102]。为了实现高效的优化过程，利用状态抽象机制，从所有顶点的表示向量中提取基本特征，并使有效的追随者选择成为可能(图 6-6 中的步骤⑩)。最后，社交机器人将用户 u 添加为新的追随者，并构建社交活动 a 的有向边，从而生成更新后的用户图(图 6-6 中的步骤⑪)。

9. SIASM 的时间复杂度

本节，分析 SIASM 的时间复杂性，包括用户图构建、社交活动确定和追随者选择阶段，以评估其实用性。SIASM 的整体复杂度为 $O\left(m+n+n\cdot n_a+m\cdot\log^2 n\right)$，其中，$n$ 代表用户数量，m 代表消息数量，n_a 代表社交活动数量。具体而言，在用户图构建阶段，构建社交网络或多关系用户图的时间复杂度为 $O(m+n)$，嵌入用户表示的时间复杂度为 $O(m+n\cdot n_a)$。在社交活动确定阶段，简化多关系图

的复杂度为 $O(n_a)$，优化编码树的复杂度为 $O(m\cdot\log^2 n)$。在追随者选择阶段，SIASM 需要 $O(n)$ 时间复杂度来量化影响力、过滤社区并选择合适的追随者。

6.4　信息商品推荐方法

信息通信技术加剧了信息超载的影响，传播相同内容的多个平台的激增使个人无法获得大量可用信息，也使得有效利用相关信息变得具有挑战性。推荐系统利用用户兴趣、行为(如购买、搜索、点击、查看等)和项目评估的历史数据，向用户推荐合适的产品，过滤掉不重要的信息片段。推荐系统的核心在于从用户交互历史和上下文中检索条目，并对用户兴趣偏好进行建模。因此，研究推荐系统对于缓解信息过载、信息茧房，降低用户在复杂大数据环境下选择产品的交易成本，提高用户决策质量等问题具有至关重要的意义。

目前流行的推荐模型依赖于基于图的方法，如 GCN、GAT、HGNN 等，这些方法受到训练数据稀疏性和图结构利用不足的限制。本节，介绍一种新的基于超图结构熵的推荐统一预训练框架 UPRHSE，如图 6-7 所示，它对推荐系统的拓扑结构进行编码。首先，设计两种形式的预训练任务，以捕获用户或项目之间的异构关系。这些预训练任务构建多个辅助任务超图，补偿用户和项目之间的稀疏交

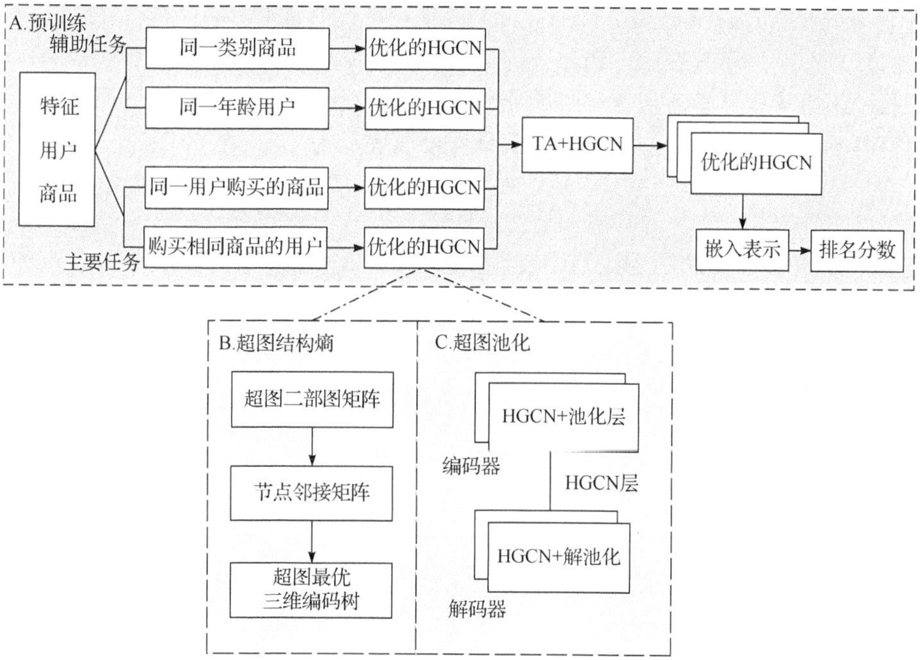

图 6-7　UPRHSE 框架图

互，并揭示潜在信息。其次，介绍一种优化超图结构熵的新方法，该方法涉及将超图中的超边缘信息转换成高维编码树。超图结构熵有助于解码推荐二部图的基本结构，并实现用户或项目的分层聚类。第三，介绍一种超图池化训练方法，该方法在超图卷积网络中加入池化层以合并高阶信息。通过将先进的社区洞察力传递给主要用户或项目，增强了社会扩散的过程，从而提高了节点嵌入质量。

首先，给出推荐任务的基本定义和概念。

推荐任务旨在根据给定的用户-商品交互信息确定每个用户的最佳物品排名。该信息包括两个独立的节点集(用户集 U 和项集 I)，以及用户-物品交互边 $E_{u,i}$。因此，表示用户-项目交互的图可以定义为 $G=\left(U,E_{u,i},I\right)$。在用户的个性化推荐任务 T_{rec} 中，目标是预测物品列表 $\left\{i_1,i_2,\cdots,i_m\right\}$，在图形 G 中，用户还没有与物品进行交互。排名越高，用户就越有可能在未来与这些物品进行互动。

超图由一个节点集 V 和一个超边集 E_{hyper} 组成，表示为 $H=\left(V,E_{\text{hyper}}\right)$。与常规图不同，它的超边可以连接多个节点，表明一组节点之间的相关性，而不仅仅是两两关系。

通常情况下，超图中的节点和超边之间的关系用二部图矩阵 A_G 来表示，$A_G=\left(a_{i,j}\right)\in\left\{0,1\right\}^{|V|\times|E_{\text{hyper}}|}$，其中，$a_{i,j}$ 表示节点 v_i 与超边 e_j 是否连通。超图神经网络已被提出用于超图数据的表示学习。对于超图中的每个节点，超图卷积神经网络(Hypergraph Convolutional Neural Network，HGCN)编码器通过结合其相邻超边的信息来迭代更新其表示，而超边的信息则通过结合相邻节点的信息来表示。信息通过超边传输，学习包含一跳相邻节点信息的表示，这些信息可以通过堆叠多个编码器传播。模型中使用的超图编码器可以表示为

$$E_v^{l+1}=\left(D_e\right)^{-1}\cdot A_G\cdot E_e^l=\left(D_e\right)^{-1}\cdot A_G\cdot\left(B_v\right)^{-1}\cdot A_{G^{\mathrm{T}}}\cdot E_v^l \tag{6.49}$$

其中，E_v^l 和 E_v^{l+1} 是超图编码器中节点集的输入和输出嵌入表示；A_G 为节点和超边的二部图矩阵；D_e 为超边的度矩阵；E_e^l 为当前迭代中超边集合的嵌入表示。通过点积运算，将节点集的嵌入表示更新为其相邻超边的嵌入表示的加权和。超边连接的节点越多，对每个节点的影响就越小。此外，超边集合 E_e^l 的嵌入表示可以通过运算 $\left(B_v\right)^{-1}\cdot A_{G^{\mathrm{T}}}\cdot E_v^l$ 得到，B_v 为超图中节点的度矩阵。类似地，通过点积运算，超边集的嵌入表示被更新为其连接节点的嵌入表示的加权和。节点连接的超边越多，对每个超边的影响就越小。

如图 6-7 所示，UPRHSE 由三个关键模块组成：预训练模块、超图结构熵模块和超图池化模型。具体而言，预训练模块定义了两种类型的辅助任务，并使用 TA 层学习每个辅助任务与推荐任务之间的相关性，从而判别性地将辅助任务的

先验知识整合到推荐任务的嵌入中。这是第一次将结构信息理论扩展到超图，称为超图结构熵。通过超边信息的传递，将节点-超边二部图转化为节点的邻接矩阵，并设计了超图结构熵。然后，在结构熵最小原则的指导下，形成最优的高维社区划分。超图池化模块在超图编码器 HGCN 之后分别添加了池化层和解池化层。通过聚合和传递社区嵌入，将群体特征集成到节点嵌入中进行推荐。最后，对各模块进行集成，对推荐任务进行优化，并对模型的时间复杂度进行详细分析。

6.4.1　预训练

预训练旨在从辅助任务中获取先验知识，为下游推荐模型构建更好的用户/项目嵌入。在整个预训练过程中，学习两个嵌入矩阵 E_i 和 E_u ，矩阵中的行表示项目和用户的表示。

1. 超图构造与学习

为每个辅助任务构造一个超图，以统一各种辅助任务的处理。这些任务可能涉及用户和商品的特定属性，如年龄、职业、价格、类别等，也可能涉及关系，如替代品和补语。以用户的年龄属性为例，将用户表示为超图中的节点，将同一年龄段的用户组与超边连接起来。用“同一年龄用户”表示。类似的，为主要任务构建超图，节点表示用户和商品，分别表示为“购买相同商品的用户”和“同一用户购买的商品”。所有辅助任务超图和主要任务超图都被输入优化的 HGCN 进行训练。优化的 HGCN 结合了超图拓扑的学习和捕获全局关系，这是对初始 HGCN 的优化。

2. 过渡注意层

每个辅助任务对推荐增益的影响程度各不相同。为了自适应地学习辅助任务和主任务之间的关联程度，设计了一个过渡注意层(TA)。该过渡层对每个辅助任务给予适当的关注，使从辅助任务中学习到的嵌入通过一轮 HGCN 融合到主任务的嵌入中，从而促进有效的知识转移。以“同一用户购买的商品”超图为例，将从主要任务中学习到的嵌入表示为 E_i 。通过 HGCN 中节点表示的聚合，初始超边嵌入可以表示为 E_e 。由于在此任务超图中，超边表示用户，因此， E_e 相当于初始用户嵌入。随后，计算从每个辅助任务中学习到的用户特征与初始超边嵌入之间的关注，生成辅助任务超边嵌入。

$$w_t = \text{softmax}\left(\frac{\text{diag}\left(E_u^{a_t} \cdot \left(E_e\right)^{\mathrm{T}}\right)}{\sqrt{d}}\right) \tag{6.50}$$

$$E_e^a = \sum_t w_t E_u^{a_t} \tag{6.51}$$

其中，E_e^a 表示辅助任务超边的嵌入，该超边是通过对辅助任务的用户特征的注意力进行加权得到的；$E_u^{a_t}$ 表示第 t 个辅助任务 T_{a_t} 的用户特征；E_e 为生成的初始超图嵌入；d 表示特征维度；w_t 是一个注意力对角线矩阵，表示辅助任务 T_{a_t} 分配给每个用户的注意力。通过加法将初始超边嵌入与辅助任务超边嵌入融合。

$$E_e' = E_e + \gamma_1 E_e^a \tag{6.52}$$

其中，E_e' 为融合超边嵌入；γ_1 为融合超参数。最后，通过聚合 HGCN 中的超边嵌入将项目嵌入更新为 E_i'，并使用融合超参数 γ_2 将其融合到原始项目嵌入 E_i 中。

$$E_i = E_{\mathrm{i}} + \gamma_2 E_i' \tag{6.53}$$

6.4.2 超图结构熵

结构信息理论在学习图的结构和聚类方面表现出较强的适应性。然而，这种方法仅限于简单的齐次图和多关系图。为了解决在超图上构造编码树和划分社区的难题，首先对超图的二部图矩阵中的超边信息进行变换，构造节点邻接矩阵。然后，构造超图的最优编码树，有效地划分超图的节点社区。

1. 超图结构熵

在构建主要任务超图和辅助任务超图之后，目标是使用结构信息理论将具有密切联系的用户/商品分类到同一社区中。结构信息理论根据图中节点通过连通边的随机游走来确定结构不确定性。由于超图中的超边可以连接多个节点，因此，它表示组之间的关系，而不是一对一的关系。这是超图与齐次图/多关系图之间最大的区别。因此，将结构熵概念推广到超图的关键是在保留超图特征的同时，将超图中的群关系(即超边)转化为节点间抽象的一对一关系(即节点邻接矩阵)。对超图的二部图矩阵 A_G 进行如下操作，得到节点邻接矩阵 A_H。

$$A_{\mathrm{H}} = A_G \cdot (D_e)^{-1} \cdot A_{G^{\mathrm{T}}} = \left(\sum_{m=1}^{|\mathcal{E}_{\text{hyper}}|} a_{i,m} \cdot a_{j,m} \cdot \frac{1}{\log_2 d_e^m} \right) \tag{6.54}$$

其中，D_e 为超边缘度矩阵，与式(6.48)类似；d_e^m 表示第 m 个超边的度数；$a_{i,m}$ 表示节点 v_i 与超边 e_m 之间是否存在连接关系。上述公式通过计算两个节点之间共享的超边的加权和，为节点之间的邻接关系赋值。$(D_e)^{-1}$ 的作用是放大连接节点较少的超边的影响。

在获得超图节点的邻接矩阵后，可通过式(6.1)计算超图结构熵。具体来说，所有节点的度数由邻接矩阵对应的行和表示：

$$\left(d_1,d_2,\cdots,d_N\right)^{\mathrm{T}}=\left(A_H-\mathrm{diag}\left(A_H\right)\right)\cdot 1_{|V|} \tag{6.55}$$

其中，$\mathrm{diag}(\cdot)$ 表示取矩阵的对角元素；$|V|$ 是超图 H 中节点的个数；$1_{|V|}$ 是长度为 $|V|$ 且全部为 1 的列向量，即 $(1,1,\cdots,1)^{\mathrm{T}}$。在式(6.55)的计算过程中，移除节点自身到自身的相邻项。

2. 优化的编码树

通过两次构造最优二维编码树来构造最优三维编码树，即在形成最优二维编码树后，将这些社区节点作为超图节点重新构建二维编码树。二维编码树的构建过程如下：初始一维编码树表示最简单的两层结构，图中的叶节点与根节点直接相连。Merge 运算符结合节点，采用贪婪搜索策略构造最优编码树。Merge 操作符将同一父节点下的两个子树组合在一起，产生一个子树。这在图中被可视化为两个小社区的合并。在最优编码树中，图结构具有最小的不确定性，节点达到平衡稳定状态，从而实现节点的最优划分。将 $T_{mg}(\alpha,\beta)$ 记为 T 运行 $Mg(T;\alpha,\beta)$ 后的编码树，由两种编码树 $T_{mg}(\alpha,\beta)$ 和 T 确定的图 G_{hyper} 的结构熵之差为

$$\begin{aligned}\Delta_H^{Mg}(T;\alpha,\beta)=&H^{T_{mg}(\alpha,\beta)}(H;\alpha)+\sum_{\delta^-=\alpha}H^{T_{mg}(\alpha,\beta)}(H;\delta)-H^T(H;\alpha)\\&-H^T(H;\beta)-\sum_{\delta^-=\alpha\ \mathrm{or}\ \delta^-=\beta}H^T(H;\delta)\end{aligned} \tag{6.56}$$

其中，$H^T(H;\alpha)$ 为子树 α 的结构信息；$H^T(H;\beta)$ 为子树 β 的结构信息；$H^T(H;\delta)$ 为 α' 和 β' 子树的结构信息 δ；$H^{T_{mg}(\alpha,\beta)}(H;\alpha)$ 为子树 β 归并到 α 后子树 α 的结构信息；同样，$H^{T_{mg}(\alpha,\beta)}(H;\delta)$ 是子树 β 合并到 α 后的子树 δ 的结构信息。式(6.56)计算了在节点 α 和 β 上运行 Merge 运算符前后相关子树结构熵的变化。如果 $\Delta_H^{Mg}(T;\alpha,\beta)\leqslant 0$，则合并算子运行成功，记 $Mg(T;\alpha,\beta)\downarrow$。

初始的一维编码树意味着每个节点 v_i 都形成一个独立的社区。接下来，计算在任意两个节点上执行 Merge 运算符前后的结构熵差，并从结构熵减少最多的节点对中选择不超过最大数目的对(表示为 Q)来运行 Merge 运算符。继续此过程，直到没有找到允许 Merge 操作符成功执行的节点对。每次迭代的 Q 值确定如下：

$$Q=\mathrm{ceil}\left(\left(n_{\mathrm{cur}}-1\right)\times p\right) \tag{6.57}$$

其中，n_{cur} 表示当前社区/节点的数量；p 是一个 0～1 的超参数，用于控制 Merge 操作符并行操作的速度。运算符 ceil 是一个数学函数，它将给定的数字四舍五入到最接近的整数。最终的社区划分可以用数学形式表示为 S_1。因此，将社区集作

为一个新的节点集，可以得到社区超图的二部图矩阵 A_G'。

$$A_G' = S_1^{\mathrm{T}} \cdot A_G \tag{6.58}$$

$$S_1 = \left(s_{i,j}\right) \in \{0,1\}^{|V| \times |C_1|} \tag{6.59}$$

其中，C_1 为初步社区集；$s_{i,j}$ 表示节点 $v_{i,j}$ 是否属于社区 c_1^j；A_G 是初始超图的二部图矩阵。这样得到的 A' 代表社区之间超边的连接关系，会有自环。如算法 6.8 所述，通过重复计算式(6.54)～式(6.56)和上述二维编码树构建算法，可以得到最终的社区集 C_2，并进行更高层次的社区划分 S_2。至此，完成了三维最优编码树的构建和相应的社团划分。

算法 6.8 超图上优化的三维编码树(伪代码)

输入 超图的二部图矩阵 A_G，用于并行合并操作符的超参数 p

输出 三维社区划分 S_1 和 S_2

通过公式(6.54)计算 A_H 和 A_G
$n_{\mathrm{cur}} \leftarrow \mathrm{len}\left(A_H\right)$，$S_1 \leftarrow$ 初始划分
//初始化 L_{edge} 在 A_H 中有节点对
while $not\ flag_m$ do
　$Q \leftarrow \mathrm{ceil}\left(\left(n_{\mathrm{cur}} - 1\right) * p\right)$// 通过公式(6.57)计算
　for $(u,v)\ in\ L_{\mathrm{edge}}$ do
　　$dH(u,v) \leftarrow \Delta_H^{Mg}(T;u,v)$//通过公式(6.56)计算
　//可以合并的节点对
　$L_{op} \leftarrow (u,v)$ with $dH(u,v) > \mathrm{median}(dH > 0)$
　if $\mathrm{len}\left(L_{op}\right) > Q$ then
　　$L_{op} \leftarrow (u,v)$ with top Q dH
　if $\mathrm{len}\left(L_{op}\right) = 0$ then
　　$flag_m \leftarrow True$
　//更新社区数量
　$n_{cur} \leftarrow n_{cur} - len\left(L_{op}\right)$
　//在 L_{op} 的节点对上运行合并操作符
　更新 L_{edge} 和 S_1
通过公式(6.58)和公式(6.59)计算 $A_G \leftarrow S_1^{\mathrm{T}}$，重复1～14行

6.4.3 超图池化

三维编码树成功地学习了超图的拓扑结构，将节点划分为两个层次社区。在此基础上，本节介绍捕获节点组特征的方法。在超图编码器之后引入池化和解池化层，以增强节点信息的扩散过程。

1. 池化和解池化

池化操作将嵌入在低级节点的信息聚合形成高级社区表示，而解池化操作则相反，将获得的高级社区表示传播回低级节点。这些操作可以在数学上表示为

$$E_c = S^{\mathrm{T}} \cdot E_v \tag{6.60}$$

$$E_v = S \cdot E_c \tag{6.61}$$

式(6.60)为池化操作，式(6.61)为解池化操作，其中，S 为社区划分矩阵。E_c 和 E_v 分别是社区集和节点集的嵌入表示。

2. 超图池的编码器-解码器

在超图池化编码器(HP)中，使用两个向上抽象模块，每个模块由 HGCN 层和池化层组成。在超图解池解码器(HPU)中，使用两个向下反馈模块，每个模块由解池化层和 HGCN 层组成。此外，在编码器和解码器之间插入另一个 HGCN 层，以促进最高级社区信息的传播。为了同时捕获全局社区表示和直接邻居依赖关系，解码器中的 HGCN 层不直接利用解池化层的输出。相反，它通过加权将来自相应编码器的 HGCN 层输出和解池化层输出的表示结合。这种编码器-解码器跳过连接操作可以将上层社区信息嵌入到低层节点的嵌入中。否则，每个底层节点最终收到的反馈只是在社区嵌入方面略有不同。超图池化的详细过程在算法 6.9 中描述。

具体来说，如图 6-7 所示，对于初始超图 H_0，首先随机化一个 $|V| \times d$ 节点嵌入矩阵 E_v^0。然后，通过 HGCN 层进行一轮信息传播，得到大小相同的嵌入矩阵 E_v^1。随后，基于编码树上的社团划分矩阵 S_1，进行嵌入池化向上抽象，得到大小为 $|C_1| \times d$ 的初步社区嵌入矩阵 E_v^2。节点聚合后更新的超图为社区超图 H_1，经过第二轮 HGCN 信息传播，得到大小为 $|C_1| \times d$ 的嵌入矩阵 E_v^3。接下来，根据社区划分矩阵 S_2，进行初步社区池化，向上抽象，得到最终的社区嵌入矩阵 E_v^4，大小为 $|C_2| \times d$。至此，编码器的工作就完成了。

初步社区聚合后的更新超图为最终的社区超图 H_2，经过一轮 HGCN 信息传播，得到大小为 $|C_2| \times d$ 的嵌入矩阵 E_v^5。接下来，开始解码器的工作。首先，基

于社区划分矩阵 S_2，进行最终社区解池化，得到大小为 $|C_1|\times d$ 的初步社区嵌入矩阵 E_v^6。E_v^6 与编码器中相应层次的初步社团嵌入矩阵 $\beta_{\text{hpu}}E_v^3$ 加权，输入到 HGCN 层，经过一轮传播，得到大小为 $|C_1|\times d$ 的嵌入矩阵 E_v^7。然后，基于社区划分矩阵 S_1，进行初步的社区解池化，得到一个大小为 $|V|\times d$ 的节点嵌入矩阵 E_v^8。最后，将 E_v^8 与编码器中的节点嵌入矩阵 $\beta_{\text{hpu}}E_v^1$ 进行加权，并传入 HGCN 层获得大小 $|V|\times d$ 的最终点嵌入矩阵 E_v^9。从本质上讲，上述池化和解池化过程旨在获得节点的上层社区嵌入 E_v^8。对于原始超图 H_0，相当于执行两轮超图编码：

(1) 初始节点嵌入 E_v^0，经过一轮 HGCN 传播，产生具有直接邻居依赖关系的新节点嵌入 E_v^1。

(2) 将新节点嵌入 E_v^1 与相应的上层社区嵌入 E_v^8 加权。经过第二轮 HGCN 传播后，得到具有直接邻居依赖关系和全局集体表示的最终节点嵌入 E_v^9。

算法 6.9　基于三维编码树的超图池化和解池化(伪代码)

输入　社区划分 S_1 和 S_2；初始超图的二分图矩阵 A_G^0；初始节点嵌入 E_v^0，HPU 中先前嵌入的权重 β_{hpu}

输出　最终的节点嵌入 E_v^9

通过公式(6.58)和公式(6.59)用 A_G^0 和 S_1 计算 A_G^1
通过公式(6.58)和公式(6.59)用 A_G^1 和 S_2 计算 A_G^2
$L_E \leftarrow empty$ //初始化
for $i=0,1$ do
　// HGCN
　通过公式(6.49)用 A_G^i 和 E_v^{2*i} 计算 E_v^{2*i+1}
　L_E 附加 E_v^{2*i+1}
　// HP
　通过公式(6.60)用 S_{i+1} 和 E_v^{2*i+1} 计算 E_v^{2*i+2}
for $i=0,1$ do
　// HGCN
　通过公式(6.49)用 A_G^i 和 E_v^{8-2*i} 计算 E_v^{9-2*i}
　// HPU
　通过公式(6.61)用 S_i 和 E_v^{9-2*i} 计算 E_v^{10-2*i}

$E_v^{10-2*i} \leftarrow E_v^{10-2*i} + \beta_{hpu} * L_E[i-1]$
通过公式(6.49)用 A_G^0 和 E_v^8 计算 E_v^9

6.4.4 推荐与优化

UPRHSE 的整个推荐过程描述为算法 6.10。首先，为主要任务和辅助任务构造超图。利用超图结构熵(算法 6.8)对每个超图构建三维编码树，分层划分节点社区。基于这些社区节点映射关系，进行超图池化和解池化(算法 6.9)来增强超图编码器的聚合过程。然后，从辅助任务中学习到的嵌入通过 TA 层融合到主任务的用户和项目嵌入中。根据不同的任务类型进行预训练优化。

算法 6.10　推荐和优化(伪代码)

输入　用于主要和辅助任务的超图 $\left\{H_{u_i}, H_{i_u}, H_{a_1}, H_{a_2}, \cdots\right\}$

输出　推荐序列

```
//三维社区划分
通过算法 6.8 构建 {(S_1^{u_i}, S_2^{u_i}), (S_1^{i_u}, S_2^{i_u}), (S_1^{a_1}, S_2^{a_1}), ...}
初始化 E_u 和 E_i
// 预训练
for epoch = 1,2,3,… do
  // 主要任务
  通过算法 6.9 更新 E_u 和 E_i
  // 辅助任务
  通过算法 6.9 更新 {E_{u_a}} 和 {E_{i_a}}
  // TA+HGNN
  通过公式(6.50)～公式(6.52)用 {E_{u_a}}、{E_{i_a}} 更新 E_u、E_i
  通过公式(6.66)计算 L
  回溯 L
// 微调
for epoch = 1,2,3,… do
  通过算法 6.9 更新 {E_{u_a}}、{E_{i_a}}
  通过公式(6.66)用 λ_rec = 1 计算 L
  回溯 L
```

19　通过公式(6.62)推荐

对于主要任务，即推荐任务，使用内积计算用户-物品对的排名分数 Y_{rec}。

$$Y_{\text{rec}} = E_u \cdot E_i^{\text{T}} \tag{6.62}$$

其中，E_u 和 E_i 分别表示 TA 层输出的用户和项目嵌入矩阵。Y_{rec} 是一个维度为 $|U| \times |I|$ 的分数矩阵，其中，每个元素 $y_{\text{rec}}(u,i)$ 表示用户 u 和项目 i 的推荐可能性。利用对齐损失来优化推荐任务：

$$L_{\text{rec}} = \frac{1}{|D_{\text{rec}}|} \sum_{(u,i)\in D_{\text{rec}}} \|e_u - e_i\|_2^2 \tag{6.63}$$

其中，D_{rec} 表示训练集中用户-项目交互对的集合；e_u 和 e_i 分别表示用户 u 和项目 i 的嵌入向量。

对于辅助任务，由于超边表示关系和属性，利用表示该关系(或属性)超边的嵌入与相应的用户(或项目)节点嵌入之间的内积作为预测分数：

$$Y_a = E_v \cdot E_e^{\text{T}} \tag{6.64}$$

其中，E_e 和 E_v 分别表示辅助任务 a 的特定超边的嵌入和任务相关节点的嵌入。Y_a 是一个分数矩阵，每个元素 $y_a(v,e)$ 表示节点 v 与属性超边 e 之间的关联可能性。使用贝叶斯个性化排名(BRP)损失来优化辅助任务：

$$L_a = \sum_{(v,e,e')\in D_a} -\log\sigma\left(y_a(v,e) - y_a(v,e')\right) \tag{6.65}$$

其中，D_a 表示辅助任务 a 训练集中节点-超边缘交互对的集合，每个节点 v 连接一个正例属性超边 e 和一个负例属性超边 e'。$y_a(v,e)$ 和 $y_a(v,e')$ 分别表示带节点的正样例属性超边和负样例属性超边的预测得分。σ 表示定义为 $\sigma(x) = \dfrac{1}{1+\exp(-x)}$ 的 Sigmoid 函数。

最后，使用推荐主任务和辅助任务共同优化预训练：

$$L = \lambda_{\text{rec}} \cdot L_{\text{rec}} + (1-\lambda_{\text{rec}}) \cdot \sum_t L_{a_t} + \lambda_\Theta \cdot \|\Theta\|_2^2 \tag{6.66}$$

其中，Θ 表示 UPRHSE 中所有可训练的参数，包括初始用户和商品嵌入，表示为 $\Theta = \{E_u \cup E_i\}$。正则化使用 λ_Θ 进行，而 λ_{rec} 作为系数来平衡推荐任务和辅助任务之间的损失。选择 Adam 作为优化器。在微调过程中，只保留预训练的主要任务。具体来说，在优化期间，只对用户-商品超图和商品-用户超图的超图编码器上的信息进行聚合。损失计算部分与预训练相同。

6.4.5　时间复杂度分析

利用超图结构熵扩展 UPRHSE 中的增强 HGCN。构造一个三维超图结构熵编码树需要 $O\left(2\cdot\left\|A_H\right\|_0\cdot\left(1+\log|V|\right)\right)$，其中，$A_H$ 为由公式(6.54)计算的初始超图邻接矩阵，V 为超图中的节点集。$\|\cdot\|_0$ 为零范数，表示非零元素个数。具体来说，每轮的 Merge 尝试次数为 $\left\|A_H\right\|_0$。当并行率为 p 时，最大归并轮数为 $\log_{1-p}\frac{1-p}{|V|-1}$。因此，构建二维编码树的时间复杂度为 $O\left(\left\|A_H\right\|_0\cdot log_{1-p}\frac{1-p}{|V|-1}\right)$，可以简化为 $O\left(\left\|A_H\right\|_0\cdot\left(1+\log|V|\right)\right)$。同样，增加一层二维编码树的时间复杂度为 $O\left(\left\|A_{H'}\right\|_0\cdot\left(1+\log\left|C_1\right|\right)\right)$，其中，$C_1$ 为前一二维编码树中的社区节点集合，$A_{\mathcal{H}'}$ 为由公式(6.58)、公式(6.59)和公式(6.54)更新的超图邻接矩阵。因此，构造三维编码树的时间复杂度为 $O\left(\left\|A_H\right\|_0\cdot\left(1+\log|V|\right)+\left\|A_H\right\|_0\cdot\left(1+\log\left|C_1\right|\right)\right)$，可以简化为 $O\left(2\cdot\left\|A_H\right\|_0\cdot\left(1+\log|V|\right)\right)$。结合 UPRHSE 模型，构建一个三维的用户-物品(user-item)、物品类别(i-cate)和物品评分(i-rate)任务编码树。增加的时间复杂度是 $O\left(2\cdot\left\|A_H^{u-i}\right\|_0\cdot\left(1+\log|U|\right)+2\cdot\left(\left\|A_H^{i-c}\right\|_0+\left\|A_H^{i-r}\right\|_0\right)\right)$，其中，$A_H^{u-i}$、$A_H^{i-c}$ 和 A_H^{i-r} 分别表示三个任务的超图邻接矩阵。U 是用户集，I 是项集。

6.5　社交事件检测方法

社交事件检测(SED)旨在将社交消息聚类为代表事件的组。无监督图聚类的 SED 方法的优势在于，能够利用消息属性和语义关联发现事件簇，而无须标记的训练数据。然而，在这些方法中，必须仔细构建加权消息图，这需要对边的选择和适当的加权进行精心设计。此外，这些方法在流式事件检测场景中应用具有挑战性，因为它们在每个消息块上单独聚类消息，忽略了消息与历史事件之间的关系。为了解决这些问题，提出一种基于博弈结构熵的有效、高效、无监督且流式的社交事件检测方法 EUSEvent，如图 6-8 所示。

引入一种新颖的权重阈值搜索策略，该策略在边选择与图的结构熵之间取得平衡，以获得一个加权且结构良好的消息图，从而促进事件簇的发现。提出一种新的博弈结构熵图划分方法，节点通过结构熵启发式函数迭代地选择合适的簇。该算法高效且增量，能够利用历史事件合理地将新到达的消息进行聚类，甚至发现新事件。

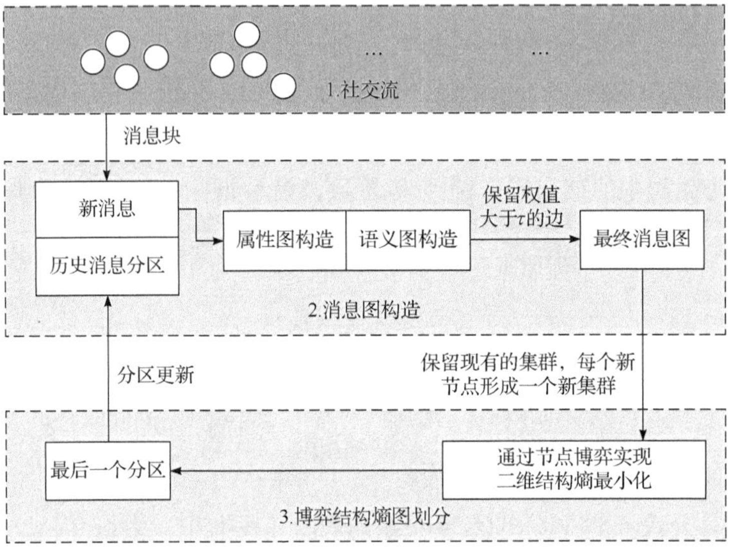

图 6-8　EUSEvent 框架图

1. 社交事件检测

社交流中的社交消息包含许多事件的描述，而社交事件检测(SED)旨在将描述同一事件的消息分组在一起。SED 的正式定义如下。

1) 社交信息图

社交消息图定义为$G=\{V,E\}$，其中，V 和 E 分别表示图中消息节点和边的集合。图的边$E=E_a \cup E_s$，属性边集合 E_a 基于消息之间的共现信息(实体、标签、用户)来确定。相比之下，语义边集合 E_s 则通过消息嵌入之间的余弦相似度来确定。

2) 增量 SED

给定一个社交动态，增量(在线)社交事件检测算法/模型在每个到达的消息块中独立检测事件，定义为$E_j=f\left(M_j\right)$，其中，$j\in[0,1,2,\cdots,i-1,i,\cdots]$表示消息块的索引。$E_j=\{e_k|1\leqslant k\leqslant|E_j|\}$表示消息块$M_j$中包含的事件集合。

3) 流式 SED

给定一个社交媒体动态，流式社交事件检测模型持续检测新到达的消息，并维护历史消息中的事件，定义为$E=f\left(E^h,M^h,M_i\right)$，其中，$E^h$ 和 E 分别表示历史消息中的事件集合和当前社交动态中所有消息的事件集合。M^h 和 M_i 分别表示所有历史消息和第 i 个消息块。

2. 消息图构造

为了充分利用社交消息之间丰富的结构关系和语义关联，构建消息属性图和语义图，然后将二者整合成最终的消息图。从消息中提取实体、标签和用户的集合，将它们视为关系节点，并将其连接到相应的消息节点。通过合并相同的关系节点，构建一个包含多种类型节点的异构信息网络(HIN)。此外，连接共享相同关系节点的消息节点，从而将异构关系图转化为仅由消息节点组成的同构消息属性图。属性图定义为 $G_a=(V,E_a)$ ，其中，V 和 E_a 分别表示图的节点和属性边。

一个结构良好的图显著提高了图划分的质量。然而，以往的语义图构建策略常常导致模糊的图结构。为了解决这个问题，提出一种权重阈值搜索策略。该策略通过确定一个最佳阈值来过滤语义图中的低置信度边，同时最大限度地保留图的信息。具体而言，首先使用 SBERT 获取消息嵌入，然后计算每对消息嵌入之间的余弦相似度，作为它们之间的边权重。给定搜索范围 $r=[a,b]$ 和步长，获得一组相似度阈值 $C=\{c_1,\cdots,c_i,\cdots,c_N\}$ ，这些阈值在 $a\sim b$ 均匀分布，间隔为步长。权重大于当前相似度阈值的边被保留，并计算图的一维结构熵(1D SE)如下。

$$H_i^{(1)}(G)=-\sum_{j=1}^{|V|}\frac{d_j}{vol_i(G)}\log\left(\frac{d_j}{vol_i(G)}\right) \tag{6.67}$$

其中，$H_i^{(1)}(G)$ 和 $vol_i(G)$ 分别表示在阈值 c_i 下图的 1D SE 和体积；d_j 表示节点 m_j 的度数(与 m_j 连接的所有边的权重之和)。图的 1D SE 是针对所有相似性阈值进行计算的，然后求和并取平均值。与该平均值最接近的 1D SE 对应的相似性阈值被选为最终阈值。这个过程形式化如下。

$$\tau=\underset{i\in C}{\operatorname{argmin}}\left|\frac{1}{N}\sum_{j=1}^{N}H_j^{(1)}(G)-H_i^{(1)}(G)\right| \tag{6.68}$$

其中，τ 表示最终的相似度阈值；C 表示阈值集合；N 是 C 中阈值的数量。在确定 τ 后，通过保留图中权重大于 τ 的边来构建语义图。该图定义为 $G_s=\{V,E_s\}$ ，其中，E_s 表示语义边。最后，整合属性图和语义图，得到最终的消息图。

3. 博弈结构熵图划分

为了最小化图的二维结构熵(2D SE)，事件簇自底向上的贪婪合并需要显著的计算时间，这使得它在处理大型复杂的社交消息图时不够实用。分层的 2D SE 最小化在一定程度上降低了时间复杂度。然而，节点之间有丰富的关联，将消息图划分为多个子图可能导致子图信息不完整。此外，每个子图仍然采用贪婪方法来最小化 2D SE。因此，提出一种基于启发式博弈的结构熵图划分算法。与同一事件相关的消息通常包含相似的信息，会导致相应图划分的 2D SE 较小。因此，目标是通过将每个节点分配到最相关的事件簇来最小化图的 2D SE。具体而言，节点博弈有三种不同的策略：留在当前簇、离开并单独存在，或转移到另一个簇。

给定一个消息图及其对应的事件集 $E=\left\{e_1,\cdots,e_i,\cdots,e_j\right\}$，第一，如果节点 x 留在当前簇中，则事件集 E 不变。因此，图的 2D SE 没有变化，表示为 $\Delta_S=0$。

第二，如果节点 x 离开当前簇 e_i 并形成一个新的事件簇，则事件集变为 $E'=\left\{e_1,\cdots,e_i',\cdots,e_j,\{x\}\right\}$，其中，$e_i'=e_i\setminus\{x\}$。因此，2D SE 的变化形式化为

$$
\begin{aligned}
&\Delta_L\left(x,e_i\right)\\
&=H^{T'}(G)-H^{T}(G)\\
&=\sum_{n=1}^{|E'|}H^{(2)}\left(e_n'\right)-\sum_{n=1}^{|E|}H^{(2)}\left(e_n\right)\\
&=H^{(2)}\left(e_i'\right)+H^{(2)}\left(\{x\}\right)-H^{(2)}\left(e_i\right)\\
&=\frac{g_{e_i}}{vol(G)}\log\frac{vol(e_i)}{vol(G)}-\frac{g_{e_i'}}{vol(G)}\log\frac{vol(e_i')}{vol(G)}\\
&\quad+\frac{vol(e_i')}{vol(G)}\log\frac{vol(e_i')}{vol(e_i)}+\frac{d_x}{vol(G)}\log\frac{vol(G)}{vol(e_i)}
\end{aligned}
\tag{6.69}
$$

其中，$\Delta_L\left(x,e_i\right)$ 表示当节点 x 离开簇 e_i 并形成一个新的事件簇时，2D SE 的变化；T' 表示与事件集 E' 相对应的编码树；$H^{T'}(G)$ 和 $H^{T}(G)$ 分别表示在 E 和 E' 下图的 2D SE；$H^{(2)}\left(e_n\right)$ 表示事件簇 e_n 的 SE；$vol(G)$ 和 $vol(e_i')$ 分别表示图、簇 e_i 和簇 e_i' 的体积；g_{e_i} 和 $g_{e_i'}$ 分别对应于 e_i 和 e_i' 的切割体积。

第三，节点 x 从簇 e_i 转移到簇 e_j 可以分为两个步骤。节点 x 离开 e_i 并形成一个新的事件簇，然后从新簇转移到 e_j。值得注意的是，离开新簇并加入 e_j 所引起的图的 2D SE 变化，与离开 $e_j'\left(e_j'=e_j\cup\{x\}\right)$ 并形成新的事件簇所引起的变化恰好相反。因此，节点转移的策略被形式化如下：

$$
\Delta_T\left(x,e_i,e_j\right)=\Delta_L\left(x,e_i\right)-\Delta_L\left(x,e_j'\right)
\tag{6.70}
$$

其中，$\Delta_T\left(x,e_i,e_j\right)$ 表示节点 x 从簇 e_i 转移到 e_j 时图的 2D SE 变化；$\Delta_L\left(x,e_i\right)$ 和 $\Delta_L\left(x,e_j'\right)$ 分别表示当节点 x 离开 e_i 和 e_j' 形成新的事件簇时的 2D SE 变化。

节点仅选择并加入 2D SE 变化值最小的事件簇，这一过程形式化为

$$
t=\min(\Delta_S;\Delta_L\left(x,e_i\right);\{\Delta_T\left(x,e_i,e_k\right)\mid\forall e_k\in N\})
\tag{6.71}
$$

其中，t 表示目标簇的索引；min 操作找到对应于最小 2D SE 变化值的事件索引。N 表示节点 x 的所有邻居簇的集合(邻近节点所在的簇，排除节点 x 所在的簇)。随着迭代次数的增加，图的 2D SE 逐渐收敛，所有节点保持在其当前簇中。此外，在节点博弈过程中，遍历所有邻居簇并重新计算每个簇的体积和切割边权重的总和会消耗额外的时间。为了提高检测效率，在节点博弈过程中动态计算和更新这些事件簇的值。

在节点博弈之前，给定事件集 E (如果 E 为空，则每条消息属于一个独立的簇)，所有簇的体积和切割权重初始化为每个簇内节点度数的总和和每个簇的切割边的总权重。节点博弈过程中，节点离开事件簇所导致的体积和切割变化为

$$\begin{aligned} g_{e_i'} &= g_{e_i} - d_x + 2 \cdot d_x^{in} \\ vol\left(e_i'\right) &= vol\left(e_i\right) - d_x \end{aligned} \tag{6.72}$$

其中，g_{e_i} 和 $g_{e_i'}$ 分别为节点离开 e_i 之前和之后的切割值；$vol\left(e_i\right)$ 和 $vol\left(e_i'\right)$ 分别为节点离开前后事件簇的体积；d_x 表示节点的度数 d_x^{in} 表示节点与其邻居在簇内之间的边的总权重。

节点加入事件簇所导致的变化恰好相反：

$$\begin{aligned} g_{e_j'} &= g_{e_j} + d_x - 2 \cdot d_x^{in} \\ vol\left(e_j'\right) &= vol\left(e_j\right) + d_x \end{aligned} \tag{6.73}$$

其中，g_{e_j} 和 $g_{e_j'}$ 分别为节点加入簇 e_j 之前和之后的切割值。

4. 流式社交事件检测

社交动态本质上是动态的，社交事件不断地在时间中出现和消散。增量社交事件检测使得从社交动态中动态检测事件成为可能。然而，在首次检测时，尚未获得广泛关注的新兴事件可能导致相关消息被错误地分配到其他事件簇。此外，增量社交事件检测仅关注当前消息块，无法纠正或优化历史消息块的分组。它在整合不同消息块中同一事件的消息方面也面临困难。

为了解决增量事件检测的这些局限性，将 EUSEvent 扩展到流式社交事件检测场景。流式社交事件检测保持社交动态的连续性和事件的完整性，而无须对动态进行分段。给定一个社交动态 $S=\{M_0, M_1, \cdots, M_i, \cdots\}$，在完成消息块 M_0 的事件检测后，保留相应的消息图和事件簇。随着消息块 M_1 的到来，更新原始消息图，将每条新消息视为一个独立的簇。现有的事件簇通过节点博弈进行调整。每条 M_1 中的消息都有选择加入历史事件簇的选项，同样，M_0 中的消息也可以重新选择并转移到更相关的事件簇。

需要注意的是，在新消息到达时重新对所有历史消息进行博弈是不切实际的。首先，随着消息量的增加，检测时间会增加。其次，由于语义漂移，某些跨越较长时间范围的历史消息的含义可能会随时间变化。这可能导致这些消息在重新博弈时被分配到错误的事件簇，从而影响检测准确性。

为了解决这些问题，引入一个固定大小的节点活动窗口，仅允许在窗口内的消息节点参与节点博弈。这确保了窗口内事件簇的优化，同时防止检测时间的持续增长，并减轻历史消息错误移动的影响。

6.6 本章小结

本章主要介绍基于结构熵的博弈决策方法。首先介绍四种强化学习智能体博弈决策方法框架，这四种方法针对不同的问题，使用不同的技术实现智能体博弈，从而进行有效决策。随后，介绍三种在特定应用场景中的技术方法，社会事件检测技术、社交水军对抗技术和信息商品推荐技术。希望读者经过本章的学习，能够深入地了解基于结构熵的博弈决策技术，并期待相关领域的进一步发展。

1. 基于结构熵的角色发现

该方法用于多智能体协作，将角色发现转化为以一维和 K 维结构熵为指导的编码树上的层次抽象，以优化多智能体强化学习的协同决策，与现有的动作空间聚类相比，编码树实现的分层聚类保证了更有效的角色发现，无须人工辅助，提高了合作场景下的有效性和稳定性。

2. 基于结构熵的分层状态抽象

该方法是无监督的，不需要人工辅助，利用分配的结构熵定义一种新的聚合函数，实现高效决策的分层抽象；设计一种新的重构状态关系的条件结构熵，以补偿抽象过程中本质信息的损失。

3. 基于结构熵的通用有效决策框架

该方法可以灵活地与各种单智能体和多智能体强化学习算法集成，以提高其性能；在每个社区中，设计一个聚合函数，该函数利用分配的熵作为顶点权重，为分层状态和动作抽象量身定制；利用分层抽象，构建表示多关系环境转换的有向同构图，以保留原始过程中固有的关键信息；引入独立于专家知识的自适应两层技能学习机制，利用编码树中的公共路径熵计算每个状态转移的采样概率。该方法在单智能体和多智能体决策场景下显著提高了策略的质量、稳定性和样本效率。

4. 基于结构熵的有效探索

该方法用于在具有稀疏奖励的高维强化学习环境中进行有效探索。该方法增强对状态-动作对的动态相关表示的获取，设计一个独特的内在奖励机制，最大化价值条件结构熵，旨在促进整个状态-行为空间的统一覆盖。该方法显著提高了最终性能和样本效率。

5. 基于结构熵的对抗性社交机器人检测

该方法为解决对抗性社交机器人建模不足和低效率的挑战，提出一种利用每个用户群体的分配结构熵来量化网络影响的新方法，以有效过滤无影响力的用户并降低计算复杂度。在社交机器人和每个用户节点之间定义一个新的条件结构熵，以指导追随者选择，最大化社交机器人的网络影响力。该方法在网络影响力和可持续隐身性方面实现了显著改进。

6. 基于超图结构熵的商品推荐技术

该方法高效地编码了推荐系统的拓扑结构，提出一种新的超图结构熵优化方法，通过将节点-超边二部图的边缘信息传递到节点邻接矩阵，实现用户和项目的分层社区划分；提出一种新的全局信息聚合方法，该方法通过超图池化和解池化层来改进 HGCN 模型架构，以学习更好的节点表示。实验结果表明，即使在冷启动场景下，该方法也能获得更高的推荐质量和较强的稳定性。

7. 基于博弈结构熵的社交事件检测方法

引入一种新颖的权重阈值搜索策略，该策略在边选择与图的结构熵之间取得平衡，以获得一个加权且结构良好的消息图，从而促进事件簇的发现。提出一种新的博弈结构熵图划分方法，节点通过结构熵启发式函数迭代地选择合适的簇。该算法高效且增量，能够利用历史事件合理地将新到达的消息进行聚类，甚至发现新事件。

参考文献

[1] Li A, Pan Y. Structural information and dynamical complexity of networks[J]. IEEE Transactions on Information Theory, 2016, 62(6): 3290-3339.

[2] Li A S, Li J K, Pan Y C. Discovering natural communities in networks[J]. Physica A: Statistical Mechanics and Its Applications, 2015, 436: 878-896.

[3] Li A, Pan Y. Structure entropy and resistor graphs[J]. arXiv preprint, arXiv:1801.03404, 2018.

[4] Li A, Yin X, Xu B, et al. Decoding topologically associating domains with ultra-low resolution Hi-C data by graph structural entropy[J]. Nature communications, 2018, 9(1): 3265.

[5] Liu Y, Liu J, Zhang Z, et al. REM: From structural entropy to community structure deception[J]. Advances in Neural Information Processing Systems, 2019, 32.

[6] Su L, Huang X, Song M, et al. Automatic identification of modal parameters for structures based on an uncertainty diagram and a convolutional neural network[J]. Structures, 2020, 28: 369-379.

[7] Fauzan R, Siahaan D, Rochimah S, et al. Automated Class Diagram Assessment using Semantic and Structural Similarities[J]. International Journal of Intelligent Engineering & Systems, 2021, 14(2): 52-66.

[8] Kou X, Cao Y, Qiao H. A method for intelligently optimizing hierarchical assembly structure sequences by assembly hybrid G-diagram[J]. The International Journal of Advanced Manufacturing Technology, 2022, 122(1): 27-39.

[9] Lujing C. Method, apparatus, and device for displaying topological structure diagram, and storage medium: U.S. 17/556054[P]. 2022-5-12.

[10] Pang K, Zou L, Kang N, et al. The construction of fuzzy linguistic attribute partial ordered structure diagram[J]. Computational and Applied Mathematics, 2023, 42(6): 240.

[11] Mo Y, Peng L, Xu J, et al. Simple unsupervised graph representation learning[C]//Proceedings of the AAAI Conference on Artificial Intelligence. 2022, 36(7): 7797-7805.

[12] Yang C, An Z, Cai L, et al. Mutual contrastive learning for visual representation learning[C]//Proceedings of the AAAI Conference on Artificial Intelligence. 2022, 36(3): 3045-3053.

[13] Chen D, O'Bray L, Borgwardt K. Structure-aware transformer for graph representation learning[C]//International Conference on Machine Learning. PMLR, 2022: 3469-3489.

[14] Zhou H Y, Yu Y, Wang C, et al. A transformer-based representation-learning model with unified processing of multimodal input for clinical diagnostics[J]. Nature Biomedical Engineering, 2023, 7(6): 743-755.

[15] Peng L, Mo Y, Xu J, et al. GRLC: Graph representation learning with constraints[J]. IEEE Transactions on Neural Networks and Learning Systems, 2023, 35: 8609-8622.

[16] Ren X, Wei W, Xia L, et al. Representation learning with large language models for

recommendation[C]//Proceedings of the ACM on Web Conference 2024. 2024: 3464-3475.

[17] Fujimoto S, Chang W D, Smith E, et al. For sale: state-action representation learning for deep reinforcement learning[J]. Advances in Neural Information Processing Systems, 2023, 36: 61573-61624.

[18] Chen X, Ding M, Wang X, et al. Context autoencoder for self-supervised representation learning[J]. International Journal of Computer Vision, 2024, 132(1): 208-223.

[19] Abbasimehr H, Bahrini A. An analytical framework based on the recency, frequency, and monetary model and time series clustering techniques for dynamic segmentation[J]. Expert Systems with Applications, 2022, 192: 116373.

[20] Tirth V, Alghtani A H, Alghtani A. Artificial intelligence enabled energy aware clustering technique for sustainable wireless communication systems[J]. Sustainable Energy Technologies and Assessments, 2023, 56: 103028.

[21] Vovan T. Building the forecasting model for interval time series based on the fuzzy clustering technique[J]. Granular Computing, 2023, 8(6): 1341-1357.

[22] Abdulzahra S A, Al-Qurabat A K M. FONIC: an energy-conscious fuzzy-based optimized nature-inspired clustering technique for IoT networks[J]. The Journal of Supercomputing, 2024, 80(13): 19845-19897.

[23] Burgard J P, Pinheiro M E, Schmidt M. Mixed-integer quadratic optimization and iterative clustering techniques for semi-supervised support vector machines[J]. TOP, 2024, 32: 1-38.

[24] Zhou B, Lu B, Saeidlou S. A hybrid clustering method based on the several diverse basic clustering and meta-clustering aggregation technique[J]. Cybernetics and Systems, 2024, 55(1): 203-229.

[25] Khan A A, Mohanty S K. A fast spectral clustering technique using MST based proximity graph for diversified datasets[J]. Information Sciences, 2022, 609: 1113-1131.

[26] Guo L, Dai Q. Graph clustering via variational graph embedding[J]. Pattern Recognition, 2022, 122: 108334.

[27] Duroux D, Van Steen K. netANOVA: novel graph clustering technique with significance assessment via hierarchical ANOVA[J]. Briefings in Bioinformatics, 2023, 24(2): bbad029.

[28] Fanseu K B, Zhang L, Ma K, et al. Grace: A general graph convolution framework for attributed graph clustering[J]. ACM Transactions on Knowledge Discovery from Data, 2023, 17(3): 1-31.

[29] Yu S, Wang S, Dong Z, et al. A non-parametric graph clustering framework for multi-view data[C]//Proceedings of the AAAI Conference on Artificial Intelligence. 2024, 38(15): 16558-16567.

[30] Berahmand K, Mohammadi M, Sheikhpour R, et al. WSNMF: Weighted symmetric nonnegative matrix factorization for attributed graph clustering[J]. Neurocomputing, 2024, 566: 127041.

[31] Hajiveiseh A, Seyedi S A, Tab F A. Deep asymmetric nonnegative matrix factorization for graph clustering[J]. Pattern Recognition, 2024, 148: 110179.

[32] Le H, Wang Y, Gotmare A D, et al. CodeRL: Mastering code generation through pretrained models and deep reinforcement learning[J]. Advances in Neural Information Processing Systems, 2022, 35: 21314-21328.

[33] Deng M, Wang J, Hsieh C P, et al. RLPrompt: Optimizing discrete text prompts with reinforcement learning[J]. arXiv preprint, arXiv:2205.12548, 2022.

[34] Cowen-Rivers A I, Palenicek D, Moens V, et al. SAMBA: Safe model-based & active reinforcement learning[J]. Machine Learning, 2022, 111(1): 173-203.

[35] Laskin, M, Wang L, Oh J, et al. In-context reinforcement learning with algorithm distillation[J]. arXiv preprint, arXiv:2210.14215, 2022.

[36] Bai Y, Jones A, Ndousse K, et al. Training a helpful and harmless assistant with reinforcement learning from human feedback.[J] arXiv preprint, arXiv:2204.05862, 2022.

[37] Du Y, Watkins O, Wang Z, et al. Guiding pretraining in reinforcement learning with large language models[C]//Proceedings of the International Conference on Machine Learning. PMLR, 2023: 8657-8677.

[38] Black K, Janner M, Du Y, et al. Training diffusion models with reinforcement learning[J]. arXiv preprint, arXiv:2305.13301, 2023.

[39] Mao W, Yang L, Zhang K, et al. On improving model-free algorithms for decentralized multi-agent reinforcement learning[C]//Proceedings of the International Conference on Machine Learning. PMLR, 2022: 15007-15049.

[40] Milani S, Zhang Z, Topin N, et al. MAVIPER: Learning decision tree policies for interpretable multi-agent reinforcement learning[C]//Proceedings of the Joint European Conference on Machine Learning and Knowledge Discovery in Databases. Cham: Springer Nature Switzerland, 2022: 251-266.

[41] Zhang Y, Zavlanos M M. Cooperative multi-agent reinforcement learning with partial observations[J]. IEEE Transactions on Automatic Control, 2023,69(2): 968-981.

[42] Zhou M, Wan Z, Wang H, et al. MALib: A parallel framework for population-based multi-agent reinforcement learning[J]. Journal of Machine Learning Research, 2023, 24(150): 1-12.

[43] Mason F, Chiariotti F, Zanella A, et al. Multi-agent reinforcement learning for coordinating communication and control[J]. IEEE Transactions on Cognitive Communications and Networking, 2024, 10(4):1566-1581.

[44] Wang X, Xu H, Zheng Y, et al. Offline multi-agent reinforcement learning with implicit global-to-local value regularization[J]. Advances in Neural Information Processing Systems, 2024, 36: 52413-52429.

[45] Ma L, Hou X, Gong Z. Image segmentation technology based on attention mechanism and ENet[J]. Computational intelligence and neuroscience, 2022, 2022(1):9873777.

[46] He K, Gou F, Wu J. Image segmentation technology based on transformer in medical decision-making system[J]. IET Image Processing, 2023, 17(10): 3040-3054.

[47] He X, Qi G, Zhu Z, et al. Medical image segmentation method based on multi-feature interaction and fusion over cloud computing[J]. Simulation Modelling Practice and Theory, 2023, 126: 102769.

[48] Dan Y, Jin W, Yue X, et al. Enhancing medical image segmentation with a multi-transformer U-Net[J]. PeerJ, 2024, 12: e17005.

[49] Fan X, Zhou J, Jiang X, et al. CSAP-UNet: Convolution and self-attention paralleling network

for medical image segmentation with edge enhancement[J]. Computers in Biology and Medicine, 2024, 172: 108265.

[50] Yang D, Hwang M. Unsupervised and ensemble-based anomaly detection method for network security[C]//Proceeding of the 14th International Conference on Knowledge and Smart Technology (KST). IEEE, 2022: 75-79.

[51] Niu Z, Guo W, Xue J, et al. A novel anomaly detection approach based on ensemble semi-supervised active learning (ADESSA)[J]. Computers & Security, 2023, 129: 103190.

[52] Duan X, Fu Y, Wang K. Network traffic anomaly detection method based on multi-scale residual classifier[J]. Computer Communications, 2023, 198: 206-216.

[53] Jeffrey N, Tan Q, Villar J R. A hybrid methodology for anomaly detection in Cyber–Physical Systems[J]. Neurocomputing, 2024, 568: 127068.

[54] Mishra A K, Paliwal S, Srivastava G. Anomaly detection using deep convolutional generative adversarial networks in the internet of things[J]. ISA Transactions, 2024, 145: 493-504.

[55] Wang H, Zhang R, Cheng X, et al. Hierarchical traffic flow prediction based on spatial-temporal graph convolutional network[J]. IEEE Transactions on Intelligent Transportation Systems, 2022, 23(9): 16137-16147.

[56] Chen Y, Li K, Yeo C K, et al. Traffic forecasting with graph spatial–temporal position recurrent network[J]. Neural Networks, 2023, 162: 340-349.

[57] Wang N, Zhang B, Gu J, et al. Urban road traffic spatiotemporal state estimation based on multivariate phase space–LSTM prediction[J]. Applied Sciences, 2023, 13(21): 12079.

[58] Liu T, Jiang A, Zhou J, et al. GraphSAGE-based dynamic spatial–temporal graph convolutional network for traffic prediction[J]. IEEE Transactions on Intelligent Transportation Systems, 2023, 24(10):11210-11224.

[59] Yan X, Gan X, Tang J, et al. ProSTformer: Progressive Space-Time Self-Attention Model for Short-Term Traffic Flow Forecasting[J]. IEEE Transactions on Intelligent Transportation Systems, 2024, 25(9): 10802-10816.

[60] Liu Y, Wan F, Liang C. Predicting traffic flow using dynamic spatial-temporal graph convolution networks[J]. Computers, Materials & Continua, 2024, 78(3):4343.

[61] Ma J, Yuan Z, Zheng G, et al. Combination generalized grey target decision method for mixed attributes based on zero-sum game theory[J]. Group Decision and Negotiation, 2022, 31(6): 1121-1143.

[62] Jin H, Zhang S, Zhang B, et al. Evolutionary game decision-making method for network attack and defense based on regret minimization algorithm[J]. Journal of King Saud University-Computer and Information Sciences, 2023, 35(3): 292-302.

[63] Zhang H, Mi Y, Liu X, et al. A differential game approach for real-time security defense decision in scale-free networks[J]. Computer Networks, 2023, 224: 109635.

[64] Liu J, Qi X, Hang P, et al. Enhancing social decision-making of autonomous vehicles: A mixed-Strategy game approach with interaction orientation identification[J]. IEEE Transactions on Vehicular Technology, 2024,73(9): 12385-12398.

[65] Huang Y, Jin M, Xie J, et al. Dynamic Bayesian game optimization method for multi-energy hub

systems with incomplete load information[J]. Energy, 2024: 131622.

[66] Wang Y, Wang Y, Zhang Z, et al. User: Unsupervised structural entropy-based robust graph neural network[C]//Proceedings of the AAAI Conference on Artificial Intelligence. 2023, 37(8): 10235-10243.

[67] Wu Y, Yan G, Luo H. Multilayer network representation learning model with structure entropy information[C]//Proceedings of the 3rd International Conference on Artificial Intelligence, Automation, and High-Performance Computing (AIAHPC 2023). SPIE, 2023, 12717: 826-834.

[68] Sun Z, Ding C, Fan J. Learning graph representations via graph entropy maximization[J]. Open Review, 2023, 235.

[69] Duan L, Chen X, Liu W, et al. Structural entropy based graph structure learning for node classification[C]//Proceedings of the AAAI Conference on Artificial Intelligence. 2024, 38(8): 8372-8379.

[70] 张志颖，田有亮. 基于结构熵约束的图聚类方法[J]. 网络与信息安全学报，2021，7(6): 155-166.

[71] Huang J, Feng Q, Wang J, et al. SEC: more accurate clustering algorithm via structural entropy[C]//Proceedings of the AAAI Conference on Artificial Intelligence. 2024, 38(11): 12583-12590.

[72] Wu J, Chen X, Xu K, et al. Structural entropy guided graph hierarchical pooling[C]// Proceedings of the International Conference on Machine Learning. PMLR, 2022: 24017-24030.

[73] Cao Y, Peng H, Li A, et al. Multi-relational structural entropy[J]. arXiv preprint, arXiv: 2405. 07096, 2024.

[74] Yang R, Peng H, Li A. Dynamic measurement of structural entropy for dynamic graphs[J]. arXiv preprint, arXiv:2207.12653, 2022.

[75] Sun L, Huang Z, Peng H, et al. LSEnet: Lorentz structural entropy neural network for deep graph clustering[J]. arXiv preprint, arXiv:2405.11801, 2024.

[76] Zhang J, Peng H, Sun L, et al. Unsupervised graph clustering with deep structural entropy[C]//Proceedings of the ACM SIGKDD Conference on Knowledge Discovery and Data Mining, 2025.

[77] Cao Y, Peng H, Li A, et al. Multi-relational structural entropy[C]//Proceedings of the UAI, 2024:526.

[78] Peng H, Zhang J, Huang X, et al. Unsupervised social bot detection via structural information theory[J]. ACM Transactions on Information Systems, 2024, 42(6): 1-42.

[79] Zeng G, Peng H, Li A, et al. Unsupervised skin lesion segmentation via structural entropy minimization on multi-scale superpixel graphs[C]// Proceedings of the 2023 IEEE International Conference on Data Mining (ICDM). IEEE, 2023: 768-777.

[80] Peng H, Zhang J, Huang X, et al. Unsupervised social bot detection via structural information theory[J]. arXiv preprint, arXiv:2404.13595, 2024.

[81] Cao Y, Peng H, Yu Z, et al. Hierarchical and incremental structural entropy minimization for unsupervised social event detection[C]//Proceedings of the AAAI Conference on Artificial Intelligence. 2024, 38(8): 8255-8264.

[82] Yang Z, Wei Y, Li H, et al. Adaptive differentially private structural entropy minimization for unsupervised social event detection[C]//Proceedings of the 33rd ACM International Conference on Information and Knowledge Management. 2024: 2950-2960.

[83] Zou D, Peng H, Liu C. A Structural Information Guided Hierarchical Reconstruction for Graph Anomaly Detection[C]//Proceedings of the 33rd ACM International Conference on Information and Knowledge Management. 2024: 4318-4323.

[84] Zou D, Peng H, Huang X, et al. SE-GSL: A general and effective graph structure learning framework through structural entropy optimization[C]//Proceedings of the ACM Web Conference, 2023: 499-510.

[85] Zeng G, Peng H, Li A, et al. semi-supervised clustering via structural entropy with different constraints[C]//Proceedings of the 2024 SIAM International Conference on Data Mining (SDM). Society for Industrial and Applied Mathematics, 2024: 208-216.

[86] Yang Y, Wu Q, He B, et al. SeBot: Structural entropy guided multi-view contrastive learning for social bot detection[J]. arXiv preprint, arXiv:2405.11225, 2024.

[87] Zou D, Wang S, Li X, et al. MultiSPANS: A multi-range spatial-temporal transformer network for traffic forecast via structural entropy optimization[C]//Proceedings of the 17th ACM International Conference on Web Search and Data Mining. 2024: 1032-1041.

[88] Yang R, Peng H, Li A, et al. Hierarchical abstracting graph kernel[J]. IEEE Transactions on Knowledge and Data Engineering, 2024, 37(2): 724-738.

[89] Huang X, Peng H, Sun L, et al. Structural entropy guided probabilistic coding[J]. arXiv preprint, arXiv:2412.08841, 2024.

[90] Zeng X, Peng H, Li A. Effective and stable role-based multi-agent collaboration by structural information principles[C]//Proceedings of the AAAI conference on artificial intelligence. 2023, 37(10): 11772-11780.

[91] Zeng X, Peng H, Li A, et al. Hierarchical state abstraction based on structural information principles[J]. arXiv preprint, arXiv:2304.12000, 2023.

[92] Zeng X, Peng H, Su D, et al. Effective reinforcement learning based on structural information principles[J]. arXiv preprint, arXiv:2404.09760, 2024.

[93] Zeng X, Peng H, Li A. Effective exploration based on the structural information principles[J]. arXiv preprint, arXiv:2410.06621, 2024.

[94] Oliehoek F A, Amato C. A Concise Introduction to Decentralized POMDPs[M]. Cham, Switzerland: Springer International Publishing, 2016.

[95] Wang T, Gupta T, Mahajan A, et al. Rode: Learning roles to decompose multi-agent tasks[J]. arXiv preprint, arXiv:2010.01523, 2020.

[96] Li A, Yin X, Xu B, et al. Decoding topologically associating domains with ultra-low resolution Hi-C data by graph structural entropy[J]. Nature communications, 2018, 9(1): 3265.

[97] Pan Y, Zheng F, Fan B. An information-theoretic perspective of hierarchical clustering[J]. arXiv preprint, arXiv:2108.06036, 2021.

[98] Zeng X, Peng H, Li A. Adversarial socialbots modeling based on structural information principles[C]//Proceedings of the AAAI Conference on Artificial Intelligence. 2024, 38(1):

392-400.

[99] Le T, Tran T L, Lee D. Socialbots on fire: Modeling adversarial behaviors of socialbots via multi-agent hierarchical reinforcement learning[C]//Proceedings of the ACM Web Conference, 2022: 545-554.

[100] Goldenberg J, Libai B, Muller E. Talk of the network: A complex systems look at the underlying process of word-of-mouth[J]. Marketing letters, 2001, 12: 211-223.

[101] Schlichtkrull M, Kipf T N, Bloem P, et al. Modeling relational data with graph convolutional networks[C]//Proceedings of the 15th European Semantic Web Conference 2018. Springer International Publishing, 2018: 593-607.

[102] Schulman J, Wolski F, Dhariwal P, et al. Proximal policy optimization algorithms[J]. arXiv preprint, arXiv:1707.06347, 2017.

后　记

本书从理论到实践，系统地探讨了结构信息在各种技术领域中的应用。通过各章节的详细讨论，旨在为读者提供一个全面的视角，能够深入了解人工智能科学应用领域中有原理、可解释的感知与博弈技术，特别是结构信息感知与博弈领域的理论基础和实际应用。本书确保理论阐述与实际应用的逻辑链条清晰，每一项技术与方法，都基于清晰的原理，给出符合逻辑的解释。

在绪论部分，从概念入手，系统阐述结构信息在感知与博弈理论中的定义和应用，通过应用实例的介绍，展示结构信息理论在复杂系统建模和优化决策中的重要作用。同时，运用符合语法语义一致性的解释逻辑，客观地指出目前结构信息理论模型存在的挑战。本章奠定了结构信息理论的基础，也为后续章节的深入探讨提供了必要的背景知识。希望通过系统梳理和分析，能够激发读者对这一前沿理论的进一步兴趣和思考。

在绪论的基础上，第 2 章探讨结构熵理论的基础知识。首先，回顾经典的香农熵理论，并将其拓展到图结构信息的定义和计算。通过这些基础概念的介绍，为后续的复杂理论奠定基础。还介绍了基础模型技术和分析与预测技术，为后续的应用实践夯实基础。

传统简单图的结构熵理论探讨传统简单图的结构信息理论及其在图数据分析中的应用，介绍图神经网络、四种应用表示学习的基础模型、三种应用图聚类的方法，这些技术在处理日益复杂和海量的图数据方面发挥着关键作用。将结构熵与先进的图神经网络、表示学习和图聚类技术相结合，能够发挥各自的优势，进一步提升图数据分析的性能和效果。

复杂图的结构熵理论探讨多关系图结构熵计算理论、动态图结构熵高效计算理论和双曲图结构熵高效计算理论，复杂图的结构熵理论提供了一种量化和比较不同图结构复杂性的方法，有助于揭示网络的组织、功能。通过结构熵的计算和分析，可以识别出网络中的关键节点和社区结构，从而更好地理解网络的行为模式。此外，结构熵理论还能帮助人们认识网络的演化规律和动力学过程，为网络科学的发展提供重要的理论基础和分析工具。

基于结构熵的感知技术章节从无监督深度图聚类技术、无监督异常检测技术、半监督表示学习及检测技术、有监督的结构表征与预测四个方向介绍，感知技术是一种前沿的智能分析方法，通过与结构熵相结合，提供了一种全新的数据分析视角，帮助人们快速发现各类异常，包括图像分割中的异常区域、舆情监测中的异常事件，以及网络水军行为等，为复杂数据分析提供新的理论框架和实用工具。

应用结构熵的博弈决策重点探讨如何将结构信息原理与强化学习智能体博弈相结合，为复杂决策问题提供新的分析和优化方法。在现实世界中，许多决策问题都可以抽象为参与者之间的博弈，过程中往往伴随着高度的不确定性和风险。结构信息原理为量化决策过程的复杂性提供了有效手段，而博弈论则为研究参与者的决策行为提供了理论基础。两者的结合，通过遵循语法语义一致性的解释体系，为深入理解和优化复杂决策问题带来了全新的视角。

撰写本书的过程中，笔者经历了无数次的思考、论证和修改。希望通过这本书，能够为复杂决策问题的建模和求解提供新的视角和工具，助力相关领域的研究与应用。当然，本书并非囊括所有相关理论和技术，仍有许多值得进一步探索的方向。期待与读者朋友携手，共同推动这一领域的发展，为复杂系统的分析与优化贡献力量。

展望未来，期待人工智能科学应用领域中有原理、可解释的感知与博弈技术能够不断完善和拓展，在更广泛的领域发挥应用价值。相信读者通过学习本书内容，已经对结构信息及其感知与博弈有了更深入的认知，并能在实践中灵活运用，推动相关研究和应用的发展。让我们携手，在这个充满挑战与机遇的领域里共同探索更多的可能性。